高等学校计算机应用规划教材

嵌入式系统开发基础

——基于 ARM9 微处理器 C 语言程序设计

(第四版)

侯殿有　编著

清华大学出版社

北　京

内 容 简 介

本书对 32 位精简指令系统嵌入式微处理器 S3C2410 的硬件系统和 C 语言驱动程序进行了详细的讲解，书中的源代码和实例程序对学习或从事嵌入式系统设计的读者都有很高的参考价值。在人机界面设计、系统初始化程序编写、仿真器设置和复杂工程项目构建等方面给出了简化做法，使初学者能够轻松、快速地掌握嵌入式系统设计方法。

本书以实用技术为主，内容通俗易懂，实例丰富，特别适合初学者和从事嵌入式系统设计工作的读者使用。

本书配套的电子课件、配套实验讲义、各章的习题答案和部分工具软件可以到 http://www.tupwk.com.cn 网站下载。

图书在版编目(CIP)数据

嵌入式系统开发基础：基于 ARM9 微处理器 C 语言程序设计 / 侯殿有 编著. —4 版. —北京：清华大学出版社，2015（2018.9重印）

(高等学校计算机应用规划教材)

ISBN 978-7-302-41249-6

Ⅰ. ①嵌…　Ⅱ. ①侯…　Ⅲ. ①微处理器－系统设计－高等学校－教材　②C 语言－程序设计－高等学校－教材　Ⅳ. ①TP332 ②TP312

中国版本图书馆 CIP 数据核字(2015)第 186480 号

责任编辑：胡辰浩　袁建华
装帧设计：孔祥峰
责任校对：成凤进
责任印制：沈　露

出版发行：清华大学出版社
网　　　址：http://www.tup.com.cn，http://www.wqbook.com
地　　　址：北京清华大学学研大厦 A 座　　　邮　　编：100084
社 总 机：010-62770175　　　邮　　购：010-62786544
投稿与读者服务：010-62776969，c-service@tup.tsinghua.edu.cn
质 量 反 馈：010-62772015，zhiliang@tup.tsinghua.edu.cn
课 件 下 载：http://www.tup.com.cn，010-62794504
印 装 者：三河市铭诚印务有限公司
经　　销：全国新华书店
开　　本：185mm×260mm　　印　　张：19.25　　字　　数：480 千字
版　　次：2011 年 6 月第 1 版　　2015 年 9 月第 4 版　　印　　次：2018 年 9 月第 8 次印刷
定　　价：48.00 元

产品编号：065460-02

前　言

嵌入式控制系统的教学现状

嵌入式控制系统的教学一般分为两个层次。

第一个层次，完成以 MCS-51 为代表的 8 位单片机教学。这在各个高校都得到了重视，大多数学校安排理论课 64 学时，实验课 32 学时，课时比较充足。在这个层次上，无论是讲授 C 语言程序设计，还是讲授汇编语言程序设计，可供选择的教材都比较多。

第二个层次，也就是以 32 位 ARM 为代表的嵌入式控制系统教学。目前，许多学校都没有开设，主要有以下 3 个原因。

一是缺乏师资。毕竟，以 ARM 为代表的嵌入式控制系统设计是 20 世纪 90 年代才发展起来的新技术，它不仅包括高性能、功能丰富的硬件平台，而且软件开发的难度和嵌入式操作系统的应用，都对教师提出了更高的要求。

二是在课时安排上也有一定困难。这么复杂的软硬件系统，包括嵌入式操作系统，即使是用 96(包括实验)学时，也不一定能讲深讲透。况且，整个教学计划中也没有很多的时间。

三是没有合适的教材。特别是深入浅出、条理分明、适应本科生水平、课时比较合理的教材非常少。

为了克服上述困难，也为了满足教学需要，作者根据多年科研和教学经验编写了本书。

作者的想法是：在 32 位 ARM 为代表的嵌入式控制系统教学中，不讲述带嵌入式操作系统的部分，而选择一种有代表性的 32 位单片机(类似 8 位机中的 MCS-51)。这里选择韩国三星 S3C2410 ARM9 单片机。在 ADS1.2 For Windows 集成开发环境中，用 C 语言完成嵌入式控制系统的开发工作。理论课内容安排 48 学时，实验课时间和内容由教师根据各校的时间和条件自行决定。

在 48 学时(16 周，每周 3 学时)内，集中将 S3C2410 的最基本硬件结构、软件资源学深学透，学会用 C 语言编写应用程序。在用 C 语言编写驱动程序时，尽量借助系统资源，参考例子程序，减少设计者的工作量。通过较短时间的学习，学生可以很快掌握嵌入式控制系统设计的方法，完成嵌入式控制系统的设计工作。

本书篇幅虽然不长，但程序源代码较多，对于从事嵌入式系统开发和学习来说是非常宝贵的资源。但是，如果在课堂上讲解和分析这些代码，学时显然不够。建议教师主要讲解 S3C2410 的硬件资源和编程方法，具体程序代码留给学生课后慢慢消化理解。

教学实验平台介绍

有条件的学校，在完成理论课教学的同时，应安排一定的实验课，教学效果会更好。

作者接触的ARM9(SAMSUNG 2410)教学实验系统有深圳英蓓特信息技术有限公司(http://www.embedinfo.com)的Embest EDUKIT-Ⅱ/Ⅲ、北京博创科技集团(http://www.up-tech.com)的UP-NETARM 2410 教学实验系统、北京精仪达盛科技公司(http://www.techshine.com)的EL-ARM-830 教学实验系统。上述教学实验系统都有基于ARM9 系统资源的C语言实验程序例子，使用方便，可供选择。随书下载的实验讲义有两册：一是基于深圳英蓓特信息技术有限公司(http://www.embedinfo.com)的Embest EDUKIT-Ⅱ/Ⅲ，实验时应配合Embest EDUKIT-Ⅱ/Ⅲ教学实验系统平台，并安装Embest IDE；二是基于北京精仪达盛科技公司(http://www.techshine.com)的EL-ARM-830 教学实验系统，实验时应配合EL-ARM-830 教学实验系统平台。两套实验系统程序的执行都要去掉目录中的中文目录，并尽量缩短目录深度。

本书主要内容和学习本书所需基础知识

第 1 章：简单讲述嵌入式控制系统的定义、研究现状和研究方法。

第 2 章：较详细地讲述基于 ARM 芯片的集成开发环境 ADS 1.2 的创建和使用。

第 3 章：讲述 ARM9 芯片 S3C2410 的片上资源和编程参考项目 2410test.mcp。

第 4 章：讲述 S3C2410 的 I/O 口和 I/O 口操作。

第 5 章：讲述 S3C2410 的中断系统及编程。

第 6 章：讲述 S3C2410 的串口 UART。

第 7 章：讲述 S3C2410 的 A/D 和 D/A 转换控制。

第 8 章：讲述 ADC 和触摸屏控制。

第 9 章：讲述 S3C2410 的实时时钟(RTC)和编程。

第 10 章：讲述直接存储器存取(DMA)的工作原理及 S3C2410 的 DMA 控制器。

第 11 章：讲述脉宽调制(PWM)的工作原理及 S3C2410 的 PWM 控制器。

第 12 章：讲述看门狗(Watchdog)电路的工作原理及 S3C2410 的 Watchdog 控制。

第 13 章：讲述双向二线制同步串行总线 I^2C 及 S3C2410 的 I^2C 控制电路。

第 14 章：讲述数字音频信号(I^2S)和 S3C2410 的 I^2S 控制。

第 15 章：对串行外设接口(SPI)进行了介绍。

第 16 章：讲述 S3C2410 的人机界面设计。

第 17 章：讲述程序的调试、烧写和运行。

第 18 章：项目开发实训。

以上各章内容除第 1~5 章外，其他各章内容基本独立。教师如果觉得在 48 学时内完成教学比较困难，除第 2、3、4、5 章和第 16、17 章作为重点建议必讲之外，其他各章可根据情况有选择地删节。

随书提供软件包一个，其中有本书的电子课件、S3C2410 使用手册、实验讲义、各章习题答案、ADS1.2、参考项目 2410test.mcp、通用字模提取程序和部分例子程序，可以在清华大学出版社网站(http://www.tupwk.com.cn)上免费下载。

第四版课件由孙颖馨老师在第三版基础上重新进行了制作，作者对她的工作表示感谢。

本书的特点是通过深入浅出的讲述，将基于 ARM9 的嵌入式控制系统设计方法教给学生，使学生能够在最短的时间内入门。

学习本书至少要有 C 语言基础，如果有 MCS-51 单片机基础，学习本书就会更加轻松。

第四版与第三版区别

为了满足教学急需，第三版出书时间较紧，书中难免有错误或不足之处，在第四版中作者对书中内容进行了仔细斟酌研究，更正了已发现的错误，并根据多年教学经验和指导学生参加全国和省级"嵌入式"和"电子设计"大赛体会，删除了一些不适用的章节，增加了一部分新内容。

书中实验程序的注释是本书的重要内容，仔细阅读这些注释对于理解书中内容和练习编程非常重要。

为了使读者正确理解原程序，凡是原参考文献给出的注释，书中仍然保留英文，凡是作者给出的注释，用中文给出。

为了提高学生实践动手能力，第四版增加了一章实训内容(第 18 章项目开发实训)。

根据读者意见，为了使版面工整，方便阅读，注释采用分散方式对齐。

虽然做了很大努力，并请孙俊喜、才华两位教授对书中内容进行审核校对，但百密一疏，难免有考虑不周或错误之处，真诚欢迎读者多提宝贵意见和建议。我们的信箱是 huchenhao@263.net，电话是 010-62796045。

本书通用字模提取程序密码：194512125019。

侯殿有

2015 年 6 月

目　录

第1章　嵌入式控制系统简介

嵌入式控制系统设计是当前 IT 行业最热门的话题之一。什么是嵌入式控制系统？它们如何分类？各类系统的设计方法有什么不同？本章都将给出答案，并对嵌入式控制系统中最常用的 ARM 嵌入式微处理器作简要介绍。

1.1　单片机和嵌入式控制系统的定义和分类

在现有的不同文献中，对嵌入式控制有着不同的定义，最常见的一种定义是：嵌入式系统是以应用为中心，以计算机技术为基础，软硬件可裁剪的，对功能、可靠性、成本、体积和功耗有严格要求的专用计算机系统。还有一种定义是：嵌入式系统就是一个具有特定功能或用途的计算机软硬件结合体。这些说法虽然在一定程度上对嵌入式系统进行了描述，但都不够全面或确切。

实际上，嵌入式控制系统与单片机的产生和发展是分不开的。本节将结合单片机对嵌入式系统进行定义，并对嵌入式控制系统的设计方法进行介绍。

1.1.1　单片机和嵌入式控制系统的定义

单片机就是在一片半导体硅片上集成了中央处理器单元(CPU)、存储器(RAM/ROM)和各种 I/O 接口的微型计算机。这样的一块集成电路芯片具有一台微型计算机的功能，因此被称为单片微型计算机，简称单片机。

单片机主要应用在测试和控制领域。由于单片机在使用时通常处于测试和控制领域的核心地位并被嵌入其中，因此人们常把单片机称为嵌入式微控制器(Embedded Microcontroller Unit)，把嵌入某种微处理器或单片机的测试和控制系统称为嵌入式控制系统(Embedded Control System)。

嵌入式控制系统在航空航天、机械电子、家用电器等各个领域都有广泛的应用，其中家用电器领域是嵌入式控制系统最大的应用领域。例如，MP3、MP4、数码相机、扫描仪、个人 PC、车载电视、DVD 和 PDA 等，都可以看到嵌入式控制系统的应用。

随着超大规模集成电路工艺和集成制造技术的不断完善，单片机的硬件集成度也在不断提高，已经出现了能满足各种不同需要、具有各种特殊功能的单片机。在 8 位单片机得到广泛应用的基础上，16 位单片机和 32 位单片机也应运而生，特别是以 ARM 技术为基础的 32 位精简指令集系统单片机(RISC Microprocessor)的出现。由于其性能优良、价格低廉，因此大有取代 16 位单片机而成为高档主流机型的趋势。

嵌入式控制系统由于其内核嵌入的微处理器不同，在应用上大致可分为两个层次，在系统简单、要求不高以及成本低的应用领域，大多采用以 MCS-51 为代表的 8 位单片机。

随着嵌入式控制系统与 Internet 的逐步结合，PDA、手机、路由器、调制解调器等复杂的高端应用，对嵌入式控制器提出了更高的要求。在少数高端应用领域以 ARM 技术为基础的 32 位精简指令系统，单片机得到越来越多的青睐。嵌入式控制系统在高端应用领域又分为带嵌入式操作系统支持和不带嵌入式操作系统支持两种。

1.1.2 嵌入式控制系统的设计方法

作为嵌入式控制器的单片机，不管是 8 位、16 位还是 32 位，由于受其本身资源限制，其应用程序都不能在其自身上开发。开发其应用程序，都需要一台通用计算机，如常用的 IBM-PC 机或兼容机，Windows 95/98/2000 或 XP 操作系统，256MB 以上内存，1GB 以上硬盘存储空间(运行交叉编译环境 ADS1.2 最低配置)。这样的通用计算机称为“宿主机”，嵌入式控制器的单片机称为“目标机”。应用程序在“宿主机”上开发，在“目标机”上运行。“目标机”和“宿主机”之间利用计算机并口或 USB 口通过一台名为“仿真器”的设备相连。程序可以从“宿主机”传到“目标机”，这称为程序下载；也可以从“目标机”传到“宿主机”，这称为程序上传。应用程序通过“仿真器”的下载和上传，在“宿主机”上反复修改，这个过程称为“调试”。调试好的应用程序，在“宿主机”上编译成“目标机”可以直接执行的机器码文件，下载并固化到“目标机”的程序存储器中。整个下载过程称为烧片，也称为程序固化。

程序固化是单片机开发的最后一步，之后“宿主机”和“目标机”就可以分离，“宿主机”任务完成，“目标机”就可以独立执行嵌入式控制器的任务。

1.1.3 嵌入式控制系统各种设计方法的特点

1. 目标机上安装某种嵌入式操作系统

随着嵌入式系统的发展，应用程序变得越来越复杂，如应用程序与 Internet 的结合、多线程、复杂的数据处理、高分辨率图形图像显示等。如果没有操作系统支持，应用程序的编写将变得非常困难。因此，人们在目标机上嵌入某种功能较强且占用内存较少的操作系统，用户程序在该操作系统支持下运行，这种操作系统称为嵌入式操作系统。嵌入式操作系统有多种，比较著名的有 Windows CE、Linux、μC/OS-II 等。特别是 Linux 操作系统，由于其具有代码简练、功能强大、内核公开等优点，获得了广泛应用。

采用 Linux 操作系统来开发嵌入式系统，首先要在“宿主机”上建立 Linux 开发环境。有两种操作方法：一种是“宿主机”放弃原来的 Windows 操作系统，改装 Linux 操作系统，如安装 Linux Red Hat 9.0；另一种是在原来的 Windows 操作系统上安装一个虚拟机，在该虚拟机中安装 Linux 操作系统，如 Cygwin 1.5.10(可以从 http://www.cygwin.com 下载并安装最新版本)。

　　然后，根据应用程序的需要编写一个驱动程序，把该驱动程序和 Linux 操作系统一起编译，形成一个包含此驱动程序的 Linux 内核可执行文件 image，将此文件下载到"目标机"。最后，只须对内核中相应的函数进行调用，即可实现应用程序的功能。

　　由于"宿主机"和"目标机"之间文件的下载和上传是以文件形式进行的，所以在两台计算机上都要有相应的文件管理系统。在"宿主机"上可以使用 TFTP Server for Windows，在"目标机"上则还要下载 Cramfs 文件管理系统。

　　为了实现上电时系统能自动按一定顺序启动，如系统的硬件初始化，包括时钟的设置、存储区的映射、设置堆栈指针、应用程序入口等，还必须有一个系统引导程序，即 Boot Loader。常用的 Boot Loader 是由韩国 Mizi 公司开发的 VIVI 软件，该软件特别适合 ARM9 处理器，需要将 VIVI 下载到"目标机"上。

　　此外，还要为每一个项目的驱动程序和应用调试程序各编写一个工程管理文件 Makefile。

　　在 Linux 操作系统下，对应用程序和驱动程序的编辑和调试还需要一个交叉编译工具，要在 busybox 工具集中选择需要的部分进行编辑，形成可执行文件，下载到"目标机"上。

2. 目标机上不安装操作系统

　　在这种情况下，把 ARM9 当作 32 位单片机，使用 Code Warror IDE 对其进行开发，整个开发过程和开发 MCS-51 单片机一样，非常简单。

　　ADS(ARM Developer Suite)是 ARM 公司推出的新一代 ARM 开发工具，目前的最新版本是 ADS1.2。ADS 使用 Code Warror IDE 替代了旧的开发工具，使用 AXD 作为调试工具。具有现代集成开发环境的一些特点，如拥有源文件编辑器、语法高亮和窗口驻留等功能。

　　ADS 使用并口或 USB 口通过 JTAG 仿真器与"目标机"相连，实现在线调试与仿真。

3. 两种设计方法的特点

　　带操作系统的嵌入式控制系统，在编制较复杂和高端应用程序时，如上面提到的与 Internet 结合、多线程、复杂的数据处理、高分辨率图形图像显示等，用户程序就会比较简单。但整个工程的研制需要很长时间，因为要把很多时间放在对 Linux 操作系统的安装和熟悉上。虽然 Linux 操作系统是免费的，其内核可以根据用户需要进行裁剪。但要达到随意裁剪的水平，需要花费很多时间去熟悉和研究。此外，程序员还要学会驱动程序和 Makefile 文件的编写，特别是驱动程序，每个设备都要有一个，它要和内核结合到一起，形成操作系统的一部分。也就是说，在开发嵌入式控制系统时，还要完成一部分操作系统的内核工作，难度较大，会花费很多时间。

　　系统在调试程序时，要占用"宿主机"较多资源，如使用并口连接 JTAG 仿真器、使用串口与"宿主机"通信、使用网口来传输文件。

　　如果在目标机上不安装嵌入式操作系统，把 ARM9 只当成是 32 位单片机来开发，那么，整个开发过程就和开发 MCS-51 单片机一样，特别简单。这样就可以把时间主要放在对 ARM9 单片机软件和硬件的熟悉上，充分发挥 32 位单片机本身资源优势；把主要精力放在控制系统的稳定性和可靠性上，在较短时间内开发出高品质的嵌入式产品。

嵌入式控制系统大多具有小、巧、轻、灵、薄的特点，需要与 Internet 结合，多线程的系统的"高端应用"只占非常少的一部分。因此不采用嵌入式操作系统，也可以满足系统需要。

如果系统需要网络连接(连接 Internet 会使系统易遭受病毒攻击，导致系统稳定性下降，同时运行数据易泄密，因此开发过程中基本只使用局域网)，可以采用串行通信代替，点对点且距离不长，可以采用 232 标准，多点通信或距离较长；也可以采用 485 标准；例如，遇多线程问题，可以采用多微处理器分级分布控制。

1.2   ARM 处理器简介

ARM 的含义有 3 种：第一种是从事嵌入式微处理器开发的高科技公司的名字；第二种是代表一种低功耗、高性能的 32 位 RISC (精简指令系统)处理器的技术；第三种是代表一种微处理器产品。

本节将介绍 ARM 微处理器系列的几种产品，从中可以看到 ARM 技术的发展和现状。

1.2.1   ARM 体系结构的发展

ARM 处理器是一种低功耗、高性能的 32 位 RISC(精简指令系统)处理器。本章将从其结构入手，分析目前流行的 ARM920T 硬件结构和编程。

ARM 处理器共有 31 个 32 位寄存器，其中 16 个可以在任何模式下看到。它的指令为简单的加载与存储指令(从内存加载某个值，执行完操作后再将其放回内存)。ARM 的特点是：所有的指令都带有条件；可以在加载数值的同时进行算术和移位操作。它可以在几种模式下操作，包括使用 SWI(软件中断)指令从用户模式进入系统模式。

ARM 处理器是一个综合体。ARM 公司自身并不制造微处理器，它们是由 ARM 的合作伙伴(Intel 或 LSI)制造的。ARM 还允许将其他处理器通过协处理器接口进行紧耦合。它还包括几种内存管理单元的变种，如简单的内存保护到复杂的页面层次。

ARM 微处理器系列包括 ARM7、ARM9、ARM9E、ARM10E、SecurCore 等和 Intel 的 Xscale。其中，ARM7、ARM9、ARM9E 和 ARM10E 为 4 个通用处理器系列，每个系列都提供一套相对独特的性能来满足不同应用领域的需求。SecurCore 系列专门为安全要求较高的应用而设计。

1.   ARM7 系列微处理器

ARM7 系列微处理器是低功耗的 32 位 RISC 处理器,适用于对价位和功耗要求较高的消费类产品。ARM7 系列具有如下特点。

- 具有嵌入式 ICE-RT 逻辑，调试开发方便。
- 极低的功耗，适合对功耗要求较高的产品，如便携式产品。
- 能够提供 0.9 MIPS(MIPS，即：每秒百万条指令)/MHz 的三级流水线结构。

- 对操作系统的支持广泛，如 Windows CE、Linux、PalmOS(最流行的掌上电脑操作系统)等。
- 指令系统与 ARM9、ARM9E、ARM10E 系列兼容，便于用户对产品升级换代。
- 主频最高可达 130MHz，高速的运算处理能力可胜任绝大多数的复杂应用。

ARM7 系列微处理器主要应用于工业控制、Internet 设备、网络和调制解调器设备、移动电话等多种多媒体和嵌入式应用。

ARM7 系列微处理器包括如下几种类型的核：ARM7TDMI、ARM7TDMI-S、ARM720T、ARM7EJ。其中，ARM7TDMI 是目前使用最广泛的 32 位嵌入式 RISC 处理器，属低端 ARM 处理器核。TDMI 的基本含义如下。

- T：支持 16 位压缩指令集 Thumb。
- D：支持片上 Debug。
- M：内嵌硬件乘法器(Multiplier)。
- I：嵌入式 ICE，支持片上断点和调试。

2. ARM9 系列微处理器

ARM9 系列微处理器在高性能和低功耗方面有着非常突出的特点。具体如下。

- 5 级流水线结构，指令执行效率更高。
- 提供 1.1MIPS/MHz 的哈佛结构。
- 支持 32 位 ARM 指令集和 16 位 Thumb 指令集。
- 支持 32 位的高速 AMBA 总线接口。
- 全性能的 MMU，支持 Windows CE、Linux、PalmOS 等多种主流嵌入式操作系统。
- MPU 支持实时操作系统。
- 支持数据 Cache(高速缓存)和指令 Cache，具有更高的指令和数据处理能力。

ARM9 系列微处理器主要应用于无线设备、仪器仪表、安全系统、机顶盒、高端打印机、数字照相机和数字摄像机等。

ARM9 系列微处理器包括 ARM920T、ARM922T 和 ARM940T 共 3 种类型，以适用于不同的应用场合。

3. ARM9E 系列微处理器

ARM9E 系列微处理器的主要特点如下。

- 支持 DSP 指令集，适用于需要高速数字信号处理的场合。
- 5 级流水线，指令执行效率更高。
- 支持 32 位 ARM 指令集和 16 位 Thumb 指令集。
- 支持 32 位的高速 AMBA 总线接口。
- 支持 VFP9 浮点处理协处理器。
- 全性能的 MMU，支持众多主流嵌入式操作系统。
- 支持数据 Cache 和指令 Cache，具有更高的处理能力。
- 主频最高可达 300MHz。

ARM9E 系列微处理器主要应用于下一代无线设备、数字消费品、成像设备、工业控制、存储设备和网络设备等领域。

ARM9E 系列微处理器包含 ARM926EJ-E、ARM946E-S 和 ARM966E-S 共 3 种类型，以适用于不同的应用场合。

4.　ARM10E 系列微处理器

ARM10E 系列微处理器的主要特点如下。
- 支持 DSP 指令集，适用于需要高速数字信号处理的场合。
- 6 级流水线，指令执行效率更高。
- 支持 32 位 ARM 指令集和 16 位 Thumb 指令集。
- 支持 32 位的高速 AMBA 总线接口。
- 支持 VFP10 浮点处理协处理器。
- 全性能的 MMU，支持众多主流嵌入式操作系统。
- 支持数据 Cache 和指令 Cache，具有更高的处理能力。
- 主频最高可达 400MHz。
- 内嵌并行读/写操作部件。

ARM10E 系列微处理器主要应用于下一代无线设备、数字消费品、成像设备、工业控制、通信和信息系统等领域。

ARM10E 系列微处理器包括 ARM1020E、ARM1002E 和 ARM1026JE-S 共 3 种类型，以适用于不同的应用场合。

5.　ARM920T

ARM920T 高缓存处理器是 ARM9 Thumb 系列中高性能的 32 位单片系统处理器。

ARM920TDMI 系列微处理器包含如下几种类型的内核。
- ARM9TDMI：只有内核。
- ARM940T：由内核、高速缓存和内存保护单元(MPU)组成。
- ARM920T：由内核、高速缓存和内存管理单元(MMU)组成。

ARM920T 提供完善的高性能 CPU 子系统，包括以下几个方面。
- ARM9TDMI RISC CPU。
- 16KB 指令缓存与 16KB 数据缓存。
- 指令与数据存储管理单元(MMU)。
- 写缓冲器。
- 高级微处理器总线架构(AMBA)总线接口。
- ETM(内置跟踪宏单元)接口。

ARM920T 中的 ARM9TDMI 内核可执行 32 位 ARM 及 16 位 Thumb 指令集。ARM9TDMI 处理器是哈佛结构，包括取指、译码、执行、存储及写入 5 级流水线。

ARM920T 处理器包括 CP14 和 CP15 两个协处理器。
- CP14：控制软件对调试通道的访问。

- CP15：系统控制处理器，提供 16 个额外寄存器来配置与控制缓存、MMU、系统保护、时钟模式以及其他系列选项。

ARM920T 处理器的主要特征如下。

- ARM9TDMI 内核，ARM v4T 架构。
- 两套指令集：ARM 高性能 32 位指令集和 Thumb 高代码密度 16 位指令集。
- 5 级流水线结构，即取指(F)、指令译码(D)、执行(E)、数据存储访问(M)和写寄存器(W)。
- 16KB 数据缓存，16KB 指令缓存。
- 写缓冲器：16 字的数据缓冲器。
- 标准的 ARMv4 存储器管理单元(MMU)：区域访问许可，允许以 1/4 页面大小对页面进行访问，16 个嵌入域，64 个输入指令 TLB 以及 64 个输入数据 TLB。
- 8 位、16 位、32 位的指令总线与数据总线。

6.　SecurCore 系列微处理器

SecurCore(安全特性内核)系列微处理器除了具有 ARM 体系结构的各种主要特点外，在系统安全方面还具有如下特点。

- 带有灵活的保护单元，确保操作系统和应用数据的安全。
- 采用软内核技术，防止外部对其进行扫描探测。
- 可集成用户自己的安全特性和其他协处理器。

SecurCore 系列微处理器主要应用于对安全性要求较高的产品及应用系统，如电子商务、电子政务、电子银行业务、网络和认证系统等领域。

SecurCore 系列微处理器包含 SecurCore SC100、SecurCore SC110、SecurCore SC200 和 SecurCour SC210 共 4 种类型，以适用于不同的应用场合。

7.　Strong ARM 系列微处理器

Intel Strong ARM(高度集成 ARM 处理器) SA-1100 是采用 ARM 体系结构高度集成的 32 位 RISC 微处理器。它融合了 Intel 公司的设计和处理技术，以及 ARM 体系结构的电源效率，采用在软件上兼容 ARMv4 体系结构，同时采用具有 Intel 技术优点的体系结构。Intel Strong ARM 处理器是便携式通信产品和消费类电子产品的理想选择，已成功应用于多家公司的掌上电脑系列产品。

8.　ARM11 处理器的内核特点

ARM11 处理器是为了提高MPU处理能力而设计的。该系列主要有ARM1136J、ARM1156T2和ARM1176JZ共 3 个内核型号。RM11 处理器可以在2.2mm^{2}芯片面积和0.24mW/MHz下主频达到500MHz。ARM11处理器以众多消费产品市场为目标，推出了许多新技术，包括针对媒体处理的SIMD(单指令多数据流)，用于提高安全性能的TrustZone(安全区)技术、智能能源管理(IEM)，以及需要非常高的、可升级的、超过2600次Dhrystone(逻辑运算性能测试)和2.1 MIPS的多处理技术。

上面对几个 ARM 处理器内核做了简单介绍。可以看到，随着处理器内核技术的发展，处理器的速度越来越快，其主要得益于 ARM 流水线的技术发展。

ARM1176JZF-S 可综合处理包括数字电视、机顶盒、游戏机以及手机在内的消费及无线产品。这一处理器采用了 ARM Jazelle® (Java 加速技术)、ARM TrustZone® 技术(专门针对开放式操作系统。例如，为 Symbian OS、Linux 和 Windows CE 的消费产品提供安全性能的关键技术)以及一个矢量浮点(VFP)协处理器(为嵌入式 3D 图像提供强大的加速功能)。

9. DSP 功能

DSP(Digital Signal Processor)，即数字信号处理，是一种独特的微处理器，是以数字信号来处理大量信息的器件。其工作原理是接收模拟信号，并将其转换为 0 或 1 的数字信号，再对数字信号进行修改、删除、强化，并在其他系统芯片中把数字数据解译回模拟数据或实际环境格式。它不仅具有可编程性，而且其实时运行速度可以达每秒数以千万条复杂指令程序，远远超过通用微处理器，是数字化电子世界中日益重要的计算机芯片。

目前，有很多应用要求多处理器的配置(多个 ARM 内核，或 ARM+DSP 的组合)。ARM11 处理器从设计之初就注重更容易地与其他处理器共享数据，以及从非 ARM 的处理器上移植软件。此外，ARM 还开发了基于 ARM11 系列的多处理器系统——MPCORE(由 2~4 个 ARM11 内核组成)。

1.2.2　ARM 体系结构的存储器格式

ARM 体系结构中字长的概念如下。
- 字(Word)，在 ARM 体系结构中，字的长度为 32 位，而在 8/16 位处理器体系结构中，字的长度一般为 16 位。
- 半字(Half Word)，在 ARM 体系结构中，半字的长度为 16 位，与 8/16 位处理器体系结构中字的长度一致。
- 字节(Byte)，在 ARM 体系结构和 8/16 位处理器体系结构中，字节的长度均为 8 位。

指令长度可以是 32 位(ARM 状态下)，也可以是 16 位(Thumb 状态下)。

ARM920T 支持字节(8 位)、半字(16 位)、字(32 位)共 3 种数据类型。其中，字需要 4 字节对齐，半字需要 2 字节对齐。

ARM920T 体系结构将存储器看作是从零地址开始的字节的线性组合。从 0 字节到 3 字节放置第 1 个存储的字数据，从 4 字节到 7 字节放置第 2 个存储的字数据，依次排列。

作为 32 位的微处理器，ARM920T 体系结构所支持的最大寻址空间为 4GB(2^{32} 字节)。

ARM920T 体系结构支持两种方法存储字数据：即大端(Big Endian)格式和小端(Little Endian)格式。在大端存储格式中，字数据的高字节存储在低字节单元中，而字数据的低字节则存储在高地址单元中，如图 1-1 所示。在小端存储格式中，低地址单元存储的是字数据的低字节，高地址单元中，存储的是字数据的高字节，如图 1-2 所示。

在基于 ARM920T 内核的嵌入式系统中，常用小端存储格式来存储字数据。

	0	7	8	15	16	23	24	31（bit位）	

0号字节	1号字节	2号字节	3号字节	0号字地址
0号字节	1号字节	2号字节	3号字节	1号字地址
0号字节	1号字节	2号字节	3号字节	2号字地址
0号字节	1号字节	2号字节	3号字节	3号字地址

地址逐渐增加 ↑

← 地址逐渐增加

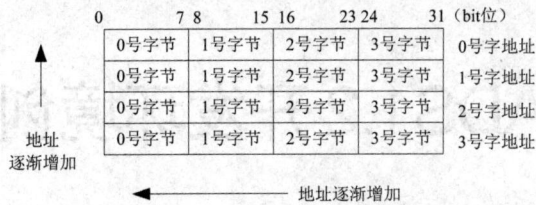

图 1-1 大端格式存储字数据

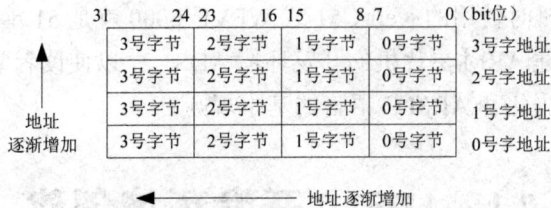

	31	24	23	16	15	8	7	0（bit位）	

3号字节	2号字节	1号字节	0号字节	3号字地址
3号字节	2号字节	1号字节	0号字节	2号字地址
3号字节	2号字节	1号字节	0号字节	1号字地址
3号字节	2号字节	1号字节	0号字节	0号字地址

地址逐渐增加 ↑

← 地址逐渐增加

图 1-2 小端格式存储字数据

1.3 习 题

1. 简述嵌入式控制系统的定义、嵌入式控制系统的分类。
2. 简述嵌入式控制系统各种设计方法的特点。
3. ARM 体系结构中的字、半字、字节的长度各是多少？
4. ARM 系列产品包括几大类？每类的特点和应用场合分别是什么？
5. ARM 状态下指令长度是多少位？Thumb 状态下指令长度是多少位？
6. 什么是大端模式？什么是小端模式？在 ARM920T 内核的系统中，常采用哪种模式？

第2章 ADS1.2开发环境创建与简介

在第 1 章中讲过,进行嵌入式控制系统开发之前,必须要创建一个开发环境。之前在学习 MCS-51 单片机时使用的 Keil-C51 或 WEVE 6000 就是 51 单片机的开发环境。本章将主要介绍如何创建 ARM 单片机的开发环境 ADS1.2,以使读者掌握开发环境的使用、程序的调试、程序的固化和 ARM C 语言的基本规则。

2.1 ADS1.2开发环境创建

本节介绍 ADS1.2 的技术特点以及安装 ADS1.2 的操作。

2.1.1 ADS1.2 概述

作为嵌入式控制器的单片机,由于受其本身资源限制,其应用程序都不能在其自身上开发。开发其应用程序需要一台通用计算机,这台通用计算机称为"宿主机",在"宿主机"上要安装有集成开发环境。

ADS,全称为 ARM Developer Suite,就是 ARM 集成开发环境。它主要包括编译器、链接器、调试器、C 和 C++库等,是 ARM 公司推出的新一代 ARM 集成开发工具。其最新版本是 ADS1.2,该版本支持包括 Windows 和 Linux 在内的多种操作环境。ADS1.2 的组成如下。

1. 编译器

ADS 提供多种编译器,以支持 ARM 和 Thumb(在 ARM 体系中数据和指令采用 16 位字长)指令的编译。主要有以下 5 种编译器。

- armcc:是 ARM C 编译器。
- tcc:是 Thumb C 编译器。
- armcpp:是 ARM C++编译器。
- tcpp:是 Thumb C++编译器。
- arm asm:是 ARM 和 Thumb 的汇编语言编译器。

2. 链接器

armlink 是 ARM 链接器。该命令既可以将编译得到的一个或多个目标文件和相关的一个或多个库文件进行链接,生成一个可执行文件,也可以将多个目标文件链接成一个目标文件,以供进一步链接。

3. 符号调试器

armsd 是 ARM 和 Thumb 的符号调试器，能进行源码级的程序调试。用户可以在用 C 或汇编语言编写的代码中进行单步调试、设置断点、查看变量值和内存单元的内容。

4. fromELF

将 ELF 格式的文件转换为各种格式的输出文件，包括 Bin(二进制)格式映像文件、Motorola 32 位 S 格式映像文件、Intel 32 位格式映像文件和 Verilog 十六进制文件。FromELF 命令也能够为输入映像文件产生文本信息，如代码和数据长度。

5. armar

armar 是 ARM 库函数生成器，它将一系列 ELF 格式的目标文件以库函数的形式集合在一起。用户可以把一个库传递给一个链接器以代替几个 ELF 文件。

6. CodeWarrior

CodeWarrior 集成开发环境(IDE)为管理和开发项目提供了简单多样化的图形用户界面，用户可以使用 ADS 的 CodeWarriorIDE 为 ARM 和 Thumb 处理器开发用 C、C++或者 ARM 汇编语言编写的程序代码。后续章节会讲到使用 CodeWarrior 集成开发环境(IDE)来开发 C 语言程序。

7. 调试器

ADS 中含有 3 个调试器，即 AXD、Armsd 和 ADW/ADU。

在 ARM 体系中，可以选择多种调试方式，如 Multi-ICE(Multi-processor In-Circuit Emulator)、ARMulator 或 Angel。

- Multi-ICE 是一个独立的产品，是 ARM 公司自己的 JTAG 在线仿真器，而非 ADS 提供。
- ARMulator 是一个 ARM 指令集仿真器，集成在 ARM 的调试器 AXD 中，提供对 ARM 处理器的指令集的仿真，为 ARM 和 Thumb 提供精确的模拟。用户可以在 硬件尚未做好的情况下开发程序代码，利用模拟器方式进行调试。
- Angel 是 ARM 公司常驻在目标机 Flash 中的监控程序，只须通过 RS-232C 串口与 PC 主机相连，就可以对基于 ARM 架构处理器的目标机进行监控器方式的调试。

8. C 和 C++库

ADS 提供了 ANSI C 库函数和 C++库函数，支持被编译的 C 和 C++代码。用户可以把 C 库中的与目标相关的函数作为自己应用程序中的一部分，重新进行代码的实现。这就为用户带来了极大的方便。

2.1.2　ADS1.2 的安装

在 ADS1.2 的安装盘中运行 setup.exe，安装 ARM Developer Suite v1.2，出现图 2-1 和图 2-2 所示的对话框。同意许可协议，选择默认安装路径(C:\Program Files\ARM\vADS1.2)和典型安装模式，单击 Next 按钮进入下一步，依次单击 Next 按钮，开始安装，如图 2-3 所示。

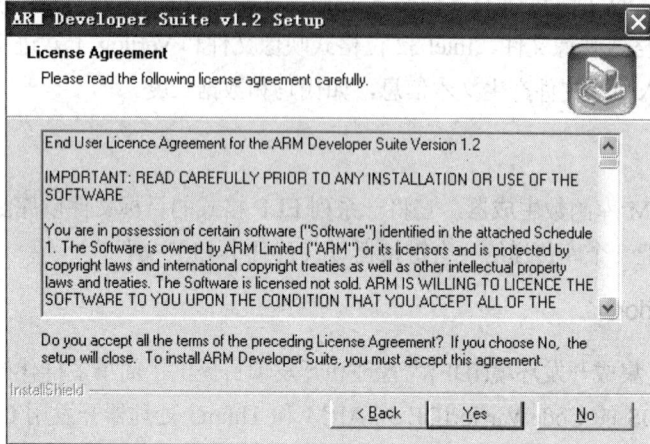

图 2-1　同意许可协议

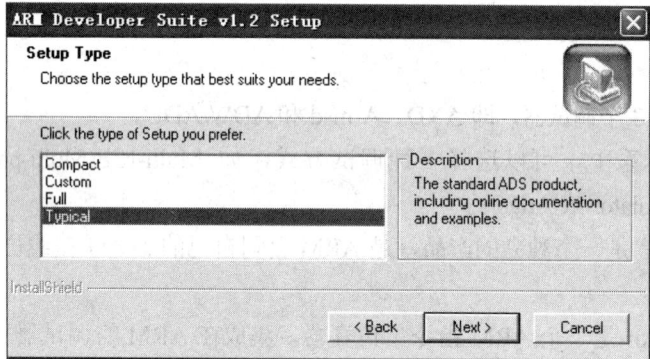

图 2-2　选择安装类型

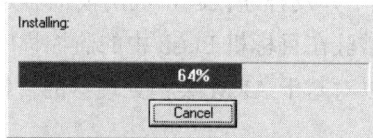

图 2-3　开始安装

安装结束，安装许可文件(Install License)，这一步可根据安装向导进行，单击"下一步"按钮，会出现图 2-4 和图 2-5 所示的对话框。

在图 2-5 所示的对话框中单击 Browse 按钮查看许可文件，在 C:\Program Files\ARM\ADSV1_2\license 中选择 license.dat 文件并打开，单击"下一步"按钮，如图 2-6 所示，即可完成 ADS1.2 的安装。

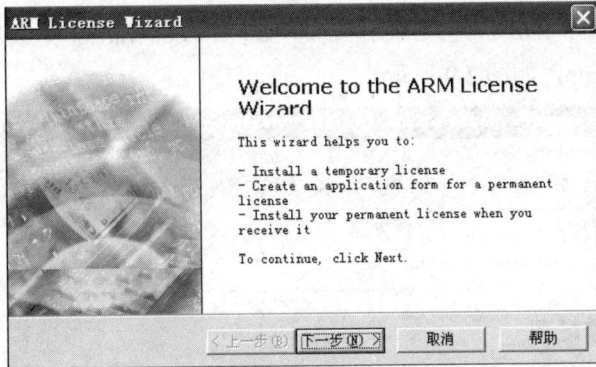

图 2-4　根据安装向导安装许可文件

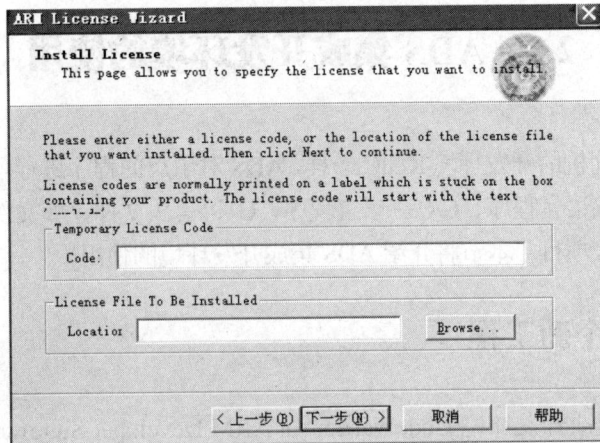

图 2-5　浏览许可文件

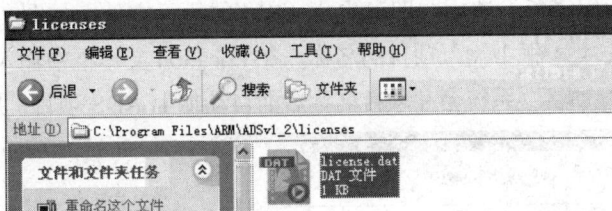

图 2-6　选择许可文件

　　最后，程序还需要注册。注册文件在 C:\Program Files\ARM\ADSV1_2 文件夹中，单击注册文件，即完成程序注册，如图 2-7 所示。

　　安装并注册成功后，CodeWarrior 集成开发环境(IDE)就可以使用了。为了方便，可以在桌面上创建一个快捷方式，在 C:\Program File\ARM\ADSv1-2\Bin 文件夹中有一个快捷方式图标，如图 2-8 所示，将其发送到桌面即可。

图 2-7　程序注册

图 2-8　IDE 快捷方式

打开计算机，双击 IDE 快捷方式图标，即可进入 CodeWarrior 集成开发环境。然后打开一个例子项目 bmw.cpp，如图 2-9 所示。

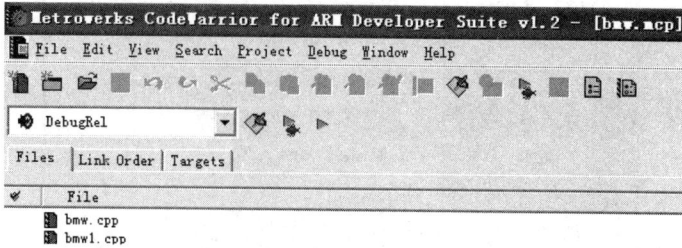

图 2-9　CodeWarrior 集成开发环境

2.2　ADS 集成开发环境的使用

与 MCS-51 单片机的开发环境 KeilC 一样，ADS 对用户的程序进行项目管理，一个 ADS 项目中可以包括汇编语言程序、C/C++语言程序、C 语言头文件、库文件等，这些文件还可以文件夹的形式加入项目，本节将介绍 ADS 集成开发环境的使用。

2.2.1　建立一个新工程

运行 ADS1.2 集成开发环境(CodeWarrior for ARM Developer Suite)，选择 File|New 命令，打开 New 对话框，在 New 对话框中选择 Project 选项卡，其中共有 7 项。ARM Executable Image 是 ARM 的通用模板，选中它即可生成 ARM 的执行文件，如图 2-10 所示。

在 Project name 文本框中输入项目的名称，在 Location 文本框中输入其存放的位置，单击"确定"按钮保存项目。系统会在项目名称后面自动加上 ADS 项目扩展名.mcp 后保存。

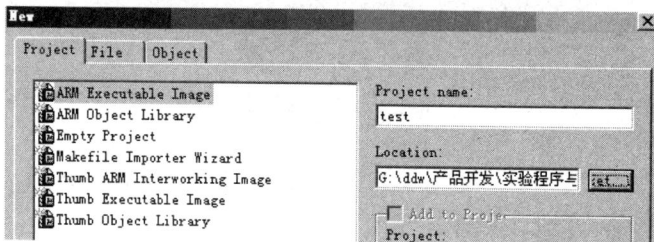

图 2-10　建立一个新工程

2.2.2　开发环境设置

(1) 在新建的工程中选择 Debug 版本，如图 2-11 所示。选择 Edit | Debug Settings 命令对 Debug 版本进行参数设置。

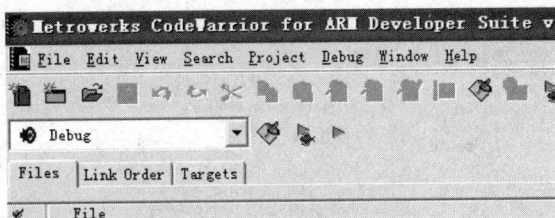

图 2-11　选择 Debug 版本

(2) 在图 2-12 所示中单击 Debug Settings 按钮，打开图 2-13 所示的对话框。选中 Target Settings 选项，在 Post-linker 下拉列表中选择 ARM fromELF 选项，单击 OK 按钮。

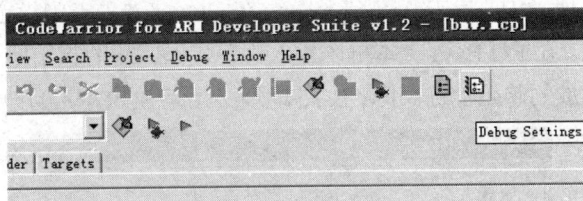

图 2-12　选择 Debug Setting

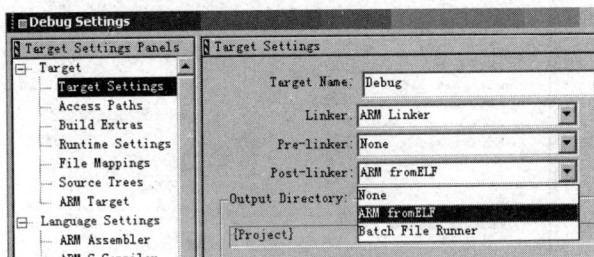

图 2-13　选择 Target Settings

(3) 在如图 2-14 所示的对话框中，单击 ARM Assembler，在 Architecture or Processor 下拉列表中选择 ARM920T。这是项目要编译的 CPU 类型。

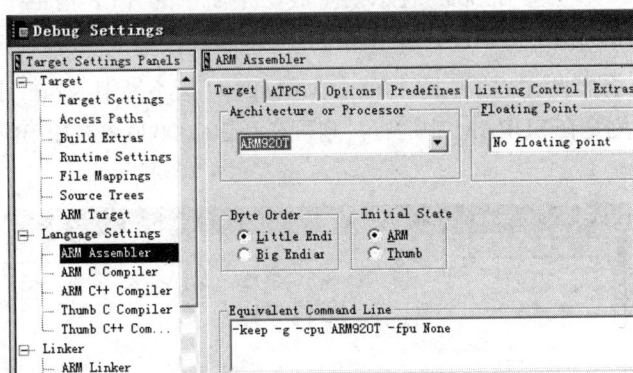

图 2-14　选择要编译的 CPU 类型

(4) 在如图 2-15 所示中，单击 ARM C Compiler，在 Architecture or Processor 下拉列表中也选择 ARM920T。这是 C 语言要编译的 CPU 核。

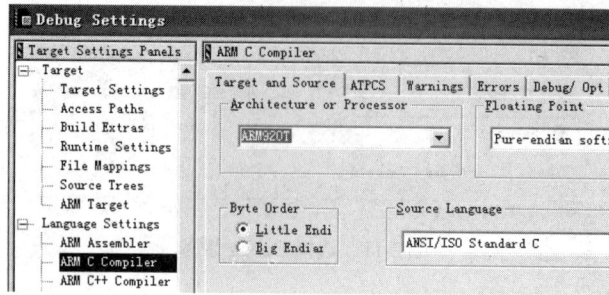

图 2-15 选择要编译的 CPU 核

(5) 在如图 2-16 所示中，单击 ARM Linker，在 Output 选项卡中设定程序的代码段地址，以及数据使用的地址。在 RO Base 文本框中输入程序代码存放的起始地址，在 RW Base 文本框中输入程序数据存放的起始地址。RW Base 地址必须是 SDRAM 的地址。

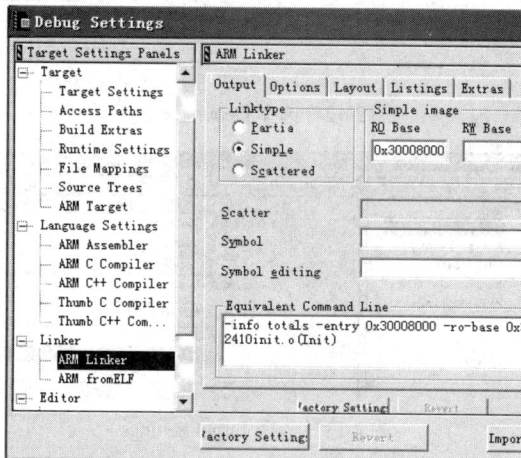

图 2-16 输入程序代码及数据存放的起始地址

这里 Linktype 类型选 Simple 表示要生成一个简单的 ELF 文件，RO Base 地址选 0x30008000，RW Base 地址可不选。这里两个地址的选择在第 17 章将进行详细介绍。

在图 2-17 中，在 Options 选项卡的 Image entry point 文本框中输入程序代码的入口地址，其他保持不变，因为是在 SDRAM 中运行，则可在 0x30000000~0x33ffffff 中选值。这是 64M SDRAM 的地址。

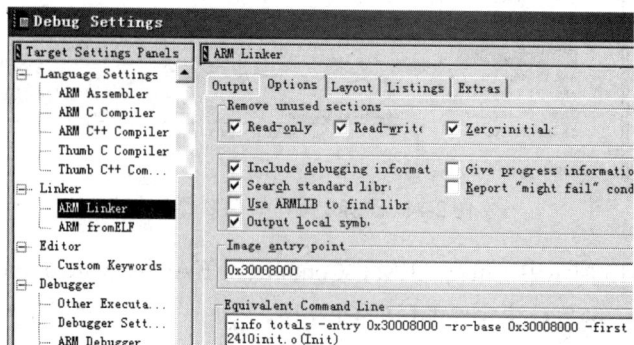

图 2-17 输入程序代码的入口地址

这里 Image entry point 入口点选程序代码存放的起始地址 0x30008000。

如图 2-18 所示,在 Layout 选项卡的 Place at beginning of image 选项组内,需要输入项目的入口程序的目标文件名。例如,整个工程项目的入口程序是 2410init.o,那么应该在 Object/Symbol 文本框中输入其目标文件名 2410init.o,在 Section 文本框中输入程序入口的起始段标号。它的作用是通知编译器整个项目的运行是从该段开始的。

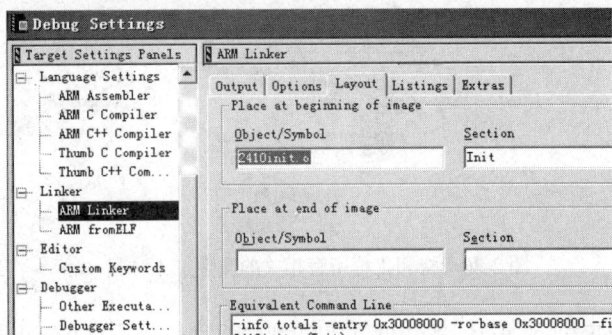

图 2-18　输入项目的入口

(6) 在如图 2-19 所示对话框中,单击左栏的 ARM fromELF 选项。在 Output file name 文本框中设置输出文件名*.bin,前缀名可以自己取。在 Output format 下拉列表中选择 Plain binary,这是设置要下载到 flash 中的二进制文件。文件名 test.bin,保存在桌面上。

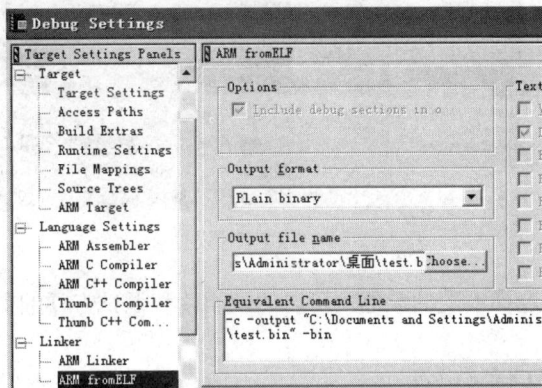

图 2-19　设置输出文件名

test.bin 是二进制文件,因其没带调试信息,只能烧写到 Flash 中直接运行。

调试程序可以下载带有调试信息的*.axf 文件,该文件在*_Data/Debug 文件夹中由系统自动生成,*是项目名。

具体见后面第 17 章的介绍。

(7) 到此,ADS1.2 中的基本设置已经完成,可以将该新建的空项目文件作为模板保存起来。首先,要给该项目工程文件取一个合适的名字,如 S3C2410 ARM.mcp;然后,在 ADS1.2 软件的安装目录下新建一个合适的模板目录名,如 S3C2410 ARM Executable Image。再将刚刚设置完的 S3c2410 ARM.mcp 项目文件保存到该目录下即可。

(8) 新建项目工程后,可以选择 Project|Add Files 命令把和工程有关的文件加入,ADS1.2

不能自动进行文件分类，用户必须通过 Project|Create Group 命令来创建文件夹，然后把加入的文件选中，移入文件夹，如图 2-20 所示。

在程序较多时，按类把文件归入几个文件夹，然后按文件夹加入项目。

先选择 Add Files 命令，加入文件，再选择 Create Group 命令，创建文件夹，然后把文件移入文件夹内。

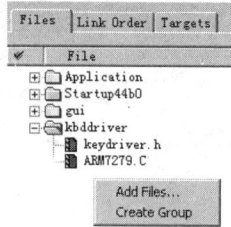

图 2-20　将和工程所有相关的文件加入项目

读者还可根据自己的习惯，选择 Edit | Preference 命令，更改文本编辑的颜色、字体大小、形状、变量、函数的颜色等，如图 2-21 所示。

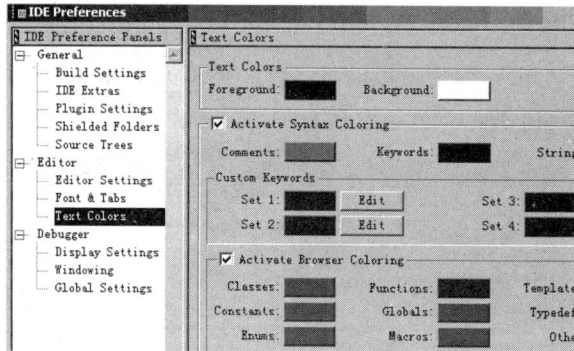

图 2-21　更改文件设置

对不同的编辑内容选择不同的颜色，可以达到阅读和调试方便的效果。

2.2.3　其他开发环境介绍

IAR(瑞典爱亚软件技术咨询公司)Embedded Workbench for ARM 是 IAR Systems 公司为 ARM 微处理器开发的一个集成开发环境，下面简称 IAR EWARM。与其他 ARM 开发环境相比，IAR EWARM 具有入门容易、使用方便和代码紧凑等特点。

IAR Systems 公司目前推出的最新版本是 IAR Embedded Workbench for ARM Version 4.42，并提供了一个 32K 代码限制学习版或 30 天时间限制的免费评估版，可以到 IAR 公司的网站 http://www.iar.com/ewarm 下载。

IAR EWARM 中包含一个全软件的模拟程序(simulator)。用户不需要任何硬件支持就可以模拟各种 ARM 内核、外部设备甚至中断的软件运行环境。从中可以了解和评估 IAR EWARM 的功能和使用方法。

IAR Embedded Workbench for ARM Version 4.42 是一个针对 ARM 处理器的集成开发环境，包含项目管理器、编辑器、编译连接工具和支持 RTOS(嵌入式实时控制系统)的调试工具，在该环境下可以使用 C/C++和汇编语言方便地开发嵌入式应用程序。

2.3　用 AXD 进行代码仿真、调试

项目建立并加入相应的文件后，"目标机"和"宿主机"通过 JTAG 仿真器进行连接，然后用 AXD 进行代码仿真、调试。本节将介绍用 AXD 进行代码仿真、调试的具体方法和步骤。

2.3.1　AXD 简介

前面讲过，ADS 对用户程序是以项目为单位进行管理的。在一个项目中可以包含扩展名为.c 的 C 语言源文件、扩展名为.cpp 的 C++源文件、扩展名为.h 的 C 语言头文件、扩展名为.s 的汇编语言源文件、扩展名为.o 的目标码文件、扩展名为.lib 的库文件等。这些文件可以单个加入项目，也可以文件夹的形式分类集体加入。

项目建立并加入相应文件之后，以项目为单位进行编译。在 Code Warrior IDE 开发环境中双击 Make 按钮，如图 2-22 所示。如果没有错误，会生成一个扩展名为.axf 的计算机可执行文件，如果有错误则要修改源程序，再次双击 Make 按钮，直到没有错误为止。

在同一界面双击 Debug 按钮，如图 2-23 所示，进入 AXD 界面，如图 2-24 所示。

图 2-22　Make 界面　　　　　　　　　　图 2-23　双击 Debug 按钮

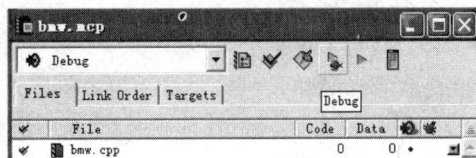

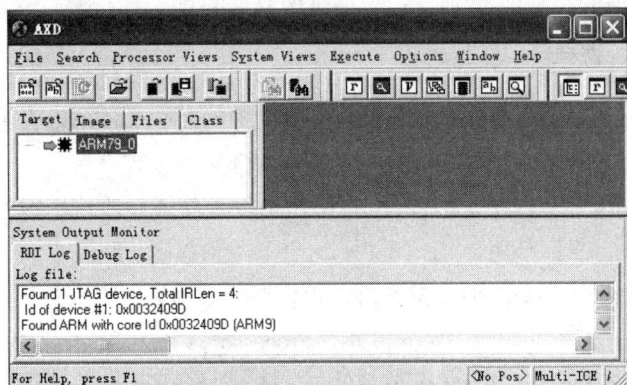

图 2-24　AXD 界面

AXD(ARM extended Debugger)是 ADS 软件中独立于 Code Warrior IDE 的图形软件，要使用 AXD 必须先生成包含调试信息的程序，即由 Code Warrior for ARM Developer Suite 编译生成的含有调试信息的可执行 ELF 格式的映像文件(*.axf)。

1. 在 AXD 中下载调试文件

在 Code Warrior for ARM Developer Suite 界面中，单击 Debugger 进入 AXD 调试界面。

选择 File | Load Image 命令，如图 2-25 所示。打开 Load image 对话框，找到要装入的.axf 映像文件，单击"打开"按钮，即可把映像文件下载到目标板 SDRAM 中。

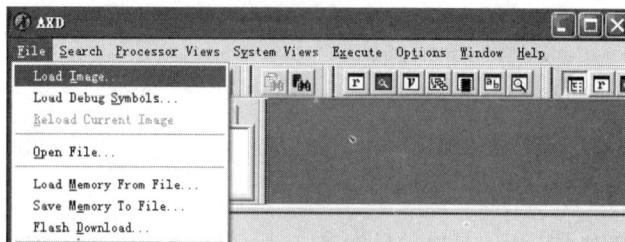

图 2-25　装入.axf 映像文件

利用 Execute 菜单中的命令对可执行映像文件进行调试，各选项的含义如下。

- 选择 Go 命令或按 F5 键，将全速运行代码。
- 选择 Stop 命令或按 Shift+F5 组合键，将停止运行代码。
- 选择 Step In 命令或按 F8 键，将以单步形式执行代码。若遇到函数，则进入函数内执行。
- 选择 Step 命令或按 F10 键，将以单步形式执行代码。若遇到函数，则把函数看成一条语句单步执行。
- 选择 Step Out 命令或按 Shift+F8 组合键，在 Step In 单步执行代码进入函数内后，若选择该子菜单，则可以从函数中跳出返回到上一级程序执行。
- 选择 Run To cursor 命令或按 F7 键，以全速运行到光标处停下。
- 选择 Show Execution Context 命令，可显示执行的内容。
- 选择 Delete All Breakpoint 命令，将清除所有的断点。

2. 查看存储器、寄存器、变量内容

利用 AXD Processor Views 和 System Views 菜单中的命令选项可以查看寄存器、变量值，还可以查看某个内存单元的数值等。各命令的含义如下。

- 选择 Registers 命令或按 Ctrl+R 组合键，可以查看或修改目标板处理器中寄存器中的值。
- 选择 Watch 命令或按 Ctrl+E 组合键，可以对处理器设置观察点。观察点可以是寄存器、地址等，但不能修改。特别注意，Processor Views 菜单下的 Watch 只能观察处理器，而选择 System Views 菜单下的 Watch 或按 Alt+E 组合键时，则可以对目标板上的任何资源建立观察，还可增加或删除观察点。

- 选择 Variables 菜单或按 Ctrl+E 组合键,可以查看或修改当前可执行的映像文件(程序)中的变量值,这些变量可以是局部变量、全局变量、类变量;可增加或删除查看或修改的变量。
- 选择 Memory 命令或按 Ctrl+M 组合键,可以查看或修改存储器中的值。

方法是:选择 AXD 的 Processor Views | Memory 命令或按 Ctrl+M 组合键,查看或修改,如图 2-26 所示。

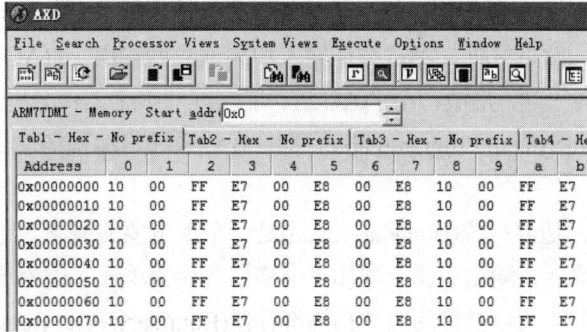

图 2-26　查看或修改存储器中的值

3. 查看或修改连续地址存储器值

在 Memory Start address 文本框中。用户可以根据要查看或修改的存储器地址输入起始地址,在下面的表格中会列出连续的 64 个地址,如图 2-26 所示。因为 I/O 模式控制寄存器和 I/O 数据控制寄存器都是 32 位的控制寄存器,所以从 0x00000000 开始的连续 4 个地址空间存放的是 I/O 模式控制寄存器的值。从图中可以读出该控制寄存器的值,对于数据控制寄存器的内容,注意因为用的是小端模式,所以读数据时要注意高地址中存放的是高字节,低地址中存放的是低字节。

4. 断点设置、查看断点

在调试程序时,经常要设置断点,即在程序的某处设置断点,当程序执行到断点处即可停下,这时开发人员可以通过前面的方法查看寄存器、存储器或变量的值,以判定程序是否正常。设置断点的方法是将光标移到需设置断点处,按 F9 键在此处设置断点。

查看断点的方法是:选择 System Views | breakpoint view 命令或按 Alt+K 组合键,在断点状态对话框中右击,利用弹出的快捷菜单可增加或删除断点。按 F5 键,程序将运行到断点,如果要进入函数内查看是如何运行的,可以选择 Execute | Step In 命令或按 F8 键,进入到子函数内部进行单步程序的调试。

2.3.2　JTAG 概述

在使用 AXD 对项目进行调试时,整个软件调试工作都是在“宿主机”上进行的,但程序的运行是在“目标机”上实现的。“宿主机”和“目标机”之间通过计算机并口或 USB 口使用 JTAG 仿真器相连接,实现信息的上传和下载。

　　　　JTAG 是 Joint Test Action Group(联合测试行动小组)的简称。由于 IEEE 1149.1 标准是由 JTAG 这个组织最初提出，最终由 IEEE 批准并且标准化的，所以 IEEE 1149.1 标准一般也称为 JTAG 调试标准。

　　　　JTAG 标准主要用于芯片内部测试及对系统进行仿真、调试。JTAG 技术是一种嵌入式调试技术，它在芯片内部封装了专门的测试电路 TAP(Test Access Port，即：测试访问口)，通过专用的 JTAG 测试工具对内部节点进行测试。目前，大多数比较复杂的器件都支持 JTAG 协议，如 ARM、DSP、FPGA 器件等。标准的 JTAG 接口是 4 线：TMS、TCK、TDI 和 TDO，分别为测试模式选择、测试时钟、测试数据输入和测试数据输出。JTAG 测试允许多个器件通过 JTAG 接口串联在一起，形成一个 JTAG 链，能实现对多个器件分别进行测试。JTAG 接口还常用于实现 ISP(In-System Programmable，即：在线系统可编程)功能，如对 Flash 器件进行编程。

　　　　在 JTAG 调试中，边界扫描(Boundary-Scan)是一个很重要的概念。边界扫描技术的基本思想是在靠近芯片的输入、输出引脚上增加一个移位寄存器单元。因为这些移位寄存器单元都分布在芯片的边界上，所以被称为边界扫描寄存器(Boundary-Scan Register Cell)。

　　　　当芯片处于调试状态时，这些边界扫描寄存器可以将芯片和外围的输入输出隔离开来。通过这些边界扫描寄存器单元，可以实现对芯片输入输出信号的观察和控制。如果需要捕获芯片的某个引脚上的输出，首先需要把该引脚上的输出装载到边界扫描链的寄存器单元中去，然后通过 TDO 输出，这样就可以从 TDO 上得到相应引脚上的输出信号。如果要在芯片的某个引脚上加载一个特定的信号，则首先需要通过 TDI 把期望的信号移位到与相应引脚相连的边界扫描链的寄存器单元中去，然后将该寄存器单元的值加载到相应的芯片引脚中。

　　　　由于在正常的运行状态下，这些边界扫描寄存器对芯片是透明的，所以正常的运行不会受到任何影响。这样，边界扫描寄存器就提供了一个便捷的方式，用于观测和控制所需调试的芯片。另外，芯片输入输出引脚上的边界扫描(移位)寄存器单元可以相互连接起来，在芯片的周围形成一个边界扫描链(Boundary-Scan Chain)。一般的芯片都会提供几条独立的边界扫描链，用来实现完整的测试功能。边界扫描链可以串行地输入与输出，通过相应的时钟信号和控制信号，可以方便地观察和控制处于调试状态下的芯片。

　　　　JTAG 仿真器需要设备驱动程序驱动，如对于教学实验系统(EDUKIT-III)，JTAG 仿真器的驱动程序为两个动态链接库：EasyICEArm9Plus.dll、EasyICEArm7Plus.dll。把这两个文件复制到 C:\EmbestIDE\Bin\Device\路径下即可正常使用。

2.3.3　Nor 和 Nand Flash 的区别和使用

　　　　程序调试结束后，要将其可执行文件烧写(或称固化)到目标机中的某种 Flash 中运行。Flash 也叫非易失快闪存储器。

　　　　Nor 和 Nand 是现在市场上两种主要的非易失闪存技术。Intel 公司于 1988 年首先开发出 Nor Flash 技术。这项技术的开发和投放市场彻底地改变了原先由 EPROM 和 EEPROM

一统天下的局面。紧接着，1989 年东芝公司发表了 Nand Flash 结构，强调降低每比特的成本，提供更高的性能，并且像磁盘一样可以通过接口轻松升级。在具有 Nand Flash 接口的系统中，Nand Flash 存储器可以替代 Nor Flash 存储器使用。许多业内人士也不清楚 Nand 闪存技术相对于 Nor 技术的优越之处。因为大多数情况下，闪存只是用来存储少量的代码。这时 Nor 闪存更适合一些。而 Nand 则是高数据存储密度的理想解决方案。

Nor 的特点是 XIP(eXecute In Place，即：芯片内执行)特性。这样，应用程序可以直接在 Flash 闪存内运行，而不必再把代码读到系统 RAM 中。Nor 的传输效率很高，在 1~4MB 的小容量时具有很高的成本效益，但是很低的写入和擦除速度大大影响了它的性能。

Nand 结构能提供极高的单元密度，可以达到高存储密度，并且写入和擦除的速度也很快。应用 Nand 的困难在于 Flash 的管理和需要特殊的系统接口。

1. 性能比较

Flash 闪存是非易失存储器，可以对称为块的存储器单元块进行擦写和再编程。由于任何 Flash 器件的写入操作只能在空或已擦除的单元内进行，所以大多数情况下，在进行写入操作之前必须先进行擦除。Nand 器件执行擦除操作是十分简单的，而 Nor 则要求在进行写入前先要将目标块内所有的位都写为 0。

由于擦除 Nor 器件时是以 64~128KB 的块进行的，执行一个写入/擦除操作的时间为 5s，相应地，擦除 Nand 器件是以 8~32KB 的块进行的，执行相同的操作最多只需要 4ms。执行擦除时块尺寸的不同进一步拉大了 Nor 和 Nand 之间的性能差距，统计表明，对于给定的一套写入操作，尤其是更新小文件时，在基于 Nor 的单元中需要进行更多的擦除操作。这样，当选择存储解决方案时，设计师必须权衡一下如下各项因素。

- Nor 的读速度比 Nand 稍快一些。
- Nand 的写入速度比 Nor 快很多，Nand 的 4ms 擦除速度远比 Nor 的 5s 快。
- 大多数写入操作需要先进行擦除操作。
- Nand 的擦除单元更小，相应的擦除电路更少。

2. 容量和成本

Nand Flash 的单元尺寸几乎是 Nor 器件的一半，由于生产过程更为简单，Nand 结构可以在给定的模具尺寸内提供更高的容量，也就相应地降低了价格。在 Nand 闪存中，每个块的最大擦写次数是一百万次，而 Nor 的擦写次数则是十万次。

Nor Flash 占据了容量为 1~16MB 闪存市场的大部分，而 Nand Flash 只是用在 8~128MB 的产品当中，这也说明 Nor 主要应用在代码存储介质中，Nand 则适合于数据存储。Nand 在 Compact Flash、Secure Digital、PC Cards 和 MMC 存储卡市场上所占份额最大。

3. 接口差别

Nor Flash 带有 SRAM 接口，有足够的地址引脚来寻址，可以很容易地存取其内部的每一字节。基于 Nor 的闪存使用非常方便，可以像其他存储器那样连接，并可以在上面直接运行代码。

Nand 器件使用复杂的 I/O 端口来串行存取数据，各个产品或厂商的方法可能各不相同。8 个引脚用来传送控制、地址和数据信息。Nand 的读/写操作采用 512 字节的块，这一点与硬盘管理操作类似。显然，基于 Nand 的存储器就可以取代硬盘或其他块设备。

在使用 Nand 器件时，必须先写入驱动程序，才能继续执行其他操作。向 Nand 器件写入信息需要具有相当的技巧，因为设计师绝不能向坏块写入。这就意味着在 Nand 器件上自始至终都必须进行虚拟映射。

S3C2410X 微处理器支持 Nand Flash 接口，大大方便了在嵌入式系统设计中的应用。鉴于两种存储器各自的优缺点，在 S3C2410X 嵌入式系统中，对 Nor Flash 和 Nand Flash 电路都进行了设计，以方便用户使用。

2.3.4　烧写 Flash

第 2.3.3 小节讲到，程序调试结束，要将其可执行文件烧写(或称固化)到目标机的 Flash 中运行。这个过程要通过一个专门的下载软件来进行，该软件有多款，它们的安装和使用请参考具体的设备。在本书第 17 章，将详细介绍使用 VIVI 软件烧写可执行文件到目标机 Flash 中的方法，供读者参考。

2.4　ARM C 语言程序的基本规则和系统初始化程序

一般使用 C 语言来开发嵌入式项目，ARM C 语言程序的基本规则和普通 C 语言程序有一定的区别，本节将介绍 ARM C 语言程序的基本规则和系统初始化程序的编写。

系统初始化程序的编写和项目调试的仿真器设置是初学者遇到的比较困难的问题，本节将帮助初学者绕过这些困难，顺利完成开发工作。

2.4.1　ARM 使用 C 语言编程基本规则

在应用系统的程序设计中，如果所有的编程任务均由汇编语言来完成，其工作量巨大，并且不易移植。由于 ARM 的程序执行速度较高，存储器的存储速度和存储量也很高，因此，C 语言的特点得以充分发挥，从而使应用程序的开发时间大为缩短，代码的移植十分方便，程序的重复使用率提高，程序架构清晰易懂，管理也较容易。因此，C 语言在 ARM 编程中具有重要地位。

在 ARM 程序的开发中，需要大量读/写硬件寄存器，尽量缩短程序的执行时间，因此，部分初始化代码一般使用汇编语言来编写，如 ARM 的启动代码、ARM 的操作系统的移植代码等。除此之外，绝大多数代码可以使用 C 语言来完成。

C 语言使用的是标准的 C 语言，ARM 的开发环境实际上就是嵌入了一个 C 语言的集成开发环境，只不过这个开发环境和 ARM 的硬件紧密相关。

在使用 C 语言时，有时要用到和汇编语言的混合编程。当汇编代码较为简洁时，则可使用直接内嵌汇编的方法，否则，将汇编代码以文件的形式加入项目当中，通过 ATPCS (ARM/Thumb Procedure Call Standard)的规定与 C 程序相互调用与访问。ATPCS 就是 ARM、Thumb 的过程调用标准，它规定了一些子程序间调用的基本规则，如寄存器的使用规则、堆栈的使用规则、参数的传递规则等。

在 C 程序和 ARM 的汇编程序之间相互调用必须遵守 ATPCS。而使用 ADS 的 C 语言编译器编译的 C 语言子程序满足用户指定的 ATPCS 的规则。但是，对于汇编语言来说，完全要依赖用户来保证各个子程序遵循 ATPCS 的规则。具体来讲，汇编语言的子程序应满足以下 3 个条件。

- 在子程序编写时，必须遵守相应的 ATPCS 规则；
- 堆栈的使用要遵守相应的 ATPCS 规则；
- 在汇编编译器中使用 atpcs 选项。

基本的 ATPCS 规定请见相关的 PDF 文档，下面做一下简单说明。

1. 汇编程序调用 C 程序

- 汇编程序的设置要遵循 ATPCS 规则，保证程序调用时参数能正确传递。
- 在汇编程序中使用 IMPORT 伪指令声明将要调用的 C 程序函数。
- 在调用 C 程序时，要正确设置入口参数，然后使用 BL 调用。

2. C 程序调用汇编程序

- 汇编程序的设置要遵循 ATPCS 规则，保证程序调用时参数能正确传递。
- 在汇编程序中使用 EXPORT 伪指令声明本子程序，使其他程序可以调用此子程序。
- 在 C 语言中使用 extern 关键字声明外部函数(声明要调用的汇编子程序)。

在 C 语言的环境内开发应用程序，一般需要一个汇编的启动程序。从汇编的启动程序跳到 C 语言下的主程序，然后执行 C 程序。在 C 语言环境下读/写硬件的寄存器，一般是通过宏调用。在每个项目文件的 Startup2410/INC 目录下都有一个名为 2410addr.h 的头文件，该文件中定义了所有关于 2410 的硬件寄存器的宏。对宏的读/写，就能操作 2410 的硬件，具体的编程规则同标准 C 语言。

2.4.2　初始化程序和开发环境设置

基于 ARM 芯片的应用系统，多数为复杂的片上系统，在系统中，多数硬件模块都是可配置的，需要由软件来预先设置其需要的工作状态，因此，在用户应用程序之前，需要由一段专门的代码来完成对系统基本的初始化工作。由于此类代码直接面对处理器内核和硬件控制器进行编程，故一般均用汇编语言实现。

系统的基本初始化内容一般包括如下：

- 分配中断向量表；

- 初始化存储器系统;
- 初始化各工作模式的堆栈;
- 初始化有特殊要求的硬件模块;
- 初始化用户程序的执行环境;
- 切换处理器的工作模式。

此外,还要对项目的交叉编译环境进行设置,这其中包括处理器设置、仿真器设置和调试设置等 20 几个大项,近 100 个小项。如何保证各项都设置正确,这些都是需要解决的问题。初次学习 ARM 程序设计,有哪些硬件模块需要预先设置其需要的工作状态,如何设置?初始化程序代码直接面对处理器内核和硬件控制器进行编程,故一般用汇编语言实现。

初学者可能对 ARM 的汇编语言不熟,为了使初次学习嵌入式系统设计的读者绕开这些难点,尽快掌握 S3C2410 32 位单片机的 C 语言程序设计,完成具体的设计项目。建议读者在设计一个具体的嵌入式系统时拷贝一个已调试好的例子,在上修改完成。因为在这些例子中,系统的初始化和交叉编译环境设置都已经完成了,默认使用这些设置,可以把主要精力放在提高系统的稳定性和可靠性上。这也是工程上常用的设计方法。

在随书下载的资料中有一个 2410 test.mcp 项目,其中包含了 S3C2410 的所有硬件驱动程序,仔细阅读这些程序对今后的编程有非常重要的参考价值。

此外,还可以参考网上或各教学实验系统或其他资源的例子,模仿这些例子编程可以达到事半功倍的效果。

例如,要开发一个液晶(LCD)显示项目。液晶显示项目是嵌入式系统人机界面设计中最重要的项目,但也是较难的项目。如果不参考类似项目而是自己来做,那么项目的初始化程序和开发环境设置可能很难。

现在打开一个作者在工作中编写的例子项目 lcd.mcp,如图 2-27 所示。在项目窗口中可以看到,项目有 5 个文件夹组,分别是 lcddrv、startup2410、Application、Gui 和 newh。

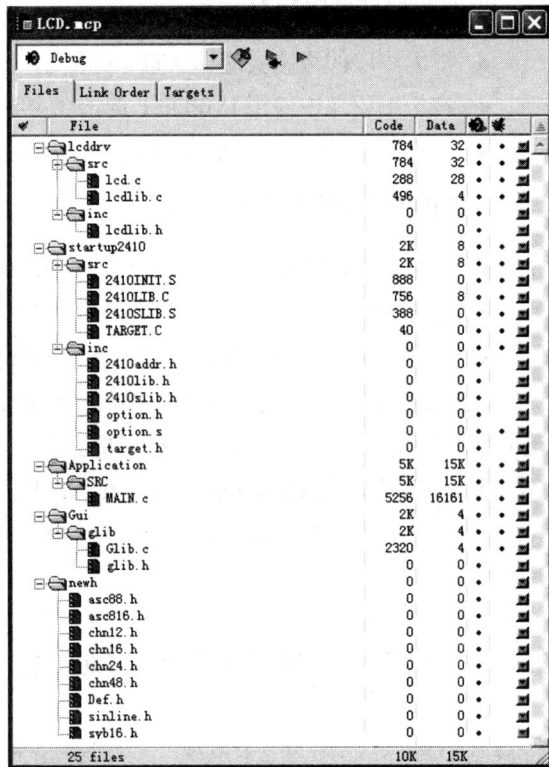

图 2-27 lcd.mcp 结构

初始化程序在文件夹组 startup2410 中,其中包括 3 个汇编语言程序:2410INIT.S、OPTION.S 和 2410SLIB.S。两个 C 语言程序:2410LIB.C 和 TARGET.C。4 个 C 语言头文件:2410addr.h、2410lib.h、2410slib.h 和 option.h。

现在先不去研究这些程序,把 startup2410 文件夹保留,只修改 Application 文件夹中的

main.c。把项目所需要的新函数加到其中一个文件夹，或新建一个文件夹加到项目中，默认项目的开发环境和初始化程序设置，修改 newh 文件夹中所需显示的汉字字模的头文件，完成 LCD 显示项目的开发就很容易了。

项目中，除 newh 文件夹中是设计者新加入的，Application 文件夹中的 main.c 要修改外，其他文件都是原开发商试验系统项目 lcd.mcp 调试好的。

具体参见第 18 章界面设计例子。

2.5　习　　题

1. 下载随书资料，在用户的计算机中安装 ADS1.2，并建立一个新项目。

2. 在 AXD 中打开一个例子项目。

3. 利用 Execute 菜单中的命令对可执行映像文件进行如下调试试验。

(1) 选择 Go 命令或按 F5 键，全速运行代码。

(2) 选择 Stop 命令或按 Shift+F5 组合键，停止运行代码。

(3) 选择 Step In 命令或按 F8 键，单步执行代码。

(4) 选择 Step 命令或按 F10 键，单步执行代码。

(5) 选择 Step Out 命令或按 Shift+F8 组合键，从函数中跳出返回到上一级程序执行。

(6) 选择 Run To cursor 命令或按 F7 键，全速运行到光标处停下。

(7) 选择 Show Execution Context 命令，显示执行的内容。

4. 如何设置断点？如何清除断点？如何查看存储器、寄存器、变量内容？

5. 仔细研究随书资料中界面设计例子。在 ADS 开发环境中重新调试一次。

第3章 ARM9微处理器S3C2410资源

本章介绍 ARM9 内核 32 位精简指令系统微处理器 S3C2410 的片上资源，包括 AMBA 总线、AHB 总线、APB 总线、处理器体系结构、处理器管理系统、处理器存储结构、时钟和电源管理等。片上资源的定义和使用，特别是头文件 2410addr.h 和参考项目 2410test.mcp 非常重要，对今后的编程有很大的帮助。

3.1 S3C2410 处理器介绍

本节介绍 S3C2410 处理器的体系结构、特点和应用领域，AMBA、AHB、APB 总线特点及应用，存储器存储空间映射等。

S3C2410 微处理器是一款由 SAMSUNG 公司为手持设备设计的低功耗、高度集成的基于 ARM920T 核的微处理器。为了降低系统总成本和减少外围器件，这款芯片中还集成了如下部件：16KB 指令 Cache、16KB 数据 Cache、MMU、外部存储器控制器、LCD 控制器(STN 和 TFT)、NAND Flash 控制器、4 个 DMA 通道、3 个 UART 通道、1 个 I2C 总线控制器、1 个 I2S 总线控制器，以及 4 个 PWM 定时器和 1 个内部定时器、通用 I/O 口、实时时钟、8 通道 10 位 ADC 和触摸屏接口、USB 主接口、USB 从接口、SD/MMC 卡接口等。现在 S3C2410 微处理器广泛应用于 PDA、移动通信、路由器、工业控制等领域，其内部结构如图 3-1 所示。

为了提高系统的运行速度，减少能量损失，S3C2410 微处理器把片上器件按器件频率、使用频度分成 3 个模块，各个模块调用各自的总线连接，模块之间采用一种叫总线桥的结构过渡。下面简单介绍各类总线的特点。

3.1.1 AMBA、AHB、APB 总线特点

随着深亚微米工艺技术的日益成熟，集成电路芯片的规模越来越大。数字 IC 从基于时序驱动的设计方法，发展到了基于 IP(Internet Protocol，即：互联网协议)复用的设计方法，并在片上系统(SoS)设计中得到了广泛应用。在基于 IP 复用的 SoC 设计中，片上总线设计是最关键的问题。为此，业界出现了很多片上总线标准。其中，由 ARM 公司推出的 AMBA 片上总线受到了广大 IP 开发商和 SoC 系统集成者的青睐，已经成为一种流行的标准片上结构。AMBA 规范主要包括 AHB(Advanced High performance Bus)系统总线和 APB(Advanced Peripheral Bus)外围总线。

AMBA 2.0 规范包括 4 个部分：AHB、ASB、APB 和 Test Methodology。AHB 的相互连接采用了传统的带有主模块和从模块的共享总线，接口与互连功能分离，这对芯片上模块之间的互连具有重要意义。AMBA 已不仅是一种总线，更是一种带有接口模块的互连体系。下

面将简要介绍比较重要的 AHB 和 APB 总线。

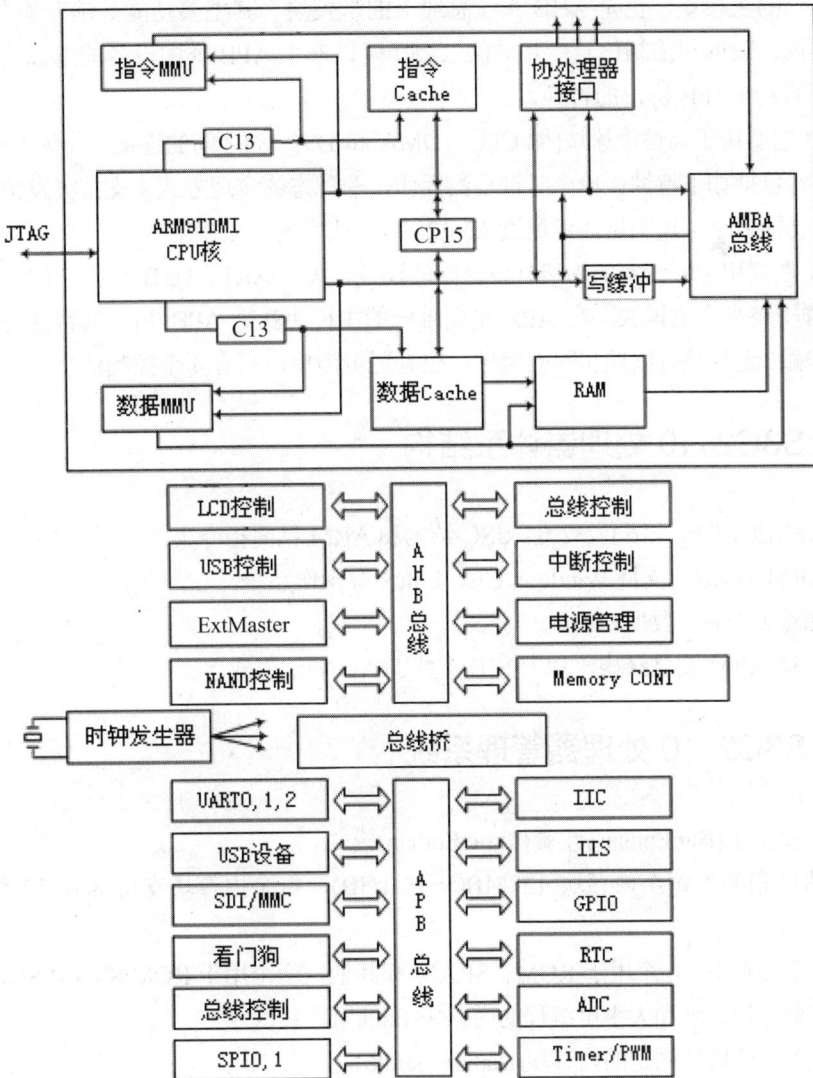

图 3-1　S3C2410 微处理器结构

　　大多数挂在总线上的模块(包括处理器)只是单一属性的功能模块：主模块或者从模块。主模块是向从模块发出读写操作的模块，如 CPU、DSP 等；从模块则是接收命令并做出反应的模块，如片上的 RAM、AHB/APB 桥等。另外，还有一些模块同时具有两种属性，如直接存储器存取(DMA)在被编程时是从模块，但在系统传输数据时必须是主模块。

　　如果总线上存在多个主模块，就需要仲裁器来决定如何控制各种主模块对总线的访问。虽然仲裁规范是 AMBA 总线规范中的一部分，但具体使用的算法由 RTL(Real Time Language，即：实时语言)设计工程师决定，其中两个最常用的算法是固定优先级算法和循环制算法。

　　AHB 总线上最多可以有 16 个主模块和任意多个从模块，如果主模块的数目大于 16，则需再加一层结构(具体请参阅 ARM 公司推出的 Multi-layer AHB 规范)。APB 桥既是 APB 总线上唯一的主模块，也是 AHB 系统总线上的从模块。其主要功能是锁存来自 AHB 系统总线的地址、数据和控制信号，并提供二级译码以产生 APB 外围设备的选择信号，从而实现 AHB 协议到 APB 协议的转换。

AHB 主要用于高性能模块(如 CPU、DMA 和 DSP 等)之间的连接，作为 SoC 的片上系统总线，它包括如下特性：单个时钟边沿操作，非三态的实现方式，支持突发传输，支持分段传输，支持多个主控制器，可配置 32~128 位总线宽度，支持字节、半字节和字的传输。

APB 主要用于低带宽的周边外设之间的连接，如 UART、USB 等，它的总线架构不像 AHB 那样支持多个主模块，在 APB 里面唯一的主模块就是 APB 桥。其特性包括：两个时钟周期传输；无须等待周期和回应信号；控制逻辑简单，只有 4 个控制信号。

3.1.2 S3C2410 处理器体系结构

- ARM920T 核，16 位/32 位 RISC 结构和 ARM 精简指令集。
- ARM MMU，支持 Windows CE、Linux 等操作系统。
- 指令 Cache、数据 Cache、写缓冲。
- 支持 ARM 调试结构，片上 ICE 支持 JTAG 调试方式。

3.1.3 S3C2410 处理器管理系统

- 支持大端(Big Endian)/小端(Little Endian)模式。
- 地址空间为每个内存块 128MB(一共 1GB)，每个内存块支持 8/16/32 位数据总线编程。
- 8 个内存块：6 个用于 ROM、SRAM 和其他，两个用于 ROM/SRAM/SDRAM。
- 1 个起始地址和大小可编程的内存块(Bank7)。
- 7 个起始地址固定的内存块(Bank0~Bank6)。
- 所有内存块可编程寻址周期。
- 支持 SDRAM 自动刷新模式。
- 支持多种类型 ROM 启动，包括 NOR/NAND Flash、EEPROM 等。

3.1.4 S3C2410 处理器存储器映射

S3C2410 开发系统大多使用 NAND Flash 作为 ROM，如笔者接触到的北京精仪达盛科技有限公司的 EL-ARM-830 教学实验系统，选用 32MB 的 K9F5608U NAND Flash 作为 ROM，片选接 nGCS0，占用 Bank0 地址空间，地址为 0x00000000~0x01ffffff。

同时系统将 CPU 引脚的 OM[1: 0]设置为 00，当系统上电或复位时，系统会将 NAND Flash 中自举程序 VIVI 前 4KB 程序映射到 SDRAM 中一个特定区域运行。进行一些硬件初始化后，VIVI 会将自身和应用程序从 NAND Flash 复制到 SDRAM 中运行。在本系统中，是复制到 Bank6 中运行。本书第 17 章对此将有详细介绍。

系统选用两片 32MB 的 HY57V561620 同步动态存储器作为 SDRAM，片选接 nGCS6，地址为 0x30000000~0x31ffffff 和 0x32000000~0x33ffffff，即占用 Bank6 地址。

EL-ARM-830 教学实验系统 S3C2410 处理器的存储空间映射如图 3-2 所示。

不同的实验系统，因使用存储器芯片不同，处理器的存储空间映射也会有一定的差别。

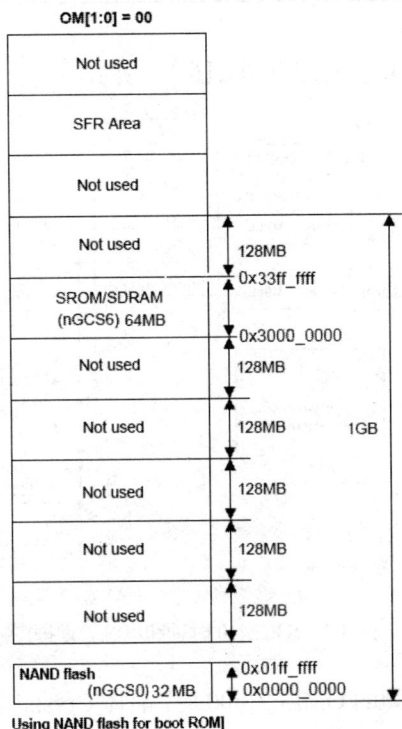

图 3-2　EL-ARM-830 教学实验系统存储区地址映射

3.1.5　S3C2410 处理器时钟和电源管理

S3C2410 处理器时钟和电源管理非常复杂，这主要是为了最大限度地降低功耗。

1. 时钟

S3C2410 处理器的主时钟由外部晶振(Crystal)或者外部时钟(EXTCLK)提供，经电源和时钟管理模块选择后可以提供两种时钟信号，分别是 MPLL 和 UPLL。其中，MPLL 又分频为 CPU 使用的 FCLK、AHB 总线使用的 HCLK 和 APB 总线使用的 PCLK；UPLL 分频为 48MHz，供 USB 设备使用。

2. 时钟源选择

S3C2410 处理器的主时钟是由外部晶振(Crystal)提供还是由外部时钟(EXTCLK)提供，是通过 S3C2410 引脚 OM[3:2] 由用户确定的，具体如表 3-1 所示。

表 3-1　时钟源选择

OM[3:2]	MPLL 状态	UPLL 状态	主时钟源	USB 时钟源
00	On	On	Crystal	Crystal
01	On	On	Crystal	EXTCLK
10	On	On	EXTCLK	Crystal
11	On	On	EXTCLK	EXTCLK

S3C2410 处理器时钟和电源管理框图如图 3-3 所示。

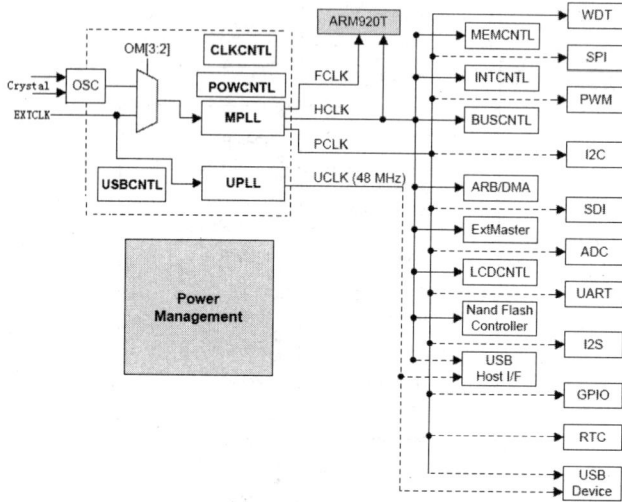

图 3-3　S3C2410 时钟和电源管理框图

表 3-1 中，S3C2410 引脚的 OM[3:2]=00 时，晶体 Crystal 为 MPLL CLK 和 UPLL CLK 提供时钟源；OM[3:2]=01 时，晶体 Crystal 为 MPLL CLK 提供时钟源，EXTCLK 为 UPLL CLK 提供时钟源；OM[3:2]=10 时，EXTCLK 为 MPLL CLK 提供时钟源，晶体 Crystal 为 UPLL CLK 提供时钟源；OM[3:2]=11 时，EXTCLK 为 MPLL CLK 和 UPLL CLK 提供时钟源。

3. 时钟控制逻辑

S3C2410 支持 HCLK、FCLK 和 PCLK 的频率按比率选择，其比率是通过时钟分频寄存器 CLKDIV 中的 HDIVN 和 PDIVN 进行控制的，如表 3-2 所示。

表 3-2　分频设定表

HDIVN	PDIVN	FCLK	HCLK	PCLK	Divide Ratio
0	0	FCLK	FCLK	FCLK	1:1:1　Default
0	1	FCLK	FCLK	FCLK/2	1:1:2
1	0	FCLK	FCLK/2	FCLK/2	1:2:2
1	1	FCLK	FCLK/2	FCLK/4	1:2:4recommendded

4. 电源管理

S3C2410 电源管理模块通过 4 种模式有效地控制功耗,即正常(Normal)模式、省电(Slow)模式、空闲(Idle)模式和断电(Power-off)模式。

- Normal 模式:为 CPU 和所有的外设提供电源,所有的外设开启时,该模式下的功耗最大。这种模式允许用户通过软件控制外设,可以断开提供给外设的时钟以降低功耗。
- Slow 模式:采用外部时钟生产 FCLK 的方式,此时电源的功耗取决于外部时钟。
- Idle 模式:断开 FCLK 与 CPU 内核的连接,外设保持正常,该模式下的任何中断都可唤醒 CPU。
- Power-off 模式:断开内部电源,只给内部的唤醒逻辑供电。一般模式下需要两个电源,一个提供给唤醒逻辑,另一个提供给 CPU 和内部逻辑,而在 Power-off 模式下,后一个电源关闭。该模式可以通过 EINT[15:0]和 RTC 唤醒。

5. 时钟和电源管理寄存器

S3C2410 通过相应的控制寄存器实现对时钟和电源的管理,相关寄存器使用如表 3-3 所示。

表 3-3　时钟和电源管理寄存器

寄 存 器	地　　址	读/写	说　　明	复 位 值
LOCKTIME	0X4C000000	R/W	PLL 锁定寄存器	0X00FFFFFF
MPLLCON	0X4C000004	R/W	MPLL 配置寄存器	0X0005C080
UPLLCON	0X4C000008	R/W	UPLL 配置寄存器	0X00028080
CLKCON	0X4C00000C	R/W	时钟信号生成控制	0X7FFF0000
CLKSLOW	0X4C000010	R/W	SLOW 时钟控制	0X00000004
CLKDIVN	0X4C000014	R/W	分频控制	0X00000000

3.2　S3C2410 处理器片上资源的定义和使用

在 MCS-51 单片机开发系统中,所有的系统资源都在 reg51.h 头文件中定义,在编程时将 reg51.h 头文件引入程序,在程序中就可以很方便地使用这些系统资源了。

和开发 MCS-51 单片机一样,S3C2410 在头文件 2410addr.h 中定义了 S3C2410 的所有硬件资源,在编写 S3C2410 的驱动程序时必须引用这个头文件。

2410addr.h 将系统所有的资源进行了宏定义,宏的名称就是在所定义的寄存器的名字前面加一个小写的 r,以方便记忆。

2410addr.h 的内容包括:Memory control、USB Host、INTERRUPT、DMA、CLOCK & POWER MANAGEMENT、LCD CONTROLLER、NAND flash、UART、PWM TIMER、USB DEVICE、WATCHDOG TIMER、IIC、IIS、I/O PORT、RTC、ADC、SPI、ISR 和 SD Interface 等,近 20 类。

在开发的项目中，引入 2410addr.h 头文件以后，就可以使用这些宏定义来对寄存器进行操作了，这些寄存器的用法后面会陆续介绍。更详细的内容可参见随书提供的软件包参考程序 24120test 中的 2410addr.h。

3.3　参考软件资源 2410test.mcp

在随书提供的资料中，有一个 2410test.mcp 项目，其中包括几乎所有 S3C2410 硬件驱动的 C 语言例子和头文件，仔细阅读这些程序对编程有很大的参考价值。

项目的主要代码如下。

```
//-------------------------------------------------------------------------------------------------
//        引入所有实验所需头文件
//-------------------------------------------------------------------------------------------------
#include <stdlib.h>
#include <string.h>
#include "def.h"
#include "option.h"
#include "2410addr.h"
#include "2410lib.h"
#include "2410slib.h"
#include "2410etc.h"
#include "2410IIC.h"
#include "2410iis.h"
#include "2410int.h"
#include "2410RTC.h"
#include "2410swi.h"
#include "timer.h"
#include "adc.h"
#include "dma.h"
#include "dma2.h"
#include "eint.h"
#include "extdma.h"
#include "k9s1208.h"
#include "mmu.h"
#include "nwait.h"
#include "sdi.h"
#include "stone.h"
#include "ts_auto.h"
#include "ts_sep.h"
#include "usbfifo.h"
```

```
#include "IrDA.h"
#include "lcd.h"
#include "lcdlib.h"
#include "glib.h"
#include "palette.h"
#include "spi.h"
#include "uart0.h"
#include "uart1.h"
#include "uart2.h"
#include "etc.h"
#include "flash.h"
#include "idle.h"
#include "pd6710.h"
#include "pll.h"
#include "power.h"
#include "pwr_c.h"
#include "stop.h"
//-------------------------------------------------------------------------------------------------------
// 定义一个二维的指针数组，数组中第一列是函数指针，第二列初始化为字符串数组，是函数功能
//-------------------------------------------------------------------------------------------------------
void * function[][2]=
{
//ADC, TSP
    (void *)Test_Adc,                  "ADC                    ",
    (void *)Test_DMA_Adc,              "ADC with DMA           ",
    (void *)Ts_Sep,                    "ADC TSP Seperate       ",
    (void *)Ts_Auto,                   "ADC TSP Auto           ",
//DMA
    (void *)Test_DMA,                  "DMA M2M                ",
    (void *)Test_DMAWorst,             "DMA Worst Test         ",
    (void *)Test_Dma0Xdreq,            "External DMA           ",
//EINT
    (void *)Test_Eint,                 "External Interrupt     ",
//IIC
    (void *)Test_Iic,                  "IIC(KS24C080)INT       ",
    (void *)Test_Iic2,                 "IIC(KS24C080)POL       ",
//IIS
    (void *)Record_Iis,                "Reco IIS UDA1341       ",
    (void *)Test_Iis,                  "Play IIS UDA1341       ",
//Interrupt
    (void *)Test_Fiq,                  "FIQ Interrupt          ",
    (void *)Change_IntPriorities,      "Change INT Priority    ",
```

```
//IrDA
    (void *)Test_IrDA_Rx,                      "UART2 IrDA Rx              ",
    (void *)Test_IrDA_Tx,                      "UART2 IrDA Tx              ",
//LCD
    (void *)Test_Lcd_Stn_1Bit,                 "STN 1Bit                   ",
    (void *)Test_Lcd_Stn_2Bit,                 "STN 2Bit                   ",
    (void *)Test_Lcd_Stn_4Bit,                 "STN 4Bit                   ",
    (void *)Test_Lcd_Cstn_8Bit,                "CSTN    8Bit               ",
    (void *)Test_Lcd_Cstn_8Bit_On,             "CSTN    8Bit On            ",
    (void *)Test_Lcd_Cstn_12Bit,               "CSTN 12Bit                 ",
    (void *)Test_Lcd_Tft_8Bit_240320,          "TFT240320   8Bit           ",
    (void *)Test_Lcd_Tft_8Bit_240320_On,       "TFT240320   8Bit On        ",
    (void *)Test_Lcd_Tft_16Bit_240320,         "TFT240320 16Bit            ",
    (void *)Test_Lcd_Tft_1Bit_640480,          "TFT640480   1Bit           ",
    (void *)Test_Lcd_Tft_8Bit_640480,          "TFT640480   8Bit           ",
    (void *)Test_Lcd_Tft_16Bit_640480,         "TFT640480 16Bit            ",
    (void *)Test_Lcd_Tft_8Bit_640480_Bswp,     "TFT640480 BSWP             ",
    (void *)Test_Lcd_Tft_8Bit_640480_Palette,  "TFT640480 Palette          ",
    (void *)Test_Lcd_Tft_16Bit_640480_Hwswp,   "TFT640480 HWSWP            ",
//Memory
//MPLL
    (void *)Test_PLL,                          "MPLL Change                ",
    (void *)ChangePLL,                         "MPLL MPS Change            ",
    (void *)Test_PllOnOff,                     "MPLL On/Off                ",
//PMS
    (void *)Test_SlowMode,                     "PMS Slow                   ",
    (void *)Test_HoldMode,                     "PMS Hold                   ",
    (void *)Test_IdleMode,                     "PMS Idle                   ",
    (void *)Test_MMUIdleMode,                  "PMS Idle(MMU)              ",
    (void *)Test_IdleModeHard,                 "PMS Idle Hard              ",
    (void *)Test_InitSDRAM,                    "PMS SDRAM Init             ",
    (void *)Test_StopMode,                     "PMS STOP                   ",
    (void *)Test_PowerOffMode,                 "PMS Power-Off STOP         ",
    (void *)Test_PowerOffMode_100Hz,           "PMS Power-Off 100Hz        ",
    (void *)MeasurePowerConsumption,           "PMS Measure Power          ",
//RTC
    (void *)Test_Rtc_Alarm,                    "RTC Alarm                  ",
    (void *)Display_Rtc,                       "RTC Display                ",
    (void *)RndRst_Rtc,                        "RTC Round Reset            ",
    (void *)Test_Rtc_Tick,                     "RTC Tick                   ",
//SDI
    (void *)Test_SDI,                          "SDI Write/Read             ",
```

```
//SPI
    (void*) Test_Spi_MS_int,              "SPI0 RxTx Int            ",
    (void *)Test_Spi_MS_poll,             "SPI0 RxTx POLL           ",
    (void *)Test_Spi_M_Tx_DMA1,           "SPI0 Master Tx DMA1      ",
    (void *)Test_Spi_S_Rx_DMA1,           "SPI0 Slave Rx DMA1       ",
    (void *)Test_Spi_M_Rx_DMA1,           "SPI0 Master Rx DMA1      ",
    (void *)Test_Spi_S_Tx_DMA1,           "SPI0 Slave Tx DMA1       ",
    (void *)Test_Spi_M_Int,               "SPI0 Master RxTx INT     ",
    (void *)Test_Spi_S_Int,               "SPI0 Slave RxTx INT      ",
//Timer
    (void *)Test_TimerInt,                "Timer Interrupt          ",
    (void *)Test_Timer,                   "Timer Tout               ",
//UART
    (void *)Test_Uart0_Int,               "UART0 Rx/Tx Int          ",
    (void *)Test_Uart0_Dma,               "UART0 Rx/Tx DMA          ",
    (void *)Test_Uart0_Fifo,              "UART0 Rx/Tx FIFO         ",
    (void *)Test_Uart0_AfcTx,             "UART0 AFC Tx             ",
    (void *)Test_Uart0_AfcRx,             "UART0 AFC Rx             ",
    (void *)Test_Uart1_Int,               "UART1 Rx/Tx Int          ",
    (void *)Test_Uart1_Dma,               "UART1 Rx/Tx DMA          ",
    (void *)Test_Uart1_Fifo,              "UART1 Rx/Tx FIFO         ",
    (void *)Test_Uart1_AfcTx,             "UART1 AFC Tx             ",
    (void *)Test_Uart1_AfcRx,             "UART1 AFC Rx             ",
    (void *)Test_Uart2_Int,               "UART2 Rx/Tx Int          ",
    (void *)Test_Uart2_Dma,               "UART2 Rx/Tx DMA          ",
    (void *)Test_Uart2_Fifo,              "UART2 Rx/Tx FIFO         ",
//USB
    (void *)Test_USBFIFO,                 "USB FIFO Test            ",
//WDT
    (void *)Test_WDT_IntReq,              "WDT INT Request          ",
//ETC
    (void *)Test_XBREQ,                   "External Bus Reqest      ",
    (void *)Test_NonalignedAccess,        "NonAlgined Access        ",
    (void *)Test_PD6710,                  "PC Card (PD6710)         ",
    (void *)ReadPageMode,                 "Read Page Mode           ",
    (void *)Test_SwiIrq,                  "SWI                      ",
    (void *)Test_WaitPin,                 "External Wait            ",
    (void *)Test_ISram,                   "Stone Test               ",
    (void *)Test_NecInterrupt,            "ETC NEC Int              ",
    (void *)Test_BattFaultInterrupt,      "nBATT_FAULT int          ",
//NAND, NOR Flash
    (void *)K9S1208_PrintBadBlockNum,     "NAND View Bad Block      ",
```

```
    (void *)K9S1208_PrintBlock,              "NAND View Page          ",
    (void *)K9S1208_Program,                 "NAND Write              ",
    (void *)TestECC,                         "NAND ECC                ",
    (void *)ProgramFlash,                    "NOR Flash Program       ",
    0,0
};
//--------------------------------------------------------------------------------------------------
// 主程序
//--------------------------------------------------------------------------------------------------
void main(void)
{
    int i;
    MMU_Init();                              //内存管理初始化
    ChangeClockDivider(1,1);                 //定义 FCLK、HCLK、PCLK 比例
                                             //4:2:1
    ChangeMPllValue(0xa1,0x3,0x1);           // FCLK=202.8MHz
    Port_Init();                             //I/O 口初始化
    Isr_Init();                              //中断初始化
    Uart_Init(0,115200);                     //选时钟 PCLK，波特率 115200
    Uart_Select(0);                          //选串口 0
    Check_PowerOffWakeUp();                  //唤醒电源进入正常工作状态
        while(1)
        {
            i = 0;
            while(1)
            {
                Uart_Printf("%2d:%s",i,function[i][1]);    //在超级终端上显示主菜单
                i++;
                if((int)(function[i][0])==0)               //显示结束跳出
                {
                    Uart_Printf("\n");
                    break;
                }
                if((i%4)==0)
                Uart_Printf("\n");                         //每行显示 4 项
            }
            Uart_Printf("\nSelect the function to test : ");  //提示：选择某项实验
            i = Uart_GetIntNum();                          //读实验项目号放 i 中
            Uart_Printf("\n");                             //超级终端上显示内容回车换行
            rGPGCON = (rGPGCON & 0xffffcff) | (1<<8);      //GPG4 作输出
            rGPGDAT = (rGPGDAT & 0xffef) | (1<<4);         // GPG4 输出 1 控制 LCD 显示开
                if(i>=0 && (i<(sizeof(function)/8)) )
//指针数组 function 中每行二列指针，每指针占 4 字节，总实验项目数是 sizeof(function)/8
```

```
        ( (void (*)(void)) (function[i][0]) )();
//将 function[i][0]转化为函数的指针并执行该函数，参数为 0。
    }
}
```

读者对 2410test.mcp 项目应熟悉，该项目提供了 S3C2410 所有硬件资源的驱动程序，对编程有很大的帮助。

3.4　几个常用的输入/输出函数

嵌入式控制系统项目大多是软硬件结合的工程，程序需要反复调试才能最后完成。在调试过程中，"目标机"上运行的部分结果、变量、一些提示要通过串行口在"宿主机"上的超级终端上显示，通过键盘给"目标机"的数据、命令也要通过串行口下载到"目标机"。

在 2410test.mcp 项目中有一个头文件 2410lib.h，项目所需要的这些输入/输出函数都包括在其中，在后面的实验中经常用到的几个函数如下，列出供参考。

```
//---------------------------------------------------------------------------------------------------------------
//   串口初始化，确定串口使用的时钟频率和波特率
//---------------------------------------------------------------------------------------------------------------
static int whichUart=0;
void Uart_Init(int pclk,int baud)
{
    int i;

    if(pclk == 0)
    pclk     = PCLK;     //串口通信使用的波特率可由 PCLK 或 UCLK 分频得到，这里使用 PCLK
    rUFCON0 = 0x0;       //UART channel 0 FIFO control register, FIFO disable
    rUFCON1 = 0x0;       //UART channel 1 FIFO control register, FIFO disable
    rUFCON2 = 0x0;       //UART channel 2 FIFO control register, FIFO disable
    rUMCON0 = 0x0;       //UART chaneel 0 MODEM control register, AFC disable
    rUMCON1 = 0x0;       //UART chaneel 1 MODEM control register, AFC disable

    //UART0
    rULCON0 = 0x3;       //Line control register : Normal,No parity,1 stop,8 bits
    rUCON0   = 0x245;      //Control register
    rUBRDIV0=( (int)(pclk/16./baud+0.5) -1 );     //Baud rate divisior register 0

//UART1
    rULCON1 = 0x3;
    rUCON1   = 0x245;
    rUBRDIV1=( (int)(pclk/16./baud) -1 );
```

```
//UART2
    rULCON2 = 0x3;
    rUCON2   = 0x245;
    rUBRDIV2=( (int)(pclk/16./baud) -1 );
    for(i=0;i<100;i++);
 }
//------------------------------------------------------------------------
//    串行通道选择，S3c2410 有 3 个串行通道，返回通道号
//------------------------------------------------------------------------
void Uart_Select(int ch)
{
    whichUart = ch;
}


//------------------------------------------------------------------------
//    等串行通道发送缓冲器空
//------------------------------------------------------------------------
void Uart_TxEmpty(int ch)
{
    if(ch==0)
        while(!(rUTRSTAT0 & 0x4)); //Wait until tx shifter is empty.

    else if(ch==1)
        while(!(rUTRSTAT1 & 0x4)); //Wait until tx shifter is empty.

    else if(ch==2)
        while(!(rUTRSTAT2 & 0x4)); //Wait until tx shifter is empty.
}


//------------------------------------------------------------------------
//    从串行通道接收一字节数据或一个字符，没有数据时会一直等
//------------------------------------------------------------------------
char Uart_Getch(void)
{
 if(whichUart==0)
  {
    while(!(rUTRSTAT0 & 0x1)); //Receive data ready
    return RdURXH0();
    }
    else if(whichUart==1)
    {
      while(!(rUTRSTAT1 & 0x1)); //Receive data ready
        return RdURXH1();
    }
    else if(whichUart==2)
```

```
        {
            while(!(rUTRSTAT2 & 0x1)); //Receive data ready
            return RdURXH2();
        }
    }
```

```
//-------------------------------------------------------------------- ----------------------------
//    从串行通道接收一字节数据或一个字符，没有数据时会返回 0
//--------------------------------------------------------------------------------------------------
char Uart_GetKey(void)
{
 if(whichUart==0)
 {
  if(rUTRSTAT0 & 0x1)        //Receive data ready
        return RdURXH0();
  else
            return 0;
 }
   else if(whichUart==1)
   {
        if(rUTRSTAT1 & 0x1)        //Receive data ready
            return RdURXH1();
      else
          return 0;
 }
   else if(whichUart==2)
   {
        if(rUTRSTAT2 & 0x1)        //Receive data ready
            return RdURXH2();
        else
            return 0;
   }
}
//-------------------------------------------------------------------- ----------------------------
//    接收从键盘发的一字符串
//-------------------------------------------------------------------- ----------------------------
    void Uart_GetString(char *string)
    {
        char *string2 = string;
        char c;
        while((c = Uart_Getch())!='\r')
        {
            if(c=='\b')
```

```
            {
                if( (int)string2 < (int)string )
                {
                    Uart_Printf("\b \b");
                    string--;
                }
            }
            else
            {
                *string++ = c;
                Uart_SendByte(c);
            }
        }
        *string='\0';
        Uart_SendByte('\n');
    }
```

//---
//   接收从键盘发的int型数据(允许发送+、-、十或十六进制数据，接收后变为带符号十进制数)
//---

```
    int Uart_GetIntNum(void)
    {
        char str[30];
        char *string = str;
        int base       = 10;
        int minus      = 0;
        int result     = 0;
        int lastIndex;
        int i;

        Uart_GetString(string);

        if(string[0]=='-')
        {
            minus = 1;
            string++;
        }
        if(string[0]=='0' && (string[1]=='x' || string[1]=='X'))
        {
            base       = 16;
            string += 2;
        }
        lastIndex = strlen(string) - 1;
```

```
        if(lastIndex<0)
            return -1;
        if(string[lastIndex]=='h' || string[lastIndex]=='H' )
        {
            base = 16;
            string[lastIndex] = 0;
            lastIndex--;
        }
        if(base==10)
        {
            result = atoi(string);
            result = minus ? (-1*result):result;
        }
        else
        {
            for(i=0;i<=lastIndex;i++)
            {
                if(isalpha(string[i]))                    //十六进制数中如有字母
                {
                    if(isupper(string[i]))                //字母是大写
                        result = (result<<4) + string[i] - 'A' + 10;
//大写字符变十进制
                    else                                  //字母是小写
                        result = (result<<4) + string[i] - 'a' + 10;
//小写字符变十进制
                }
                else
                    result = (result<<4) + string[i] - '0'; //十六进制数变十进制
            }
            result = minus ? (-1*result):result;          //加上符号后返回
        }
        return result;
    }
//------------------------------------------------------------------------------
//   通过串口发一字节数据，字节数据结束为\n
//------------------------------------------------------------------------------
    void Uart_SendByte(int data)
    {
        if(whichUart==0)
        {
            if(data=='\n')
            {
```

```
                while(!(rUTRSTAT0 & 0x2));
                Delay(10);                      //because the slow response of hyper_terminal
                WrUTXH0('\r');
            }
            while(!(rUTRSTAT0 & 0x2));      //Wait until THR is empty.
            Delay(10);
            WrUTXH0(data);
        }
        else if(whichUart==1)
        {
            if(data=='\n')
            {
                while(!(rUTRSTAT1 & 0x2));
                Delay(10);                      //because the slow response of hyper_terminal
                rUTXH1 = '\r';
            }
            while(!(rUTRSTAT1 & 0x2));      //Wait until THR is empty.
            Delay(10);
            rUTXH1 = data;
        }
        else if(whichUart==2)
        {
            if(data=='\n')
            {
                while(!(rUTRSTAT2 & 0x2));
                Delay(10);                      //because the slow response of hyper_terminal
                rUTXH2 = '\r';
            }
            while(!(rUTRSTAT2 & 0x2));      //Wait until THR is empty.
            Delay(10);
            rUTXH2 = data;
        }
    }
//------------------------------------------------------------------  -------------------------------
//  通过串口发送字串，字串结束标志为 0
//------------------------------------------------------------------  -------------------------------
    void Uart_SendString(char *pt)
    {
        while(*pt)
            Uart_SendByte(*pt++);
    }
//------------------------------------------------------------------------------------------------
```

```
//      按格式在超级终端上显示，意义同 C 语言中 Printf(char *fmt,...)
//------------------------------------------------------------------------------------------
void Uart_Printf(char *fmt,...)         // ...表示可变参数(多个 fmt 格式参数组成一个列表)
                                        //不限个数和类型，fmt 格式只有字符串和%格式两种
{
              va_list ap;               //定义指向可变参数列表的指针
     char string[256];
     va_start(ap,fmt);                  //将第一个可变参数的地址赋给 ap，ap 指向可变参数列表的开始

     vsprintf(string,fmt,ap);           //将参数 ap 指向的可变参数一起转换成 fmt 格式字符串，放 string 数组中，
                                        //其作用同 sprint()，只是参数类型不同
     Uart_SendString(string);           //把格式化字符串从开发板串口送出去
     va_end(ap);                        //恢复系统堆栈指针
//------------------------------------------------------------------------------------------
//     MPLL  时钟配置
//------------------------------------------------------------------------------------------
void ChangeMPllValue(int mdiv,int pdiv,int sdiv)
{
     rMPLLCON = (mdiv<<12) | (pdiv<<4) | sdiv;
}
//------------------------------------------------------------------------------------------
//     FCLK:HCLK:PCLK  比例配置
//------------------------------------------------------------------------------------------
void ChangeClockDivider(int hdivn,int pdivn)
{
     // hdivn,pdivn FCLK:HCLK:PCLK
     //      0,0         1:1:1
     //      0,1         1:1:2
     //      1,0         1:2:2
     //      1,1         1:2:4
     rCLKDIVN = (hdivn<<1) | pdivn;

     if(hdivn)
     MMU_SetAsyncBusMode();
      else
         MMU_SetFastBusMode();
}
```

3.5　def.h 头文件

为了简化程序中数据类型的书写，在 2410test.mcp 中定义了一个头文件，具体如下。

```
//------------------------------------------------------------------------------------
//   def.h
//------------------------------------------------------------------------------------
#ifndef __DEF_H__
#define __DEF_H__
#define U32 unsigned int
#define U16 unsigned short
#define S32 int
#define S16 short int
#define U8   unsigned char
#define    S8   char
#define TRUE      1
#define FALSE     0
#endif /* __DEF_H__ */
```

3.6 习　　题

1. 下载随书提供的软件包，打开 2410addr.h 头文件，仔细阅读程序，回答以下问题。

(1) 2410addr.h 头文件中，寄存器大约有多少类？每个类的定义有什么特点？

(2) 2410addr.h 头文件中，中断向量(PISR_XX)有多少个？有几个中断共用一个中断向量？从字面理解每一个中断向量处理什么中断。

(3) 中断挂起寄存器(PENDING)的相应位等于 1，表示当前正在响应的中断是什么中断，在 2410addr.h 头文件中，中断挂起寄存器(PENDING)的相应位是如何定义的？

(4) 在 S3C2410 中，中断屏蔽分二级管理，在 2410addr.h 头文件中，总中断屏蔽 BIT_ALLMSK 和子中断屏蔽 BIT_SUB_ALLMSK 是如何定义的？

(5) 从字面简单了解各类常用寄存器，如 LCD CONTROLLER、UART、PWM TIMER、I/O PORT、ADC、SPI、ISR 等。

2. 下载随书提供的软件包，打开 2410test.mcp 文件，熟悉以下内容。

(1) 2410test.mcp 可以完成多少项硬件驱动试验？从字面简单了解各项试验的目的。

(2) 2410test.mcp 除 2410addr.h 外还包含头文件 def.h、option.h 和 2410lib.h，编程中会经常用到它们，打开这些头文件，熟悉其中的内容。

第4章　S3C2410 的 I/O 口和 I/O 口操作

S3C2410 芯片上共有 117 个多功能的输入/输出引脚，分为 8 组，如下所示：

- 1 个 23 位的输出端口(端口 A)；
- 1 个 11 位的输入/输出端口(端口 B)；
- 1 个 16 位输入/输出端口(端口 C)；
- 1 个 16 位输入/输出端口(端口 D)；
- 1 个 16 位输入/输出端口(端口 E)；
- 1 个 8 位输入/输出端口(端口 F)；
- 1 个 16 位输入/输出端口(端口 G)；
- 1 个 11 位输入/输出端口(端口 H)。

这些端口可以满足不同的系统配置和设计需要。在运行程序之前，必须对每个用到的引脚功能进行设置。如果某些引脚的复用功能(第二功能)没有使用，则可以先将该引脚设置为 I/O 口。

4.1　S3C2410 I/O 口描述

S3C2410 I/O 口控制寄存器可分为以下 5 种。

1. 端口控制寄存器(GPACON~GPHCON)

在 S3C2410 芯片中，大部分引脚都是复用的，所以必须对每个引脚进行配置。端口控制寄存器定义了每个引脚的功能。

2. 端口数据寄存器(GPADAT~GPHDAT)

与 I/O 口进行数据操作，不管是输入还是输出，都是通过该端口的数据寄存器进行的，如果该端口定义为输出端口，那么可以向 GPnDAT 的相应位写数据。如果该端口定义为输入端口，那么可以从 GPnDAT 的相应位读出数据。

3. 端口上拉寄存器(GPBUP~GPHUP)

端口上拉寄存器控制每个端口组上拉电阻的使能/禁止。如果上拉寄存器的某一位为 0，则相应的端口上拉电阻被使能，该位作为基本输入/输出使用，即第一功能；如果上拉寄存器某一位是 1，则相应的端口上拉电阻被禁止，该位作为第二功能使用。上电或复位时，I/O 口作为基本输入/输出使用。

4. 多状态控制寄存器

多状态控制寄存器控制数据端口的上拉电阻，包括高阻态、USB pad 和 CLKOUT 选项。

5. 外部中断控制寄存器(EXTINTn)

24 个外部中断有各种各样的中断请求信号，EXTINTn 寄存器可以配置信号的类型有：低电平触发中断请求、高电平触发中断请求、下降沿触发中断请求、上升沿触发中断请求，以及双沿触发中断请求。详细用法将在第 5 章进行介绍。

综上所述，S3C2410 共有 117 个 I/O 口，它们分成 8 个功能组。每个 I/O 口都可以用作基本 I/O，即第一功能；也可以用作其他功能，即第二功能。除 A 口之外，其他各口是做第一功能还是第二功能由该口的端口上拉寄存器(GPBUP~GPHUP)决定。端口上拉寄存器相应位为 0，该位做基本输入/输出使用，如果是 1，则该位做第二功能使用。上电或复位时，端口上拉寄存器是清 0 的，如果 I/O 口是做基本输入/输出使用，就不用对上拉寄存器进行设置。

每个 I/O 口还有一个端口控制寄存器(GPACON~GPHCON)，它和端口上拉寄存器配合，对 I/O 口的功能进行更具体的确定。例如，某 I/O 口做基本 I/O，那么是做输入还是做输出，就由端口控制寄存器的具体位是 1 或 0 来确定。

此外，每个 I/O 口还有一个数据寄存器(GPADAT~GPHDAT)，对 I/O 口进行操作，无论是输入还是输出，都必须通过该 I/O 口数据寄存器来进行。如果该端口定义为输出端口，那么可以向 GPnDAT 的相应位写数据。如果该端口定义为输入端口，那么可以从 GPnDAT 的相应位读出数据。I/O 口数据寄存器 Bit 位和 I/O 口引脚相应位的状态一致。

4.2　I/O 端口控制寄存器

S3C2410 每个口使用 3 个(A 口 2 个)控制寄存器对端口的输入/输出和第二功能进行控制，本节对此进行详细介绍。

4.2.1　端口 A 控制寄存器和功能配置

1. 端口 A 控制寄存器(GPACON)

S3C2410 I/O 端口 A 控制寄存器(GPACON)的功能配置如表 4-1 所示。

端口 A 每一位引脚的功能由端口 A 控制寄存器(GPACON)的 1 位(bit)来控制，如 GPACON 的[22]=0，引脚 GPA22 作输出；GPACON 的[22]=1，则引脚 GPA22 作第 2 功能 nFCE。

注意：端口 A 作 I/O 口使用时，只能作输出。

表 4-1　端口 A 功能配置

引　脚	GPACON	A 口引脚定义	引　脚	GPACON	A 口引脚定义
GPA22	[22]	=0 输出；=1nFCE	GPA10	[10]	=0 输出；=1ADDR25
GPA21	[21]	=0 输出；=1 nRSTOUT	GPA9	[9]	=0 输出；=1 ADDR24
GPA20	[20]	=0 输出；=1nFRE	GPA8	[8]	=0 输出；=1 ADDR23
GPA19	[19]	=0 输出；=1nFWE	GPA7	[7]	=0 输出；=1 ADDR22
GPA18	[18]	=0 输出；=1ALE	GPA6	[6]	=0 输出；=1 ADDR21
GPA17	[17]	=0 输出；=1CLE	GPA5	[5]	=0 输出；=1 ADDR20
GPA16	[16]	=0 输出；=1nGCS5	GPA4	[4]	=0 输出；=1 ADDR19
GPA15	[15]	=0 输出；=1nGCS4	GPA3	[3]	=0 输出；=1 ADDR18
GPA14	[14]	=0 输出；=1nGCS3	GPA2	[2]	=0 输出；=1 ADDR17
GPA13	[13]	=0 输出；=1nGCS2	GPA1	[1]	=0 输出；=1 ADDR16
GPA12	[12]	=0 输出；=1nGCS1	GPA0	[0]	=0 输出；=1 ADDR0
GPA11	[11]	=0 输出；=1ADDR26			

端口 A 被配置为输出引脚后，引脚的状态和相应的位状态一致。

2. 端口 A 数据寄存器(GPADAT)

端口 A 数据寄存器如表 4-2 所示。端口 A 功能 1 只作输出。

表 4-2　端口 A 数据寄存器

GPADAT	Bit	描　　述
GPA[22:0]	[22:0]	如果该端口定义为输出端口，那么可以向 GPADAT 的相应位写数据。I/O 口数据寄存器 Bit 位和 I/O 口引脚相应位状态一致

4.2.2　端口 B 控制寄存器和功能配置

1. 端口 B 控制寄存器(GPBCON)

端口 B 控制寄存器及其具体配置如表 4-3 所示。

端口 B 控制寄存器(GPBCON)中每 2 位控制 1 位引脚的功能，如 GPBCON[21:20]=00，GPB10 作输入；GPBCON[21:20]=01，GPB10 作输出，GPBCON[21:20]=10，并该位上拉电阻禁止，该引脚作 nXDREQ0 输入。

表 4-3　端口 B 控制寄存器(GPBCON)的配置

B 口引脚	GPBCON 位	引脚定义	B 口引脚	GPBCON 位	引脚定义
GPB10	[21:20]	00=输入，01=输出 10=nXDREQ0 11=保留	GPB4	[9:8]	00=输入，01=输出 10=TCLK0 11=保留

(续表)

B 口引脚	GPBCON 位	引脚定义	B 口引脚	GPBCON 位	引脚定义
GPB9	[19:18]	00=输入，01=输出 10=nXDACK0 11=保留	GPB3	[7:6]	00=输入，01=输出 10=TOUT3 11=保留
GPB8	[17:16]	00=输入，01=输出 10=nXDREQ1 11=保留	GPB2	[5:4]	00=输入，01=输出 10=TOUT2 11=保留
GPB7	[15:14]	00=输入，01=输出 10=nXDACK1 11=保留	GPB1	[3:2]	00=输入，01=输出 10=TOUT1 11=保留
GPB6	[13:12]	00=输入，01=输出 10=nXBREQ 11=保留	GPB0	[1:0]	00=输入，01=输出 10=TOUT0 11=保留
GPB5	[11:10]	00=输入，01=输出 10=nXBACK 11=保留			

2. 端口 B 数据寄存器(GPBDAT)

端口 B 数据寄存器如表 4-4 所示。

如果端口 B 被配置为输入端口，则可以从端口 B 数据寄存器读出相应引脚上的外部源输入的数据。如果端口 B 被配置为输出端口，则向端口 B 数据寄存器写入的数据可以被发送到相应的引脚上。如果该引脚被配置为第二功能引脚，则读出的数据不确定。

表 4-4　端口 B 数据寄存器

GPBDAT	Bit	描　　述
GPB[10:0]	[10:0]	若端口 B 被配置为输入端口，则可以从端口 B 数据寄存器读出相应引脚上的外部源输入的数据。如果端口 B 被配置为输出端口，则向端口 B 数据寄存器写入的数据可以被发送到相应的引脚上

3. 端口 B 上拉寄存器(GPBUP)

端口 B 上拉寄存器如表 4-5 所示。

表 4-5　端口 B 上拉寄存器

GPBUP	Bit	描　　述
GPB[10:0]	[10:0]	=0，上拉允许，该引脚做基本 I/O =1，上拉禁止，该引脚做第二功能

4.2.3　端口 C 控制寄存器和功能配置

1. 端口 C 控制寄存器(GPCCON)

端口 C 控制寄存器的具体配置如表 4-6 所示。

端口 C 控制寄存器(GPCCON)中每 2 位控制 1 位引脚的功能，如 GPCCON[31:30]=00，

GPC15 作输入；GPCCON[31:30]=01，GPC15 作输出，GPCCON[31:30]=10 并且该位上拉电阻禁止，该引脚作 VD[7]输出。

表 4-6　端口 C 控制寄存器(GPCCON)的配置

C 口引脚	GPCCON	C 口引脚定义	C 口引脚	GPCCON	C 口引脚定义
GPC15	[31:30]	00=输入，01=输出，10=VD[7]，11 保留	GPC7	[15:14]	00=输入，01=输出，10=LCDVF2，11 保留
GPC14	[29:28]	00=输入，01=输出，10=VD[6]，11 保留	GPC6	[13:12]	00=输入，01=输出，10=LCDVF1，11 保留
GPC13	[27:26]	00=输入，01=输出，10=VD[5]，11 保留	GPC5	[11:10]	00=输入，01=输出，10=LCDVF0，11 保留
GPC12	[25:24]	00=输入，01=输出，10=VD[4]，11 保留	GPC4	[9:8]	00=输入，01=输出，10=VM，11 保留
GPC11	[23:22]	00=输入，01=输出，10=VD[3]，11 保留	GPC3	[7:6]	00=输入，01=输出，10=VFREME，11 保留
GPC10	[21:20]	00=输入，01=输出，10=VD[2]，11 保留	GPC2	[5:4]	00=输入，01=输出，10=VLINE，11 保留
GPC9	[19:18]	00=输入，01=输出，10=VD[1]，11 保留	GPC1	[3:2]	00=输入，01=输出，10=VCLK，11 保留
GPC8	[17:16]	00=输入，01=输出，10=VD[0]，11 保留	GPC0	[1:0]	00=输入，01=输出，10=LEND，11 保留

2. 端口 C 数据寄存器(GPCDAT)

端口 C 数据寄存器的具体配置如表 4-7 所示。

如果端口 C 被配置为输入端口，则可以从端口 C 数据寄存器读出相应引脚外部输入源输入的数据。如果端口 C 被配置为输出端口，则向该端口数据寄存器写入的数据可以被送往相应的引脚。如果端口 C 被配置第二功能引脚，则从该引脚读出的数据不确定。

表 4-7　端口 C 数据寄存器配置

GPCDAT	Bit	描　　述
GPC[15:0]	[15:0]	功能类似 B 口

3. 端口 C 上拉寄存器(GPCUP)

端口 C 上拉寄存器的具体配置如表 4-8 所示。

表 4-8　端口 C 上拉寄存器配置

GPCUP	Bit	描　　述
GPC[15:0]	[15:0]	=0，上拉允许，该引脚做基本 I/O =1，上拉禁止，该引脚做第二功能

4.2.4 端口 D 控制寄存器和功能配置

1. 端口 D 控制寄存器(GPDCON)

端口 D 控制寄存器(GPDCON)的具体配置如表 4-9 所示。

端口 D 控制寄存器(GPDCON)中每 2 位控制 1 位引脚的功能,如 GPDCON[31:30]=00,GPD15 作输入;GPDCON[31:30]=01,GPD15 作输出,GPDCON[31:30]=10 并且该位上拉电阻禁止,该引脚作 VD[23]输出。

表 4-9   端口 D 控制寄存器(GPDCON)的配置

D 口引脚	GPDCON	D 口引脚定义	D 口引脚	GPDCON	D 口引脚定义
GPD15	[31:30]	00=输入,01=输出,10=VD[23],11 保留	GPD7	[15:14]	00=输入,01=输出,10=VD[15],11 保留
GPD14	[29:28]	00=输入,01=输出,10=VD[22],11 保留	GPD6	[13:12]	00=输入,01=输出,10=VD[14],11 保留
GPD13	[27:26]	00=输入,01=输出,10=VD[21],11 保留	GPD5	[11:10]	00=输入,01=输出,10=VD[13],11 保留
GPD12	[25:24]	00=输入,01=输出,10=VD[20],11 保留	GPD4	[9:8]	00=输入,01=输出,10=VD[12],11 保留
GPD11	[23:22]	00=输入,01=输出,10=VD[19],11 保留	GPD3	[7:6]	00=输入,01=输出,10=VD[11],11 保留
GPD10	[21:20]	00=输入,01=输出,10=VD[18],11 保留	GPD2	[5:4]	00=输入,01=输出,10=VD[10],11 保留
GPD9	[19:18]	00=输入,01=输出,10=VD[17],11 保留	GPD1	[3:2]	00=输入,01=输出,10=VD[9],11 保留
GPD8	[17:16]	00=输入,01=输出,10=VD[16],11 保留	GPD0	[1:0]	00=输入,01=输出,10=VD[8],11 保留

2. 端口 D 数据寄存器(GPDDAT)

端口 D 数据寄存器(GPDDAT) 的具体配置如表 4-10 所示。

表 4-10   端口 D 数据寄存器(GPDDAT)的配置

GPDDAT	Bit	描 述
GPD[15:0]	[15:0]	功能类似 B、C 口

如果端口 D 被配置为输入端口,则可以从端口 D 数据寄存器读出相应引脚外部输入源输入的数据。如果端口 D 被配置为输出端口,则向该口数据寄存器写入的数据可以被送往相应的引脚。如果端口 D 被配置第二功能引脚,则从该引脚读出的数据无法确定。

3. 端口 D 上拉寄存器(GPDUP)

端口 D 上拉寄存器(GPDUP)的配置如表 4-11 所示。

表 4-11　端口 D 上拉寄存器(GPDUP)的配置

GPDUP	Bit	描　述
GPD[15:0]	[15:0]	=0，上拉允许，该引脚作基本 I/O 功能
		=1，上拉禁止，该引脚作第二功能

若清位 GPDUP[15:0]的某一位，则允许端口 D 相应引脚的上拉功能，该口做第一功能使用；否则禁止上拉功能，该口作第二功能使用。

4.2.5　端口 E 控制寄存器和功能配置

1. 端口 E 控制寄存器(GPECON)的配置

端口 E 控制寄存器(GPECON)的配置如表 4-12 所示。

表 4-12　端口 E 控制寄存器(GPECON)的配置

E 口引脚	GPECON	E 口引脚定义	E 口引脚	GPECON	E 口引脚定义
GPE15	[31:30]	00=输入，01=输出，10=IICSDA，11 保留	GPE7	[15:14]	00=输入，01=输出，10=SDDAT0，11 保留
GPE14	[29:28]	00=输入，01=输出，10=IICSDL，11 保留	GPE6	[13:12]	00=输入，01=输出，10=SDCMD，11 保留
GPE13	[27:26]	00=输入，01=输出，10=SPICLK0，11 保留	GPE5	[11:10]	00=输入，01=输出，10=SDCLK，11 保留
GPE12	[25:24]	00=输入，01=输出，10=SPIMO，11 保留	GPE4	[9:8]	00=输入，01=输出，10=IISSD0，11 保留
GPE11	[23:22]	00=输入，01=输出，10=SPIMI，11 保留	GPE3	[7:6]	00=输入，01=输出，10=IISSDI，11 保留
GPE10	[21:20]	00=输入，01=输出，10=SDDAT3，11 保留	GPE2	[5:4]	00=输入，01=输出，10=CDCLK，11 保留
GPE9	[19:18]	00=输入，01=输出，10=SDDAT2，11 保留	GPE1	[3:2]	00=输入，01=输出，10=IISSCLK，11 保留
GPE8	[17:16]	00=输入，01=输出，10=SDDAT1，11 保留	GPE0	[1:0]	00=输入，01=输出，10=IISLRCK，11 保留

端口 E 控制寄存器(GPECON)中每 2 位控制 1 位引脚的功能，如 GPECON[31:30]=00，GPE15 作输入；GPECON[31:30]=01，GPE15 作输出，GPECON[31:30]=10 并且该位上拉电阻禁止，该引脚作 IICSDA 输出。

2. 端口 E 数据寄存器(GPEDAT)

端口 E 数据寄存器(GPEDAT)的配置如表 4-13 所示。

表 4-13　端口 E 数据寄存器(GPEDAT)的配置

GPEDAT	Bit	描　　述
GPE[15:0]	[15:0]	功能类似 B、C、D 口

如果端口 E 被配置为输入端口，则可以从该口数据寄存器读出相应外部输入源输入的数据。如果端口 E 被配置为输出端口，则向该口数据寄存器写入的数据可以被送往相应的引脚。如果端口 E 被配置为第二功能引脚，则从该引脚读出的数据无法确定。

3. 端口 E 上拉寄存器(GPEUP)

端口 E 上拉寄存器(GPEUP)的配置如表 4-14 所示。

表 4-14　端口 E 上拉寄存器(GPEUP)的配置

GPEUP	Bit	描　　述
GPE[15:0]	[15:0]	=0，上拉允许，该引脚作基本 I/O 功能 =1，上拉禁止，该引脚作第二功能

4.2.6　端口 F 控制寄存器和功能配置

1. 端口 F 控制寄存器(GPFCON)

端口 F 控制寄存器(GPFCON)的配置如表 4-l5 所示，它是一个 8 位口。

表 4-15　端口 F 控制寄存器(GPFCON)的配置

F 口引脚	GPFCONBit	F 口引脚定义	F 口引脚	GPFCONBit	F 口引脚定义
GPF7	[15:14]	00=输入，01=输出 10=EINT7，11=保留	GPF3	[7:6]	00=输入，01=输出 10= EINT3，11=保留
GPF6	[13:12]	00=输入，01=输出 10= EINT6，11=保留	GPF2	[5:4]	00=输入，01=输出 10= EINT2，11=保留
GPF5	[11:10]	00=输入，01=输出 10= EINT5，11=保留	GPF1	[3:2]	00=输入，01=输出 10= EINT1，11=保留
GPF4	[9:8]	00=输入，01=输出 10= EINT4，11=保留	GPF0	[1:0]	00=输入，01=输出 10= EINT0，11=保留

端口 F 控制寄存器(GPFCON)中每 2 位控制 1 位引脚的功能，如 GPFCON[15:14]=00，GPF7 作输入；GPFCON[15:14]=01，GPF7 作输出，GPFCON[15:14]=10 并且该位上拉电阻禁

止，该引脚作 EINT7 输入。

2. 端口 F 数据寄存器(GPFDAT)

端口 F 数据寄存器(GPFDAT)的配置如表 4-16 所示。

表 4-16　端口 F 数据寄存器(GPFDAT)的配置

GPFDAT	Bit	描　述
GPF[7:0]	[7:0]	类似 B、C、D、E 口

如果端口 F 被配置为输入端口，则可以从该口数据寄存器读出相应外部引脚输入的数据。如果端口 F 被配置为输出端口，向该口数据寄存器写入的数据可以被送往相应的引脚。如果端口 F 被配置为第二功能引脚，则从该引脚读出的数据无法确定。

3. 端口 F 上拉寄存器(GPFUP)

端口 F 上拉寄存器(GPFUP)的配置如表 4-17 所示。

表 4-17　端口 F 上拉寄存器(GPFUP)的配置

GPFUP	Bit	描　述
GPF[7:0]	[7:0]	类似 B、C、D、E 口

4.2.7　端口 G 控制寄存器和功能配置

1. 端口 G 控制寄存器(GPGCON)

端口 G 控制寄存器(GPGCON)的配置如表 4-18 所示。

表 4-18　端口 G 控制寄存器(GPGCON)的配置

G 口引脚	GPGCON	G 口引脚定义	G 口引脚	GPGCON	G 口引脚定义
GPG15	[31:30]	00=输入，01=输出，10=EINT23，11 保留	GPG7	[15:14]	00=输入，01=输出，10=EINT15，11 保留
GPG14	[29:28]	00=输入，01=输出，10=EINT22，11 保留	GPG6	[13:12]	00=输入，01=输出，10=EINT14，11 保留
GPG13	[27:26]	00=输入，01=输出，10=EINT21，11 保留	GPG5	[11:10]	00=输入，01=输出，10=EINT13，11 保留
GPG12	[25:24]	00=输入，01=输出，10=EINT20，11 保留	GPG4	[9:8]	00=输入，01=输出，10=EINT12，11 保留
GPG11	[23:22]	00=输入，01=输出，10=EINT19，11 保留	GPG3	[7:6]	00=输入，01=输出，10=EINT11，11 保留

（续表）

GPG10	[21:20]	00=输入，01=输出，10=EINT18，11 保留	GPG2	[5:4]	00=输入，01=输出，10=EINT10，11 保留
GPG9	[19:18]	00=输入，01=输出，10=EINT17，11 保留	GPG1	[3:2]	00=输入，01=输出，10=EINT9，11 保留
GPG8	[17:16]	00=输入，01=输出，10=EINT16，11 保留	GPG0	[1:0]	00=输入，01=输出，10=EINT8，11 保留

端口 G 控制寄存器(GPGCON)中每 2 位控制 1 位引脚的功能，如 GPGCON[31:30]=00，GPG15 作输入；GPGCON[31:30]=01，GPG15 作输出，GPGCON[31:30]=10 并且该位上拉电阻禁止，该引脚作 EINT23 输入。

2. 端口 G 数据寄存器(GPGDAT)

端口 G 数据寄存器(GPGDAT)的配置如表 4-19 所示。

表 4-19　端口 G 数据寄存器(GPGDAT)的配置

GPGDAT	Bit	描　述
GPG[15:0]	[15:0]	若端口 G 被配置为输入端口，则可以从端口 G 数据寄存器读出相应引脚上的外部源输入的数据。如果端口 G 被配置为输出端口，则向端口 G 数据寄存器写入的数据可以被发送到相应的引脚上。如果该引脚被配置为第二功能引脚，则读出的数据无法确定

3. 端口 G 上拉寄存器(GPGUP)

端口 G 上拉寄存器(GPGUP)的配置如表 4-20 所示。

表 4-20　端口 G 上拉寄存器(GPGUP)的配置

GPGUP	Bit	描　述
GPG[15:0]	[15:0]	类似 B、C、D、E 口

4.2.8　端口 H 控制寄存器和功能配置

1. 端口 H 控制寄存器(GPHCON)

端口 H 控制寄存器(GPHCON)的配置如表 4-21 所示。

表 4-21　端口 H 控制寄存器(GPHCON)的配置

H 口引脚	GPHCON	H 口引脚定义	H 口引脚	GPHCON	H 口引脚定义
GPH10	[21:20]	00=输入，01=输出 10=CLKOUT1，11=保留	GPH4	[9:8]	00=输入，01=输出 10=TXD1，11=保留
GPH9	[19:18]	00=输入，01=输出 10=CLKOUT0，11=保留	GPH3	[7:6]	00=输入，01=输出 10=RXD0，11=保留
GPH8	[17:16]	00=输入，01=输出 10= UCLK，11=保留	GPH2	[5:4]	00=输入，01=输出 10= TXD0，11=保留

（续表）

GPH7	[15:14]	00=输入，01=输出 10=RXD2，11=保留	GPH1	[3:2]	00=输入，01=输出 10=nRTS0，11=保留
GPH6	[13:12]	00=输入，01=输出 10=TXD2，11=保留	GPH0	[1:0]	00=输入，01=输出 10=nCTS0，11=保留
GPH5	[11:10]	00=输入，01=输出 10=RXD1，11=保留			

端口 H 控制寄存器(GPHCON)中每 2 位控制 1 位引脚，如 GPHCON[21:20]=00，GPH10 作输入；GPHCON[21:20]=01，GPH10 作输出，GPHCON[21:20]=10 并且该位上拉电阻禁止，该引脚作 CLKOUT1 输出。

2. 端口 H 数据寄存器(GPHDAT)

端口 H 数据寄存器(GPHDAT)的配置如表 4-22 所示。

表 4-22　端口 H 数据寄存器(GPHDAT)的配置

GPHDAT	Bit	描　　述
GPH[10:0]	[10:0]	类似 B、C、D、E、G 口

如果端口 H 被配置为输入端口，可以从端口 H 数据寄存器读出相应引脚外部输入源输入的数据。如果端口 H 被配置为输出端口，则向端口 H 数据寄存器写入的数据可以被送往相应的引脚。如果端口 H 被配置为第二功能引脚，则从该引脚读出的数据无法确定。

端口 H 寄存器(GPHCON、GPHDAT 和 GPHUP)和端口 B 的功能基本相同。

3. 端口 H 上拉寄存器(GPHUP)

端口 H 上拉寄存器(GPHUP)的配置如表 4-23 所示。

表 4-23　端口 H 上拉寄存器(GPHUP)

GPHUP	Bit	描　　述
GPH[10:0]	[10:0]	类似 B、C、D、E、G 口

4.3　I/O 口控制 C 语言编程实例

本节通过一个简单实验，学习 I/O 口的使用，包括硬件电路设计、I/O 口控制寄存器和数据寄存器的使用。

4.3.1　硬件电路

硬件实验电路如图 4-1 所示，发光二极管 D1204~D1207 分别与 GPF7~GPF4 相连，通过 GPF7~GPF4 引脚的高低电平来控制发光二极管的亮与灭。当引脚输出高电平时，发光二极管熄灭,当引脚输出低电平时,点亮发光二极管。

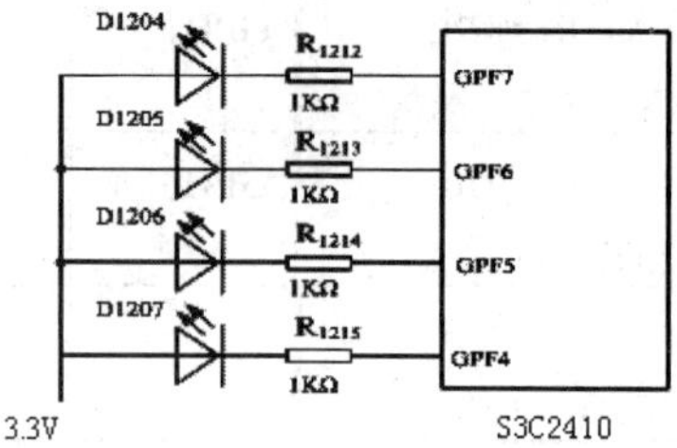

图 4-1　I/O 口控制 LED 电路设计

4.3.2　参考程序

参考程序代码如下。

```
#include " 2410lib.h "
#include " 2410addr.h "
#include " def.h "
//---------------------------------------------------------------------------------------
//      发光二极管逐个点亮
//---------------------------------------------------------------------------------------
void led_on(void)
{
    int i，nOut;
    nOut=0xF0;
    rGPFDAT=nOut & 0x70;          //GPF7 引脚输出低电平，D1204 亮，其他二极管灭
    for(i=0;i<100000;i++);        //延时
    rGPFDAT=nOut & 0x30;          // GPF7、GPF6 引脚输出低电平，D1204 亮，D1205 亮
    for(i=0;i<100000;i++);        //延时
    rGPFDAT=nOut & 0x10;          // D1204 亮，D1205 亮，D1206 亮
    for(i=0;i<100000;i++);        //延时
    rGPFDAT=nOut & 0x00;          //全亮
    for(i=0;i<100000;i++);        //延时
}
//---------------------------------------------------------------------------------------
//      发光二极管逐个熄灭
//---------------------------------------------------------------------------------------
void led_off(void)
{
    int i,nOut;
    nOut=0;
    rGPFDAT=0;                    //全亮
```

```c
        for(i=0;i<100000;i++);                  //延时
        rGPFDAT=nOut｜0x80;                      // D1204 熄灭
        for(i=0;i<100000;i++);                  //延时
        rGPFDAT｜=nOut｜0x40;                    // D1205 熄灭
        for(i=0;i<100000;i++);                  //延时
        rGPFDAT｜=nOut｜0x20;                    // D1206 熄灭
        for(i=0;i<100000;i++);                  //延时
        rGPFDAT｜=nOut｜0x10;                    // D1207 熄灭
        for(i=0;i<100000;i++);                  //延时
}
//-------------------------------------------------------------------------------
//      发光二极管循环亮灭
//-------------------------------------------------------------------------------
void led_on_off(void)
{
        int i;
        rGPFDAT=0;                              //全亮
        for(i=0;i<100000;i++);                  //延时
        rGPFDAT=0xF0;                           //全灭
        for(i=0;i<100000;i++);                  //延时
}
//-------------------------------------------------------------------------------
//      I/O 控制测试主程序
//-------------------------------------------------------------------------------
void   main (void)
{
        rGPFCON=0x5500;                         //F 数据口 GPF7、GPF6、GPF5、GPF4 位做输出
        rGPFUP=0;                               //F 口上拉允许，F 口做基本 I/O
        rGPBCON=rGPBCON& 0xFFFFFC｜1;           //蜂鸣器配置，PB1 口接蜂鸣器，输出
        uart_printf("\I/O(Diode Led)Test Example\n");  //超级终端上显示提示
        rGPBDAT & = 0xFFFFFE;                   //蜂鸣器响，低电平有效
        led_on();                               //发光二极管亮
        led_off();                              //发光二极管灭
        led_on_off();                           //发光二极管循环亮灭
        rGPBDAT｜=1;                            //蜂鸣器停
        delay(1000);
        rGPFCON=0x55aa; //GPFCON    15：14；13：12；11：10；9；8=01；01；01；01
                        //GPFCON    7；6；5；4；3；2；1；0=10；10；10；10
    //程序结束，端口恢复 GPF7、GPF6、GPF5、GPF4 做输出，GPF3、GPF2、GPF1、GPF0 做输入
        uart_printf("end.\n");                  //超级终端上显示提示 end
}
```

4.4 习　　题

1. S3C2410 有多少个 I/O 端口？每个端口的功能是什么？

2. 简述 S3C2410 I/O 端口的控制寄存器、数据寄存器、上拉电阻允许寄存器的作用。

3. 读懂例子程序，学会 I/O 端口操作。

4. 大致了解每个 I/O 端口的第二功能用途，为下一步学习打下基础。

5. GPB 口的 GP0 接蜂鸣器，低电平蜂鸣器响，编写程序，配置 GPB 口的 GPBCON、GPBDAT，使蜂鸣器响，延时后，使蜂鸣器停。

6. 了解 Windows XP 超级终端的使用和配置。

7. 了解 2410test.cmp 中头文件 2410lib.h、2410addr.h、def.h 的内容与作用。

8. 熟悉在 ADS1.2 下，项目的编写、调试、运行的步骤。

第 5 章 S3C2410 的中断系统

S3C2410 具有强大的中断处理能力，它可以处理多达 56 个中断源的中断请求，通过中断仲裁组和中断优先寄存器配合，对中断的优先级进行二级管理。

S3C2410 可以处理两类中断：通用中断和快速中断。S3C2410 使用屏蔽寄存器控制中断的开启和关闭，使用中断源挂起寄存器和中断挂起寄存器来反映是哪个中断源向 CPU 申请了中断和 CPU 正在响应中断的中断源。

5.1 S3C2410 的中断源

S3C2410 有 56 个中断源。在 56 个中断源中，有 32 个中断源提供中断控制器，其中外部中断 EINT0~EINT3 提供 4 个中断控制器，外部中断 EINT4~EINT7 通过"或"的形式提供一个中断源送至中断控制器，EINT8~EINT23 也通过"或"的形式提供一个中断源送至中断控制器。即外部中断 EINT0~EINT23(24 个)、nBATT_FLT(1 个)、INT_TICK(1 个)、INT_WDT(1 个)、INT_TIMER0~INT_TIMER4(5 个)、INT_UART0~INT_UART2(各 3 个，共 9 个)、INT_LCD(2 个)、INT_DMA0~INT_DMA3(4 个)、INT_SDI(1 个)、INT_SPI0~INT_SPI1(2 个)、INT_USBD(1 个)、INT_USBH(1 个)、INT_IIC(1 个)、INT_RTC(1 个)、INT_ADC(2 个)，共 56 个中断源。具体如表 5-1 所示，表中仲裁组的概念在后面的小节中介绍。

通过表 5-1 可以看到这些中断源之间的逻辑关系。在下面的几章中要经常和这些中断源打交道。

表 5-1 S3C2410 的中断源

中 断 源	中断源描述	仲裁组	中 断 源	中断源描述	仲裁组
INT_ADC	数模转换结束	ARB5	INT_UART2	串行通信 2 通道	ARB3
INT_RTC	实时时钟	ARB5	INT_TMER4	定时器	ARB2
INT_SPI1	串行外围设备 1 中断	ARB5	INT_TMER3	定时器	ARB2
INT_UART0	串行通信 0 通道	ARB5	INT_TMER2	定时器	ARB2
INT_IIC	IIC 中断	ARB4	INT_TMER1	定时器	ARB2
INT_USBH	USB 主机	ARB4	INT_TMER0	定时器	ARB2
INT_USBD	USB 设备	ARB4	INT_WDT	看门狗	ARB2
Reserved	不用	ARB4	INT_TICK	时钟滴答	ARB1
INT_UART1	串行通信 1 通道	ARB4	nBATT_FLT	电池	ARB1
INT_SPI0	串行外围设备 0 中断	ARB4	Reserved	不用	Reserved
INT_SDI	SDI	ARB3	EIN[8:23]	外部中断	ARB1

(续表)

中　断　源	中断源描述	仲裁组	中　断　源	中断源描述	仲裁组
INT_DMA3	DMA3 通道中断	ARB3	EIN[4:7]	外部中断	ARB1
INT_DMA2	DMA2 通道中断	ARB3	EIT3	外部中断	ARB0
INT_DMA1	DMA1 通道中断	ARB3	EIT2	外部中断	ARB0
INT_DMA0	DMA0 通道中断	ARB3	EIT1	外部中断	ARB0
INT_LCD	LCD 帧同步	ARB3	EIT0	外部中断	ARB0

5.2　S3C2410 的中断处理

S3C2410 的中断控制逻辑如图 5-1 所示。S3C2410 的中断控制可以处理 56 个中断源的中断请求。这些中断源可以是来自片内的中断，如 DMA、UART 和 I2C 等；也可以是来自处理器外部中断输入引脚。在这些中断源中，有如下 11 个中断源通过分支中断控制器来申请使用中断(与其他中断共用一个中断向量)。

INT_ADC　　A/D 转换中断；

INT_TC　　触摸屏中断；

INT_ERR2　　UART2 收发错误中断；

INT_TXD2　　UART2 发送中断；

INT_RXD2　　UART2 接收中断；

INT_ERR1　　UART1 收发错误中断；

INT_TXD1　　UART1 发送中断；

INT_RXD1　　UART1 接收中断；

INT_ERR0　　UART0 收发错误中断；

INT_TXD0　　UART0 发送中断；

INT_RXD0　　UART0 接收中断。

片内 UARTn 中断和外部中断输入 EINTn 是逻辑"或"的关系，它们共用一根中断请求线。

中断控制逻辑(Interrupt Controller Logic)的任务是在片内和外部中断源组成的多重中断发生时，选择其中一个中断，通过 FIQ (快速中断请求)或 IRQ(通用中断请求)向 CPU 内核发出中断请求。

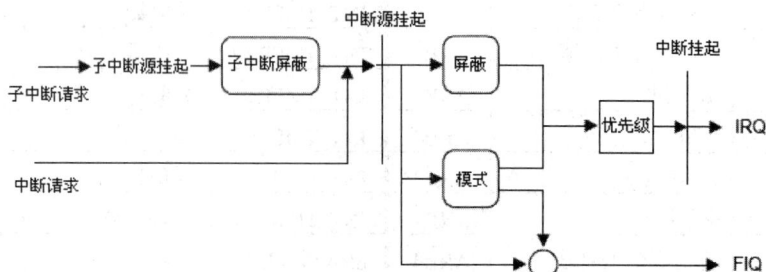

图 5-1　S3C2410 的中断控制逻辑

实际上，最初 CPU 内核只有 FIQ 和 IRQ 两种中断，其他中断都是各个芯片厂家在设计芯片时，通过加入一个中断控制器来扩展定义的。这些中断根据中断优先级的高低来进行处理，更符合实际应用系统中需提供多个中断源的要求。例如，如果定义所有的中断源为 IRQ 中断(通过中断模式寄存器设置)，并且同时有 10 个中断发出请求，那么这时可以通过读中断优先级寄存器来确定哪一个中断被优先执行。

当多重中断源请求中断时，硬件优先级逻辑会判断哪一个中断将被执行；同时，硬件逻辑将会执行位于 0x18(或 0x1C)地址处的指令，然后再由软件编程识别各个中断源，最后根据中断源跳转到相应的中断处理程序。

在图 5-1 中，中断源是指给出中断向量的那些中断，子中断源是指与其他中断共用一个中断向量的中断。例如，UART0 是一个中断源，而 TXD0 和 RXD0 就是子中断源。子中断源向 CPU 申请中断，子中断源挂起寄存器中相应位要置 1，如果该子中断没被屏蔽，则该子中断源所归属的总中断源挂起寄存器中相应位也要置 1。

如果几个中端源共用一个中断向量，当中断发生时，响应的是哪个中端源的中断请求呢？系统会根据相应的中断挂起位状态来判断。中断挂起的概念稍后介绍。

在同一时刻，中断挂起位只能有一位是置 1 的，即申请的中断被响应，正在执行中断服务程序的中断源所对应的挂起位。

5.3　中断控制

S3C2410 使用 5 个控制寄存器来对系统中断进行控制，本节将介绍它们的用法。

5.3.1　中断模式(INTMOD)寄存器

ARM920T 提供了两种中断模式，即 FIQ 模式(快速模式)和 IRQ 模式(通用模式)。所有的中断源在中断请求时都要确定使用哪一种中断模式。中断模式控制寄存器设置如表 5-2 所示。因为复位时各位等于 0，如果开发者采用通用中断，那么中断模式寄存器可以不用设置。

表 5-2　中断模式控制寄存器(INTMOD)

中断源	模式寄存器相应位	中断源中断模式	初值	中断源	模式寄存器相应位	中断源中断模式	初值
INT_ADC	[31]	0=IRQ 1=FIQ	0	INT_UART2	[15]	0=IRQ 1=FIQ	0
INT_RTC	[30]	同上	0	INT_TMER4	[14]	同上	0
INT_SPI1	[29]	同上	0	INT_TMER3	[13]	同上	0
INT_UART0	[28]	同上	0	INT_TMER2	[12]	同上	0
INT_IIC	[27]	同上	0	INT_TMER1	[11]	同上	0
INT_USBH	[26]	同上	0	INT_TMER0	[10]	同上	0

(续表)

中断源	模式寄存器相应位	中断源中断模式	初值	中断源	模式寄存器相应位	中断源中断模式	初值
INT_USBD	[25]	同上	0	INT_WDT	[9]	同上	0
Reserved	[24]	没用	0	INT_TICK	[8]	同上	0
INT_UART1	[23]	0=IRQ 1=FIQ	0	NBATT_FLT	[7]	同上	0
INT_SPI0	[22]	同上	0	保留	[6]	没用	0
INT_SDI	[22]	同上	0	EINT[8:23]	[5]	0=IRQ 1=FIQ	0
INT_DMA3	[20]	同上	0	EINT[4:7]	[4]	同上	0
INT_DMA2	[19]	同上	0	EINT3	[3]	同上	0
INT_DMA1	[18]	同上	0	EINT2	[2]	同上	0
INT_DMA0	[17]	同上	0	EINT1	[1]	同上	0
INT_LCD	[16]	同上	0	EINT0	[0]	同上	0

5.3.2　中断挂起寄存器和中断源挂起寄存器

　　S3C2410 有两个中断挂起寄存器：中断挂起寄存器(INTPND)如表 5-3 所示；中断源挂起寄存器(SRCPND)如表 5-4 所示。当中断源向 CPU 申请中断时，SRCPND 寄存器的相应位被置 1，表明哪一个中断源向 CPU 申请了中断；如果当前没有优先级与此中断源相等或更高的中断服务在执行，并且该中断没被屏蔽，则此中断会被响应，INTPND 相应位会被置 1。

表 5-3　中断挂起寄存器(INTPND)

中断源	挂起寄存器相应位	中断源状态	初值	中断源	挂起寄存器相应位	中断源状态	初值
INT_ADC	[31]	0=申请的中断没响应 1=申请的中断响应	0	INT_UART2	[15]	0=申请的中断没响应 1=申请的中断响应	0
INT_RTC	[30]	同上	0	INT_TMER4	[14]	同上	0
INT_SPI1	[29]	同上	0	INT_TMER3	[13]	同上	0
INT_UART0	[28]	同上	0	INT_TMER2	[12]	同上	0
INT_IIC	[27]	同上	0	INT_TMER1	[11]	同上	0
INT_USBH	[26]	同上	0	INT_TMER0	[10]	同上	0

(续表)

中断源	挂起寄存器相应位	中断源状态	初值	中断源	挂起寄存器相应位	中断源状态	初值
INT_USBD	[25]	同上	0	INT_WDT	[9]	同上	0
Reserved	[24]	没用	0	INT_TICK	[8]	同上	0
INT_SPI0	[22]	同上	0	保留	[6]	没用	0
INT_SDI	[21]	同上	0	EINT[8:23]	[5]	0=申请的中断没响应 1=申请的中断响应	0
INT_DMA3	[20]	同上	0	EINT[4:7]	[4]	同上	0
INT_DMA2	[19]	同上	0	EINT3	[3]	同上	0
INT_DMA1	[18]	同上	0	EINT2	[2]	同上	0
INT_DMA0	[17]	同上	0	EINT1	[1]	同上	0
INT_LCD	[16]	同上	0	EINT0	[0]	同上	0

表 5-4　中断源挂起寄存器(SRCPND)

中断源	状态位bit	状态位定义	初值	中断源	状态位bit	状态位定义	初值
INT_ADC	[31]	0=无中断请求 1=有中断请求	0	INT_UART2	[15]	0=无中断请求 1=有中断请求	0
INT_RTC	[30]	同上	0	INT_TMER4	[14]	同上	0
INT_SPI1	[29]	同上	0	INT_TMER3	[13]	同上	0
INT_UART0	[28]	同上	0	INT_TMER2	[12]	同上	0
INT_IIC	[27]	同上	0	INT_TMER1	[11]	同上	0
INT_USBH	[26]	同上	0	INT_TMER0	[10]	同上	0
INT_USBD	[25]	同上	0	INT_WDT	[9]	同上	0
保留	[24]	不用		INT_TICK	[8]	同上	0
INT_UART1	[23]	同上	0	NBATT_FLT	[7]	同上	0
INT_SPI0	[22]	同上	0	保留	[6]	不用	0
INT_SDI	[21]	同上	0	EINT[8:23]	[5]	同上	0
INT_DMA3	[20]	同上	0	EINT[4:7]	[4]	同上	0
INT_DMA2	[19]	同上	0	EINT3	[3]	同上	0
INT_DMA1	[18]	同上		EINT2	[2]	同上	0
INT_DMA0	[17]	同上		EINT1	[1]	同上	0
INT_LCD	[16]	同上		EINT0	[0]	同上	0

5.3.3 中断屏蔽寄存器(INTMSK)

当 INTMSK 寄存器的屏蔽位为 1 时，对应的中断被禁止；当为 0 时，则相应的中断正常执行。INTMSK 的定义如表 5-5 所示。如果一个中断的屏蔽位为 1，则该中断请求不被受理。

表 5-5　中断屏蔽寄存器(INTMSK)

中断源	屏蔽控制 bit	屏蔽位定义	初值	中断源	屏蔽控制 bit	屏蔽位定义	初值
INT_ADC	[31]	0=开中断 1=屏蔽中断	1	INT_UART2	[15]	0=开中断 1=屏蔽中断	1
INT_RTC	[30]	同上	1	INT_TMER4	[14]	同上	1
INT_SPI1	[29]	同上	1	INT_TMER3	[13]	同上	1
INT_UART0	[28]	同上	1	INT_TMER2	[12]	同上	1
INT_IIC	[27]	同上	1	INT_TMER1	[11]	同上	1
INT_USBH	[26]	同上	1	INT_TMER0	[10]	同上	1
INT_USBD	[25]	同上	1	INT_WDT	[9]	同上	1
保留	[24]	不用	1	INT_TICK	[8]	同上	1
INT_UART1	[23]	同上	1	NBATT_FLT	[7]	同上	1
INT_SPI0	[22]	同上	1	保留	[6]	不用	1
INT_SDI	[21]	同上	1	EINT[8:23]	[5]	同上	1
INT_DMA3	[20]	同上	1	EINT[4:7]	[4]	同上	1
INT_DMA2	[19]	同上	1	EINT3	[3]	同上	1
INT_DMA1	[18]	同上	1	EINT2	[2]	同上	1
INT_DMA0	[17]	同上	1	EINT1	[1]	同上	1
INT_LCD	[16]	同上	1	EINT0	[0]	同上	1

5.3.4 中断优先级寄存器(PRIORITY)

前面已经介绍过，S3C2410 共有 56 个中断源，有 32 个中断控制器，外部中断 EXTIN8~23 共用一个中断控制器，外部中断 EXTIN4~EXTIN7 共用一个中断控制器，9 个 UART 中断分成 3 组，共用 3 个中断控制器，ADC 和触摸屏共用一个中断控制器。系统对中断优先级实行由中断优先寄存器(PRIORITY)和 7 个中断仲裁器组成的两级控制，这 7 个中断仲裁器组由 6 个子中断仲裁器组(ARBITER0~ARBITER5)和一个主中断仲裁器组(ARBITER6)组成，每个中断仲裁器下面有 4~6 个中断源，这些中断源对应着 REQ0~REQ5 这 6 个优先级。中断仲裁器的分组如图 5-2 所示。中断优先寄存器 (PRIORITY) 的定义如表 5-6 所示。

当一个中断源向 CPU 申请中断时，它首先要在自己所在的子中断仲裁器组进行仲裁比较，如果此中断仲裁器组中没有和它同级别或高于它的中断源向 CPU 申请中断，则它进入主中断仲裁器组和其他组的优先中断源进行仲裁比较，决定能否向 CPU 申请中断。

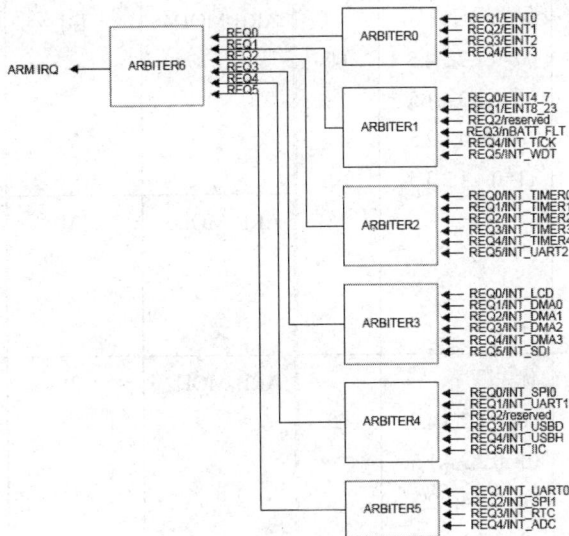

图 5-2　中断仲裁器分组

表 5-6　优先级寄存器(PRIORITY)设定

中断 仲裁组	PRIORITY 位	定义	初值	中断 仲裁组	PRIORITY 位	定义	初值
ARB-SEL6	[20:19]	优先顺序： 00=0,1,2,3,4,5 01=0,2,3,4,1,5 10=0,3,4,1,2,5 11=0,4,1,2,3,5	00	ARB-SEL1	[10:9]	优先顺序： 00=0,1,2,3,4,5 01=0,2,3,4,1,5 10=0,3,4,1,2,5 11=0,4,1,2,3,5	00
ARB-SEL5	[18:17]	优先顺序： 00=1,2,3,4 01=2,3,4,1 10=3,4,1,2 11=4,1,2,3	00	ARB-SEL0	[8:7]	优先顺序： 00=1,2,3,4 01=2,3,4,1 10=3,4,1,2 11=4,1,2,3	00
ARB-SEL4	[16:15]	优先顺序： 00=0,1,2,3,4,5 01=0,2,3,4,1,5 10=0,3,4,1,2,5 11=0,4,1,2,3,5	00	ARB-MOD6	[6]	仲裁组 6 优先 顺序循环允许： 0=不允许，1= 允许	1
				ARB-MOD5	[5]	仲裁组 5 优先 顺序循环允许： 0=不允许，1= 允许	1

(续表)

中断仲裁组	PRIORITY 位	定义	初值	中断仲裁组	PRIORITY 位	定义	初值
ARB-SEL3	[14:13]	优先顺序： 00=0,1,2,3,4,5 01=0,2,3,4,1,5 10=0,3,4,1,2,5 11=0,4,1,2,3,5	00	ARB-MOD4	[4]	仲裁组 4 优先顺序循环允许： 0=不允许，1=允许	1
				ARB-MOD3	[3]	仲裁组 3 优先顺序循环允许： 0=不允许，1=允许	1
ARB-SEL2	[12:11]	优先顺序： 00=0,1,2,3,4,5 01=0,2,3,4,1,5 10=0,3,4,1,2,5 11=0,4,1,2,3,5	00	ARB-MOD2	[2]	仲裁组 2 优先顺序循环允许： 0=不允许，1=允许	1
				ARB-MOD1	[1]	仲裁组 1 优先顺序循环允许： 0=不允许，1=允许	1
				ARB-MOD0	[0]	仲裁组 0 优先顺序循环允许： 0=不允许，1=允许	1

由表5-6可以看到，中断优先寄存器(PRIORITY)的[20:19]位控制中断仲裁器组ARB-SEL6的优先级。[20:19]=00，优先级REQ0-1-2-3-4-5；[20:19]=01，优先级REQ0-2-3-4-1-5；[20:19]=10，优先级REQ0-3-4-1-2-5；[20:19]=11，优先级REQ0-4-1-2-3-5。

中断优先寄存器(PRIORITY)的[18:17]位控制中断仲裁器组 ARB-SEL5 的优先级，中断优先寄存器 (PRIORITY)的[16:15]位控制中断仲裁器组 ARB-SEL4 的优先级，等等。

除中断仲裁器组 ARB-SEL0 和中断仲裁器组 ARB-SEL5 外，其他各组 REQ0 中断优先级总是最高的，REQ5 中断优先级总是最低的。

1 个中断仲裁器组内的几个中断源的优先级顺序还可以循环，这由中断优先寄存器(PRIORITY)的0~6 位控制，某位等于 1，该组中断源的优先级顺序可以循环；等于 0，该组中断源的优先级顺序不循环，参见表 5-6 中 ARB_MOD0~ARB_MOD6。

5.4　子中断源的中断控制

有一些中断源和其他中断共用一个中断向量，称为子中断源，S3C2410 使用子中断源挂起寄存器(SUBSRCPND)和子中断屏蔽寄存器(INTSUBMSK)来对它们进行中断控制和反馈工作状态。

子中断源挂起寄存器(SUBSRCPND)各位的功能如表 5-7 所示，子中断屏蔽寄存器(INTSUBMSK)各位的功能如表 5-8 所示。

表 5-7　子中断源挂起寄存器(SUBSRCPND)各位功能

子 中 断 源	Bit	描　　　述	复 位 值
	[31:11]	没有使用	0
INT_ADC	[10]	=0 没中断请求，=1 有中断请求	0
INT_TC	[9]	=0 没中断请求，=1 有中断请求	0
INT_ERR2	[8]	=0 没中断请求，=1 有中断请求	0
INT_TXD2	[7]	=0 没中断请求，=1 有中断请求	0
INT_RXD2	[6]	=0 没中断请求，=1 有中断请求	0
INT_ERR1	[5]	=0 没中断请求，=1 有中断请求	0
INT_TXD1	[4]	=0 没中断请求，=1 有中断请求	0
INT_RXD1	[3]	=0 没中断请求，=1 有中断请求	0
INT_ERR0	[2]	=0 没中断请求，=1 有中断请求	0
INT_TXD0	[1]	=0 没中断请求，=1 有中断请求	0
INT_RXD0	[0]	=0 没中断请求，=1 有中断请求	0

表 5-8　子中断屏蔽寄存器(INTSUBMSK)各位功能

子 中 断 源	Bit 位	描　　　述	复 位 值
	[31:11]	没有使用	0
INT_ADC	[10]	=0 中断允许，=1 中断禁止	1
INT_TC	[9]	=0 中断允许，=1 中断禁止	1
INT_ERR2	[8]	=0 中断允许，=1 中断禁止	1
INT_TXD2	[7]	=0 中断允许，=1 中断禁止	1
INT_RXD2	[6]	=0 中断允许，=1 中断禁止	1
INT_ERR1	[5]	=0 中断允许，=1 中断禁止	1
INT_TXD1	[4]	=0 中断允许，=1 中断禁止	1
INT_RXD1	[3]	=0 中断允许，=1 中断禁止	1
INT_ERR0	[2]	=0 中断允许，=1 中断禁止	1
INT_TXD0	[1]	=0 中断允许，=1 中断禁止	1
INT_RXD0	[0]	=0 中断允许，=1 中断禁止	1

5.5　中断向量设置

一个中断源的中断向量就是该中断服务函数的入口地址，在 S3C2410 中，所有中断服务函数的入口地址在 2410addr.h 文件中都被定义成函数指针。在主程序中，只要把中断服务函数的入口地址(函数名)赋给该指针即可。

2410addr.h 中定义的函数指针的形式为 pISR_XXX，pISR 表示中断服务函数的指针，后面的 XXX 表示中断源的名字。例如，#define pISR_EINT0 (*(unsigned*) (_ISR_STARTADDRESS+ 0x20))定义的是外部中断 0 的服务函数的指针。

中断服务函数的名字前加关键字_ irq，表明此函数是中断服务函数。例如，函数 void_irq Uart0_TxInt(void) 是串行通信 0 通道发送中断服务函数，void_irq Uart0_RxIntOrErr(void)是串行通信 0 通道接收字符和接收错误代码中断服务函数。做 0 通道串行通信发送中断实验时，pISR_UART0=(unsigned)Uart0_TxInt; 做 0 通道串行通信接收中断实验时，pISR_UART0 =(unsigned) Uart0_RxIntOrErr。中断服务函数声明时，名字前也要加关键字_ irq。

5.6　其他常用寄存器

在 S3C2410 系统中，24 个外部中断有专门的外部中断配置寄存器(EXTINT0~EXTINT2)、外部中断屏蔽寄存器(EINTMASK)、外部中断挂起寄存器(EINTPENDn)进行控制。

1. 外部中断配置寄存器(EXTINTn)

外部中断控制寄存器主要用来控制外部中断触发模式,触发模式可以有高电平、低电平、脉冲上升沿、脉冲下降沿和双沿共 5 种方式，如表 5-9~表 5-11 所示。

表 5-9　EXTINT0 配置

中　断　号	控　制　位	触　发　方　式
EINT7	[30:28]	000=低电平, 001=高电平, 01X=下降沿, 10X=上升沿, 11X=双沿
EINT6	[26:24]	同上
EINT5	[22:20]	同上
EINT4	[18:16]	同上
EINT3	[14:12]	同上
EINT2	[10:8]	同上
EINT1	[6:4]	同上
EINT0	[2:0]	同上

表5-10 EXTINT1 配置

中 断 号	控 制 位	触 发 方 式
EINT15	[30:28]	000=低电平，001=高电平，01X=下降沿，10X=上升沿，11X=双沿
EINT14	[26:24]	同上
EINT13	[22:20]	同上
EINT12	[18:16]	同上
EINT11	[14:12]	同上
EINT10	[10:8]	同上
EINT9	[6:4]	同上
EINT8	[2:0]	同上

表5-11 EXTINT2 配置

中 断 号	控 制 位	触 发 方 式
EINT23	[30:28]	000=低电平，001=高电平，01X=下降沿，10X=上升沿，11X=双沿
EINT22	[26:24]	同上
EINT21	[22:20]	同上
EINT20	[18:16]	同上
EINT19	[14:12]	同上
EINT18	[10:8]	同上
EINT17	[6:4]	同上
EINT16	[2:0]	同上

2. 外部中断屏蔽寄存器

外部中断屏蔽寄存器(EINTMASK)控制外部中断的允许和禁止，其功能如表 5-12 所示。

3. 外部中断挂起寄存器

外部中断挂起寄存器 EINTPENDn，表示当前正在响应的中断服务程序是外部中断中的哪一个申请的。外部中断挂起寄存器 EINTPENDn 的定义如表 5-13 所示。

表5-12 外部中断屏蔽寄存器(EINTMASK)配置

中 断 源	控 制 位	定 义	中 断 源	控 制 位	定 义
EINT23	[23]	0=中断允许，1=中断禁止	EINT12	[12]	0=中断允许，1=中断禁止
EINT22	[22]	同上	EINT11	[11]	同上
EINT21	[21]	同上	EINT10	[10]	同上
EINT20	[20]	同上	EINT9	[9]	同上
EINT19	[19]	同上	EINT8	[8]	同上

(续表)

中 断 源	控 制 位	定 义	中 断 源	控 制 位	定 义
EINT18	[18]	同上	EINT7	[7]	同上
EINT17	[17]	同上	EINT6	[6]	同上
EINT16	[16]	同上	EINT5	[5]	同上
EINT15	[15]	同上	EINT4	[4]	同上
EINT14	[14]	同上	保留	[3:0]	000
EINT13	[13]	同上			

表 5-13 外部中断挂起寄存器(EINTPEND$_n$)的配置

中 断 源	控 制 位	定 义	中 断 源	控 制 位	定 义
EINT23	[23]	0=无中断请求，1=有中断请求并响应	EINT12	[12]	0=无中断请求，1=有中断请求并响应
EINT22	[22]	同上	EINT11	[11]	同上
EINT21	[21]	同上	EINT10	[10]	同上
EINT20	[20]	同上	EINT9	[9]	同上
EINT19	[19]	同上	EINT8	[8]	同上
EINT18	[18]	同上	EINT7	[7]	同上
EINT17	[17]	同上	EINT6	[6]	同上
EINT16	[16]	同上	EINT5	[5]	同上
EINT15	[15]	同上	EINT4	[4]	同上
EINT14	[14]	同上	保留	[3:0]	000
EINT13	[13]	同上			

5.7 中断程序编写中需注意的问题

本节主要介绍中断程序编写中需要注意的问题和步骤。

1. 中断初始化

一般在系统复位后和中断程序执行结束时，要对中断挂起寄存器初始化，可按如下方法进行，以免写入不正确的数据引起错误。

```
rSRCPND = rSRCPND;
rINTPND = rINTPND;
```

2. 头文件中挂起位

在头文件 2410addr.h 中对中断挂起位和清中断挂起位进行了如下宏定义，在使用时只要用挂起位的名称即可。

```
#define BIT_EINT0        (0x1)
#define BIT_EINT1        (0x1<<1)
#define BIT_EINT2        (0x1<<2)
#define BIT_EINT3        (0x1<<3)
#define BIT_EINT4_7      (0x1<<4)
#define BIT_EINT8_23     (0x1<<5)
#define BIT_WDT          (0x1<<9)
#define BIT_TIMER0       (0x1<<10)
#define BIT_TIMER1       (0x1<<11)
#define BIT_TIMER2       (0x1<<12)
#define BIT_TIMER3       (0x1<<13)
#define BIT_TIMER4       (0x1<<14)
#define BIT_UART2        (0x1<<15)
#define BIT_LCD          (0x1<<16)
#define BIT_DMA0         (0x1<<17)
#define BIT_DMA1         (0x1<<18)
#define BIT_DMA2         (0x1<<19)
#define BIT_DMA3         (0x1<<20)
#define BIT_SDI          (0x1<<21)
#define BIT_SPI0         (0x1<<22)
#define BIT_UART1        (0x1<<23)
#define BIT_USBD         (0x1<<25)
#define BIT_USBH         (0x1<<26)
#define BIT_IIC          (0x1<<27)
#define BIT_UART0        (0x1<<28)
#define BIT_SPI1         (0x1<<29)
#define BIT_RTC          (0x1<<30)
#define BIT_ADC          (0x1<<31)
#define BIT_ALLMSK       (0xffffffff)
#define BIT_SUB_ALLMSK   (0x7ff)
#define BIT_SUB_ADC      (0x1<<10)
#define BIT_SUB_ERR2     (0x1<<8)
#define BIT_SUB_TXD2     (0x1<<7)
#define BIT_SUB_RXD2     (0x1<<6)
#define BIT_SUB_ERR1     (0x1<<5)
#define BIT_SUB_TXD1     (0x1<<4)
#define BIT_SUB_RXD1     (0x1<<3)
#define BIT_SUB_ERR0     (0x1<<2)
#define BIT_SUB_TXD0     (0x1<<1)
```

```
#define BIT_SUB_RXD0    (0x1<<0)
#define ClearPending(bit) {\
                rSRCPND = bit;\
                rINTPND = bit;\
                rINTPND;\
                }
```

其中，rINTPND 语句是读 INTPND 寄存器，作用是硬件复位。\是续行符，如果编译不通过，可以把以上几个语句写到 1 行：rSRCPND = bit；rINTPND = bit；rINTPND；。

5.8   中断实验和中断程序编写

嵌入式开发基础课程内容是软硬件相结合的，应该结合某种硬件实验系统来学习。如果暂时没有"目标机"支持，那么只能在 ADS1.2 上进行软件模拟，学会 C 语言编程。

本实验选择的是外部中断 EINT0 和 EINT11，使用 GPF0 口和 GPG3 口，因此在程序中要对 F 口和 G 口进行设置，使其工作在第二功能。中断的产生分别来自按钮 SB1202 和 SB1203。当按钮按下时，EINT0 或 EINT11 与地连接，输入低电平，从而向 CPU 发出中断请求。当 CPU 受理中断后，进入相应的中断服务程序，通过超级终端的主窗口显示当前进入的中断号。S3C2410 中断实验的电路如图 5-3 所示。

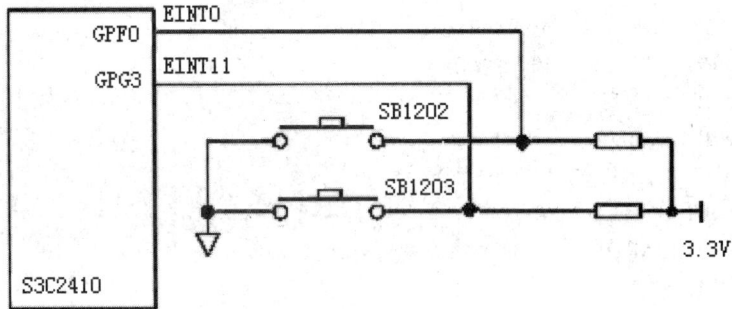

图 5-3   S3C2410 中断实验电路

实验前用串口线连接目标板上 UART0 和 PC 串口 COM1，使用系统自带的 JTAG 连接 PC 并口。

在 PC 上运行 Windows 自带的超级终端、串口通信程序(波特率 115200、1 位停止位、无校验位、无硬件流控制)，或者使用其他串口通信程序。

编译链接工程，选择 Debug | Remote Connect 命令或按 F8 键，远程连接目标板；选择 Debug | Download 命令下载调试代码到目标系统的 RAM 中，选择 Debug | Go 命令或按 F5 键运行程序。

实验程序如下。

```
#include "2410lib.h"
#include "2410addr.h"
void _irq int0_int(void);                              //声明外中断 0 中断服务函数
void _irq int11_int(void);                             //声明外中断 11 中断服务函数
//----------------------------------------------------------------------------------------------------
//   name:          int0_int
//   func:          EXTINT0    中断服务函数
//----------------------------------------------------------------------------------------------------
void _irq int0_int(void)
{
    uart_printf(" EINT0 interrupt occurred.\n");        //显示外中断 0 中断正常进行
    ClearPending(BIT_EINT0);                            //中断结束，清外中断 0 中断挂起位


}
//----------------------------------------------------------------------------------------------------
//   name:          int11_int
//   func:          EXTINT11 中断服务函数
//----------------------------------------------------------------------------------------------------
void _irq int11_int(void)
{
    if(rEINTPEND==(1<<11));                //外中断 8_23 共用一个中断向量，通过中断挂起位区分
     {
      uart_printf(" EINT11 interrupt occurred.\n");       //是外中断 11，显示正常
      rEINTPEND=(1<<11);
   }
   else
     {
     uart_printf(" rEINTPEND=0x%x\n",rEINTPEND);         //是其他中断，显示中断挂起位
      rEINTPEND=(1<<11);
     }
   ClearPending(BIT_EINT8_23);//清外中断挂起位 8_23
}
//----------------------------------------------------------------------------------------------------
//   name:          int_init
//   func:          中断初始化
//----------------------------------------------------------------------------------------------------
void int_init(void)
{
    rSRCPND = rSRCPND;                                  //清全部中断源挂起位
    rINTPND = rINTPND;                                  //清全部中断挂起位
    rGPFCON = (rGPFCON & 0xffcc) | (1<<5) | (1<<1);
    // 因 EINT0 用 GPF0 做输入，所以要对 F 口定义，见第 4 章
```

```
    rGPGCON = (rGPGCON & 0xff3fff3f) | (1<<23) | (1<<7);    // rGPGCON[23:22]=10,[7:6]=10
    // 因外中断 EINT19, EINT11 用 GPG11,GPG3 做输入，所以要对 G 口定义，见第 4 章
    pISR_EINT0=(UINT32T)int0_int;                    //给中断服务函数指针赋值，即设中断向量
    pISR_EINT8_23=(UINT32T)int11_int;
    rEINTPEND = 0xffffff;                            //清全部中断挂起位，等中断
    rSRCPND = BIT_EINT0 | BIT_EINT8_23;              //清子中断源挂起位，等中断
    rINTPND = BIT_EINT0 | BIT_EINT8_23;              //清子中断挂起位，等中断
    rEXTINT0 = (rEXTINT0 & ~((7<<8)   | (0x7<<0))) | 0x2<<8 | 0x2<<0;
                                                     // EINT0 下降沿触发
    rEXTINT1 = (rEXTINT1 & ~(7<<12)) | 0x2<<12;
                                                     //EINT11 下降沿触发
    rEINTMASK &= ~(1<<11);                           //取消 EINT11 中断屏蔽，等 EINT11 中断
    rINTMSK &= ~(BIT_EINT0 | BIT_EINT8_23);
    //取消总中断屏蔽中 EINT0 和 EINT8_23 中断屏蔽，等中断
}
//-------------------------------------------------------------------------------------------------
// name:            int_test
// func:        外部触发中断实验
//-------------------------------------------------------------------------------------------------
void int_test(void)
{
    int i;
    int nIntMode;
        uart_printf("\n External Interrupt Test Example\n");    //显示中断实验
        uart_printf("1.L-LEVEL 2.H-LEVEL 3.F-EDGE(default here) 4.R-EDGE 5.B-EDGE\n");
    //提示，输入 1~5 之间数字，选中断触发方式
        uart_printf(" Select number to change the external interrupt type:");
        uart_printf(" \nPress the Buttons (SB1202/SB1203) to test...\n");
    //提示，按开关(SB1202/SB1203)开始实验
    uart_printf(" Press SPACE(PC) to exit...\n");
    //提示，按空格键退出实验
    int_init();                                      //中断初始化
    while(1)
    {
    nIntMode = uart_getkey();                        //读键盘
    switch(nIntMode)                                 //根据输入数字决定触发方式
        {
        case '1'://低电平
            uart_printf(" 1.L-LEVEL\n");
            // EINT0 =low level triggered,EINT11=low level triggered
            rEXTINT0 = (rEXTINT0 & ~((7<<8)   | (0x7<<0))) | 0x0<<8 | 0x0<<0;
            rEXTINT1 = (rEXTINT1 & ~(7<<12)) | 0x0<<12;
```

```
                break;
        case '2'://高电平
          uart_printf(" 2.H-LEVEL\n");
                // EINT0 =high level triggered,EINT11=high level triggered
                rEXTINT0 = (rEXTINT0 & ~((7<<8)   | (0x7<<0)) | 0x1<<8 | 0x1<<0;
                rEXTINT1 = (rEXTINT1 & ~(7<<12)) | 0x1<<12;
                break;
        case '3'://脉冲下降沿
                uart_printf(" 3.F-EDGE\n");
                // EINT0 =falling edge triggered, EINT11=falling edge triggered
                rEXTINT0 = (rEXTINT0 & ~((7<<8)   | (0x7<<0))) | 0x2<<8 | 0x2<<0;
                rEXTINT1 = (rEXTINT1 & ~(7<<12)) | 0x2<<12;
           break;
        case '4': //脉冲上升沿
                uart_printf(" 4.R-EDGE\n");
                //EINT0 =rising edge triggered,EINT11=rising edge triggered
                rEXTINT0 = (rEXTINT0 & ~((7<<8)   | (0x7<<0))) | 0x4<<8 | 0x4<<0;
                rEXTINT1 = (rEXTINT1 & ~(7<<12)) | 0x4<<12;
                    break;
        case '5': //双沿
                uart_printf(" 5.B-EDGE\n");
                // EINT0=both edge triggered,EINT11=both edge triggered
                rEXTINT0 = (rEXTINT0 & ~((7<<8)   | (0x7<<0))) | 0x6<<8 | 0x6<<0;
                rEXTINT1 = (rEXTINT1 & ~(7<<12)) | 0x6<<12;
           break;

        case ' ':
          return;
        default:
                break;
        }
    }
  while(1); //等中断
  }
//-------------------------------------------------------------------------------------
//    主程序
//-------------------------------------------------------------------------------------
void main()
{
    //sys_init();                              //初始化 s3c2410 时针、存储器管理、中断、I/O 口和串口
    int_test();
    }
```

5.9 习　　题

1. S3C2410 的中断源有哪些？它们占用多少中断向量？

2. S3C2410 的中断模式有哪两种？如何设置中断模式？

3. S3C2410 的中断控制寄存器有几个？每个的作用分别是什么？

4. S3C2410 的中断源挂起寄存器和中断挂起寄存器的区别和作用有哪些？

5. 如何清除中断请求？

6. 如何响应某中断源申请的中断？如何屏蔽某中断源申请的中断？

第 6 章　S3C2410 的串口 UART

S3C2410 UART 单元提供 3 个独立的异步串行通信接口，其中 UART2 具有红外发送/接收功能，如果不使用此功能，则可以通过简单跳线将其改为普通通信接口。本章将详细介绍 S3C2410 UART 的使用，包括 S3C2410 UART 串行通信(UART)单元、波特率的产生、UART 通信操作、控制寄存器设置和通信程序(查询和中断)的编写。

6.1　S3C2410 的串口 UART 概述

本节介绍 S3C2410 UART 单元概况、波特率的产生和 UART 通信操作。

6.1.1　S3C2410 串行通信(UART)单元

S3C2410 UART 单元提供了 3 个独立的异步串行通信接口，皆可工作于中断和 DMA 模式。使用系统时钟最高波特率达 230.4kbps，如果使用外部设备提供的时钟，可以达到更高的速率。每一个 UART 单元包含一个 16 字节的 FIFO 发送缓冲器和一个 16 字节的 FIFO 接收缓冲器，用于数据的接收与发送。

S3C 2410X UART 支持可编程波特率、红外发送 / 接收(只 UART2)、1 个或 2 个停止位、5 位 /6 位 /7 位 /8 位数据宽度和奇偶校验。

6.1.2　波特率的产生

波特率由一个专用的 UART 波特率分频寄存器(UBRDIVn)(n=0~2)控制，计算公式如下。

$$UBRDIVn=(int)[UCLK/(波特率×16)]-1$$

或者

$$UBRDIVn=(int)[PCLK/(波特率×16)]-1$$

其中，时钟选用 UCLK 还是 PCLK 由 UART 控制寄存器 UCONn[10]的状态决定。如果 UCONn[10]=0，则选用 PCLK 作为波特率发生器的时钟源频率；否则选用 UCLK 作为波特率发生器的时钟源频率。UBRDIVn 的值必须在 $1 \sim (2^{16}-1)$ 之间。

例如，若 UCLK 或者 PCLK 等于 40MHz，当波特率为 115200bps 时，则：

$$UBRDIVn=(int)[40000000/(115\,200\times16)]-1=int(21.7)-1=21-1=20$$

6.1.3　UART 通信操作

下面简要介绍 UART 操作，关于数据发送、数据接收、中断产生、波特率产生、查询检测模式、红外模式和自动流控制的内容，请参照相关的教材和手册。

发送数据帧是可编程的。一个数据帧包含 1 个起始位、5~8 个数据位、1 个可选的奇偶校验位和 1~2 位停止位，停止位位数通过行控制寄存器 ULCONn 进行配置。

与发送数据帧类似，接收数据帧也是可编程的。接收帧由 1 个起始位、5~8 个数据位、1 个可选的奇偶校验位以及 1~2 停止位组成。接收器还可以检测溢出错、奇偶校验错、帧错误和传输中断，每一个错误均可以设置一个错误标志，具体如下。

- 溢出错(overrun error)：指已接收到的数据在读取之前被新接收的数据覆盖。
- 奇偶校验错：指接收器检测到的校验和与设置的不符。
- 帧错误：指没有接收到有效的停止位。
- 传输中断：表示接收数据 RxDn 保持逻辑 0 超过一帧的传输时间。

6.2　UART 的控制寄存器

本节将重点介绍 UART 通信使用的控制寄存器，主要是线路控制寄存器 ULCONn(n=0~2)和控制寄存器 UCONn(n=0~2)。在使用 UART 通信之前必须对这两个控制寄存器进行设置。

6.2.1　UART 线路控制寄存器 ULCONn(n=0~2)

该寄存器的位 6 决定是否使用红外模式，位 5、位 4 和位 3 决定校验方式，位 2 决定停止位的长度，位 1 和位 0 决定每帧的数据位数，如表 6-1 所示。

表 6-1　UART 线路控制寄存器配置

ULCONn(n=0~2)	Bit	定　义	初　值
红外模式选择	[6]	0=正常模式，1=红外模式	0
校验模式选择	[5:3]	0XX=无校验，100=奇校验，101=偶校验	000
停止位选择	[2]	0=1 位停止位，1=2 位停止位	0
数据长度	[1:0]	00=5 位，01=6 位，10=7 位，11=8 位	00

6.2.2　UART 控制寄存器 UCONn(n=0~2)

该寄存器决定了 UART 的各种模式，如表 6-2 所示。

表 6-2　UART 控制寄存器

UCON_n(n =0~2)	Bit	定　义	初　值
时钟选择	[10]	0=PCLK，1=UCLK	0
发送中断触发类型	[9]	0=脉冲触发，1=电平触发	0
接收中断触发类型	[8]	0=脉冲触发，1=电平触发	0
接收暂停允许	[7]	0=禁止，1=允许	0
接收错误中断允许	[6]	0=禁止，1=允许	0
巡检模式允许	[5]	0=禁止，1=允许，该模式只在链路实验时使用	0
发送间隔信号允许	[4]	0=禁止，1=允许，此时 UART 每帧发 1 个间隔信号	0
发送模式	[3:2]	00=禁止，01=中断或查询，10、11=DMA 方式	0
接收模式	[1:0]	00=禁止，01=中断或查询，10、11=DMA 方式	0

6.2.3　UART FIFO 控制寄存器 UFCONn(n=0~2)

S3C2410 UART 每通道有 16 字节的先入先出(FIFO)接收缓冲器和 16 字节的先入先出(FIFO)发送缓冲器，如果在程序中使用它们，必须要先对 UART FIFO 控制寄存器 UFCONn 进行定义。UFCONn 的配置如表 6-3 所示。

表 6-3　UFCON_n 的配置

UFCON_n (n=0~2)	Bit	定　义	初　值
发送 FIFO 长度选择	[7:6]	00=空，01=4 字节，10=8 字节，11=12 字节	00
接收 FIFO 长度选择	[5:4]	00=4 字节，01=8 字节，10=12 字节，11=16 字节	0
保留	[3]		0
发送 FIFO 复位	[2]	复位时是否清 FIFO，0=正常工作，1=FIFO 复位	0
接收 FIFO 复位	[1]	复位时是否清 FIFO，0=正常工作，1=FIFO 复位	0
FIFO 允许	[0]	0=禁止，1=允许	0

6.2.4　UART 调制解调器控制寄存器 UMCONn(n=0 或 1)

S3C2410 UART 有几种工作方式，如使用 FIFO 缓冲寄存器的 AFC 模式、中断和查询模式、DMA 模式等。如果使用 AFC 模式或使用 nRTS 联络信号，则要对 UART MODEM 控制寄存器进行设置。该寄存器的配置如表 6-4 所示，其中 UART 2 没有 AFC 功能。

表 6-4　UART MODEM 控制寄存器

UMCONn (n=0~1)	Bit	定　　义	初　　值
保留	[7:5]	必须全为 0	0
自动清 0	[4]	0=禁止，1=允许	0
保留	[3:1]	必须全为 0	0
请求发送	[0]	0=禁止 nRTS，1=激活 nRTS	0

6.2.5　发送寄存器 UTXHn(n=0~2)和接收寄存器 URXHn(n=0~2)

这两个寄存器分别存放发送和接收的数据，当然只有 1 字节(8 位数据)。需要注意的是，在发生溢出错误时，接收的数据必须被读出来，否则会引发下一次溢出错误。

6.2.6　UART TX/RX 状态寄存器 UTRSTATn(n=0~2)

UART TX/RX 状态寄存器 UTRSTATn 的配置如表 6-5 所示。

表 6-5　状态寄存器 UTRSTATn 配置

UTRSTATn (n =0~2)	Bit	定　　义	初　　值
发送缓冲器空	[2]	0=不空，1=空	1
发送缓冲器空	[1]	0=不空，1=空 (在 FIFO 和 DMA 模式下使用)	1
接收缓冲器空	[0]	0=空，1=有数据	0

6.2.7　S3C2410 UART 使用的端口

S3C2410 UART 使用系统 I/O 口作为串行通道,在编程时这些 I/O 口要设置为第二功能，具体如表 6-6 所示。

表 6-6　S3C2410 UART 使用的 I/O 口

UART	使用的 I/O 口	
	RXDn (n=0~2)	TXDn (n=0~2)
UART0	GPH3	GPH2
UART1	GPH5	GPH4
UART2	GPH7	GPH6

6.3　UART 通信程序例子

UART 通信电平可以有 3 种形式：TTL 电平、RS232 或 RS485。嵌入式控制系统大多具有小、巧、轻、灵、薄的特点，许多传感器和 S3C2410 一体或距离很近，没有干扰。例如，多参数监护仪等医疗设备，为简化电路，可采用 TTL 电平直接与 S3C2410 相连。

如果通信距离在几十米左右并且是点对点通信，可采用 RS232 接口，否则只能采用 RS485 通信。在工程上 UART 通信大多采用三线制(发送连对方接收、接收连对方发送、双方共地)。本节在介绍 RS232 接口电路的同时给出了一个 UART 通信程序实例。

6.3.1　RS232 接口电路

在本实验平台的电路中，UART0 与 S3C2410 连接电路如图 6-1 所示，UART0 只采用两根接线 RXD0 和 TXD0(RS232 只能实现点对点通信，且两点要共地)，因此，只能进行简单的数据传输及接收。UART0 采用美信 232 电平转换器(MAX232)做电平转换。

RXD0 和 TXD0 使用 GPH3 和 GPH2，因此要对 H 口进行初始化，使其工作在第二功能。

通信双方是 S3C2410 和作为"宿主机"的 PC，在 PC 上运行 Windows 自带的超级终端串口通信程序。设置超级终端参数为：COM1、波特率 115200、8 位数据位、1 位停止位、无奇偶校验位、无硬件流控制，或者使用其他串口通信程序(如串口小精灵等)。

在作为"目标"机的 S3C2410 上运行通信程序，在超级终端上可以看到接收和发送的字符串。其中，函数 Uart_Printf()是在超级终端上按格式显示的。

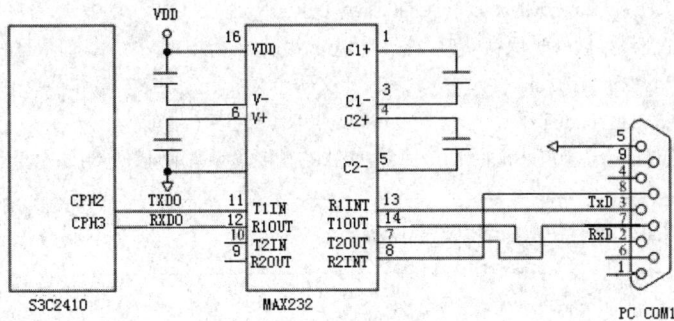

图 6-1　UART0 与 S3C2410 的连接电路图

6.3.2　UART 实验程序

参考代码如下。

```
//----------------------------------------------------------------------
//  头文件 uart0.h
//----------------------------------------------------------------------
#define TX_INTTYPE 1            //1：发送中断电平触发标志
#define RX_INTTYPE 1            //1：接收中断电平触发标志
```

```c
extern void Uart_Port_Set(void);              //保存本程序使用的端口原状态
extern void Uart_Port_Return(void);           //恢复本程序使用的端口原状态
extern void Uart_Uclk_En(int, int);           //串行通信使用 UCLK
extern void Uart_Pclk_En(int, int);           //串行通信使用 PCLK
void Test_Uart0_Int(void);                    //UART0 发送和接收中断实验
//----------------------------------------------------------------------------------------------
//     UART 实验程序
//----------------------------------------------------------------------------------------------
#include <string.h>
#include <stdlib.h>
#include "2410addr.h"
#include "2410lib.h"
#include "def.h"
#include "uart0.h"
void Uart_Port_Set(void);
void Uart_Port_Return(void);
void __irq Uart0_TxInt(void) ;                //发送中断服务程序
void __irq Uart0_RxIntOrErr(void);            //接收字符和错误代码中断服务程序
void __sub_Uart0_RxInt(void);                 //接收字符子中断服务程序，从上面程序分出
volatile U32 save_rGPHCON,save_rGPHDAT,save_rGPHUP;
volatile U32 save_ULCON0,save_UCON0,save_UFCON0,save_UMCON0;
// 定义一些变量，做临时保存端口数据和状态的缓冲区，通信结束，端口数据和状态要恢复
volatile U32 isTxint, isRxint;                //定义两个变量，分别做发送和接收中断结束与否标志
volatile static char *uart0TxStr;             // UART0 发送字串地址
volatile static char *uart0RxStr;             // UART0 接收字串地址
//----------------------------------------------------------------------------------------------
//     保存 UART 实验使用的端口和寄存器
//----------------------------------------------------------------------------------------------
void Uart_Port_Set(void)
{
                                              //保存 H 口控制寄存器
    save_rGPHCON=rGPHCON;
    save_rGPHDAT=rGPHDAT;
    save_rGPHUP=rGPHUP;
    rGPHCON&=0x3c0000;
    rGPHCON|=0x2faaa;                         //H 口配置为 UART 口，GPH2 做 TxD0，GPH3 做 RxD0
    rGPHUP|=0x1ff;                            //H 口上拉禁止，做第二功能
    rINTSUBMSK=0x7ff;                         //屏蔽全部子中断
    save_ULCON0=rULCON0;                      //保存 UART 控制寄存器
    save_UCON0=rUCON0;
    save_UFCON0=rUFCON0;
    save_UMCON0=rUMCON0;

}
```

```
//--------------------------------------------------------------------------------
//    恢复 UART 实验使用的端口和寄存器
//--------------------------------------------------------------------------------
void Uart_Port_Return(void)
{
                                        //Pop UART GPIO port configuration
    rGPHCON=save_rGPHCON;
    rGPHDAT=save_rGPHDAT;
    rGPHUP=save_rGPHUP;
                                        //Pop Uart control registers
    rULCON0=save_ULCON0;
    rUCON0 =save_UCON0;
    rUFCON0=save_UFCON0;
    rUMCON0=save_UMCON0;

}
//--------------------------------------------------------------------------------
//    UART 通信使用 UCLK 做波特率发生器
//--------------------------------------------------------------------------------
void Uart_Uclk_En(int ch,int baud)
{

    int ch, baud;
    Uart_Printf("\nSelect UART channel[0:UART0；1:UART1；2:UART2]:\n");
    ch=Uart_GetIntNum();                        //从键盘读通道号
    Uart_Printf("\nSelect baud rate :\n");
    baud=Uart_GetIntNum();                      //从键盘读波特率
      if(ch == 0) {//选 UART0
        Uart_Select(0);
        rUCON0|=0x400;                          //选 UCLK
        rUBRDIV0=( (int)(UCLK/16./baud) -1 );   //波特率因子寄存器
        Uart_Printf("UCLK is enabled by UART0.\n");
        }
      for(i=0;i<100;i++);                       //短延时，给硬件响应时间
}
//--------------------------------------------------------------------------------
//    UART 实验使用 PCLK
//--------------------------------------------------------------------------------
void Uart_Pclk_En(int ch, int baud)
{
  int ch, baud;
  Uart_Printf("\nSelect UART channel[0:UART0/1:UART1/2:UART2]:\n");
  ch=Uart_GetIntNum();
  Uart_Printf("\nSelect baud rate :\n");
```

```
        baud=Uart_GetIntNum();
        if(ch == 0) {//选 UART0
            Uart_Select(0);
            rUCON0&=0x3ff;          // Select PCLK
            rUBRDIV0=( (int)(PCLK/16./baud) -1 );              //Baud rate divisior register
            Uart_Printf("PCLK is enabled by UART0.\n");
            }
        for(i=0;i<100;i++);                                    //短延时，给硬件响应时间
}
//-------------------------------------------------------------------------------------------------
//      UART0 发送中断
//-------------------------------------------------------------------------------------------------
void __irq Uart0_TxInt(void)
{
    rINTSUBMSK|=(BIT_SUB_RXD0|BIT_SUB_TXD0|BIT_SUB_ERR0);
    //屏蔽接收和发送以及错误子中断
    if(*uart0TxStr != '\0')                                //判发送字串结束标志，如果没结束
    {
        WrUTXH0(*uart0TxStr++);                             //向发送缓冲器送下一字节
      ClearPending(BIT_UART0);                              //清除中断挂起寄存器
      rSUBSRCPND=(BIT_SUB_TXD0);                            //清除子中断挂起寄存器
      rINTSUBMSK&=~(BIT_SUB_TXD0);                          //取消子中断屏蔽
        }
        else
        {
        isTxInt=0;                                         //置发送结束标志
        ClearPending(BIT_UART0);                           //清除中断挂起寄存器
        rSUBSRCPND=(BIT_SUB_TXD0);                         //清除子中断挂起寄存器
        rINTMSK|=(BIT_UART0);                              //UART0 子中断屏蔽
        }
}
//-------------------------------------------------------------------------------------------------
//      UART0 接收字符和错误代码中断服务程序
//-------------------------------------------------------------------------------------------------
void __irq Uart0_RxIntOrErr(void)
{
    rINTSUBMSK|=(BIT_SUB_RXD0|BIT_SUB_TXD0|BIT_SUB_ERR0);
    //屏蔽接收和发送以及错误子中断
    if(rSUBSRCPND&BIT_SUB_RXD0) __sub_Uart0_RxInt();
    //如果子中断源挂起寄存器中的 BIT_SUB_RXD0 等于 1，调__sub_Uart0_RxInt()，正常接收，
    //否则调__sub_Uart0_RxErrInt()，错误处理
    else __sub_Uart0_RxErrInt();
    ClearPending(BIT_UART0);                                    //清除 UART0 子中断挂起寄存器
    rSUBSRCPND=(BIT_SUB_RXD0|BIT_SUB_ERR0);        //清除 UART0 子中断源挂起寄存器
```

```
        rINTSUBMSK&=~(BIT_SUB_RXD0|BIT_SUB_ERR0); //打开屏蔽，接收下一数据
}
//-------------------------------------------------------------------------------
//    UART0 正常中断接收子程序
//-------------------------------------------------------------------------------
void __sub_Uart0_RxInt(void)
{
    if(RdURXH0()!='\r')                              //判接收缓冲器字符是否结束标志
    {
       Uart_Printf ("%c",RdURXH0());                 //在终端上显示接收到的字符
       *uart0RxStr++ =(char)RdURXH0();               //字符放接收缓冲区
    }
    else                                             //如结束
    {
       isRxInt=0;                                     //置接收结束标志
       *uart0RxStr='\0';                              //接收字串后加一个'\0'
       Uart_Printf("\n");
    }
}
//-------------------------------------------------------------------------------
//    UART0 接收中断错误处理
//-------------------------------------------------------------------------------
void __sub_Uart0_RxErrInt(void)
{//根据错误号处理
    switch(rUERSTAT0)//to clear and check the status of register bits
    {
  case '1':
      Uart_Printf("Overrun error\n");                //超时错
        break;
  case '2':
        Uart_Printf("Parity error\n");               //效验错
        break;
  case '4':
        Uart_Printf("Frame error\n");                //格式错
        break;
  case '8':
        Uart_Printf("Breake detect\n");              //中断错
        break;
  default :
        break;
     }
}
//-------------------------------------------------------------------------------
//    UART0 发送和接收中断实验
```

```
//------------------------------------------------------------------------------------------
void Test_Uart0_Int(void)
{
    Uart_Port_Set();                                    //保存 I/O 口状态和数据，实验结束恢复
    Uart_Select(0);                                     //选 UART0
                                                        //UART0 发送中断实验
isTxInt=1;                                              //置发送中断标志，中断结束，isTxInt=0
uart0TxStr="ABCDEFGHIJKLMNOPQRSTUVWXYZ1234567890->UART0 Tx interrupt test is
good!!!!\r\n";                                          //发送的实验字串
Uart_Printf("[Uart channel 0 Tx Interrupt Test]\n");   //在终端上提示
pISR_UART0=(unsigned)Uart0_TxInt;                       //设中断向量，即发送中断服务程序入口

rULCON0=(0<<6)|(0<<5)|(0<<2)|(3);
// 正常发送，无效验，一个停止位，8 个数据位
    rUCON0&=0x400;                                      //保留原 PCLK 或 UCLK 选择
rUCON0|=(TX_INTTYPE<<9)|(RX_INTTYPE<<8)|(0<<7)|(0<<6)|(0<<5)|(0<<4)|(1<<2)|();
                                                        //发送和接收中断电平触发、发送中断或查询模式
    Uart_TxEmpty(0);                                    //等，直到发送缓冲器空
    rINTMSK=~(BIT_UART0);                               //总中断屏蔽(UART0 位)打开
    rINTSUBMSK=~(BIT_SUB_TXD0);                         //子中断屏蔽(UART0 发送位)打开
    while(isTxInt);                                     //从此处进入发送中断（while 语句中断可打开）
                                                        //发送结束 isTxInt=0，从 while 语句跳出，执行接收
}
    // UART0 接收中断实验，UART0 接收从键盘上输入的字符，按 Enter 键结束接收
    isRxInt=1;                                          //接收中断标志，接收结束，isRxInt=0
    uart0RxStr=(char *)UARTBUFFER;                      //接收字串缓冲区首地址设定
    Uart_Printf("\n[Uart channel 0 Rx Interrupt Test]:\n");   //提示
    Uart_Printf("After typing ENTER key, you will see the characters which was typed by you.");
    Uart_Printf("\nTo quit, press ENTER key.!!!\n");
    Uart_TxEmpty(0);
    //等，直到发送缓冲器空(等上面发送的最后一个字符被对方取走，才进行接收实验)
    pISR_UART0 =(unsigned)Uart0_RxIntOrErr; //设中断向量，即接收中断服务程序入口
    rULCON0=(0<<6)|(0<<5)|(0<<2)|(3);                   //正常接收，无效验，一个停止位，8 个数据位
    rUCON0 &= 0x400;                                    //保留原 PCLK 或 UCLK 选择
    rUCON0|= (TX_INTTYPE<<9)|(RX_INTTYPE<<8)|(0<<7)|(1<<6)|(0<<5)|(0<<4)|(1<<2)|(1);
                                                        //发送和接收中断电平触发，接收中断
    ClearPending(BIT_UART0);                            //清 UART0 中断挂起
    rINTMSK=~(BIT_UART0);                               //中断打开
    rSUBSRCPND=(BIT_SUB_TXD0|BIT_SUB_RXD0|BIT_SUB_ERR0);
    rINTSUBMSK=~(BIT_SUB_RXD0|BIT_SUB_ERR0);
    while(isRxInt);                                     //从此处进入中断。接收结束，isRxInt=0，跳出
    rINTSUBMSK|=(BIT_SUB_RXD0|BIT_SUB_ERR0); //中断结束，屏蔽子中断(0 通道接收位)
    rINTMSK|=(BIT_UART0);                               //中断结束，屏蔽总中断(0 通道 UART 位)
    Uart_Printf("%s\n",(char *)UARTBUFFER);             //打印接收的字符串，实际就是在终端上显示
```

```
        Uart_Port_Return();                              //恢复口状态
    }
    //-------------------------------------------------------------------------------------------------
    //    UART 初始化
    //-------------------------------------------------------------------------------------------------
    void Uart_Init(int pclk,int baud)
    {
        int i;
        static int whichUart=0;
        if(pclk == 0)
        pclk= PCLK;
        //UART0
        rULCON0 = 0x3;                                   //正常模式，无效验，1 个停止位，8 个数据位
        rUCON0   = 0x245;
        //[10]      [9]      [8]       [7]       [6]       [5]      [4]  [3:2]      [1:0]
//Clock Sel,  Tx Int,  Rx Int, Rx Time Out, Rx err, Loop-back, Send break,  Transmit Mode, //Receive Mode
        // 0       1       0        0         1         0        0    0 1       0 1
        // PCLK   Level   Pulse   Disable   Generate  Normal   Normal   Interrupt or Polling

        rUBRDIV0=( (int)(pclk/16./baud) -1 );   //波特率因子
    }
    //-------------------------------------------------------------------------------------------------
    //    UART 实验主程序
    //-------------------------------------------------------------------------------------------------
    void main(void)
    {
    Uart_Init(0,115200);              // UART 初始化，使用 PCLK，波特率 115200
    Test_Uart0_Int();
    //该程序同时完成发送中断实验和接收中断实验，发送的字符串由发送程序设定
    //接收的字符串由键盘发出，按 Enter 键结束接收。先做发送，后做接收
    }
```

6.4 习　　题

1. 了解并熟悉 UART 的概念及工作原理。
2. 了解并熟悉 UART 的线路控制寄存器和控制寄存器的功能并学会使用。
3. S3C2410 UART 波特率如何确定？
4. S3C2410 UART 调制解调器控制寄存器如何配置？
5. 发送寄存器 UTXH 和接收寄存器 URXH 有什么作用？如何使用？
6. S3C2410 UART T/R 状态寄存器有什么作用？如何使用？
7. 熟悉本章的 UART 例子程序，学会 UART 中断模式和查询模式编程。

第7章 S3C2410的A/D、D/A转换控制

S3C2410 集成了一个 8 通道 10 位的 A/D 转换器，其功能和操作有点像 MCS-51 单片机使用的 ADC0809，但比 ADC0809 的精度稍高。S3C2410 并没有专门的 D/A 转换控制寄存器，系统使用时可以使用各种 D/A 转换器件设计，然后通过串口或并口与 S3C2410 连接。本章在对 A/D 转换器控制寄存器介绍的同时也对它的软件编程做了介绍。

7.1 S3C2410 的 A/D、D/A 转换控制

本节介绍 A/D 转换器控制寄存器的功能和使用。

S3C2410 集成了 8 通道 10 位 A/D 转换器，该转换器可以通过软件设置为休眠模式，可以节省能量消耗，最大转换速率为 500ksps(kilo samples per second，表示每秒采样千次，是转换速率的单位)。

S3C2410 并没有专门的 D/A 转换控制寄存器，开发系统可以使用各种 D/A 转换器件由设计者自己设计，然后通过串口或并口与 S3C2410 连接，这方面的内容可参考各 ARM 教学实验系统说明书。

7.1.1 A/D 转换控制寄存器(ADCCON)

A/D(ADCCON)转换控制寄存器及各位的定义如表 7-1 所示。

表 7-1 A/D 转换控制寄存器各位定义

ADCCON	Bit	定　义	初　值
ECFLG	[15]	A/D 转换结束标志 0=转换正在进行，1=转换结束	0
PRSCEN	[14]	分频器使能 0=不允许，1=允许	0
PRSCVL	[13:6]	A/D 转换预分频值　A/D 转换频率=PCLK/(PRSCVL+1)	0xff
SEL_MUX	[5:3]	A/D 转换通道选择 000=AIN0，001=AIN1，010=AIN2，011=AIN3，100=AIN4，101=AIN5，110=AIN6，111=AIN7	0
STDBM	[2]	电源工作方式　　　　0=正常方式，1=休眠方式	1
READ_START	[1]	A/D 转换结束读允许　0=禁止读，1=读允许	0
ENABLE_START	[0]	启动 A/D 转换允许，0=无操作，1=启动 A/D 转换；启动后该位清 0	0

A/D 转换数据寄存器各位的定义如表 7-2 所示。

S3C2410A/D 转换器的操作非常简单，与 MCS-51 单片机使用的 ADC0809 有点类似。首先，启动 A/D 转换并同时进行通道选择，然后读 ECFLG，当 ECFLG 变为 1 时，表示转换结束。令 READ_START=1，启动读功能，就可以从 A/D 转换数据寄存器 ADCDAT0 中读出数据。S3C2410 有两个转换数据寄存器 ADCDAT0 和 ADCDAT1，一般 A/D 转换从 ADCDAT0 读出数据。触摸控制程序要用到 ADCDAT0 和 ADCDAT1。另外要注意的是：S3C2410A/D 转换器要求的输入模拟电压范围为 0~3.3V，如果超出此范围要加电阻按一定比例分压。

A/D 转换数据是 10 位，存在 ADCDAT0 中。

表 7-2　A/D 转换数据寄存器各位的定义

(ADCDAT0)	Bit	定　　义	初　　值
A/D 转换数据	[9:0]	A/D 转换数据输出	不定

7.1.2　A/D 转换控制程序的编制步骤

1. 设置 A/D 转换的时钟频率

A/D 转换的时钟频率 freq 取决于 ADCCON[13:6] 的 PRSCVL 的值，PRSCVL 的值可用如下公式计算：

$$PRSCVL=PCLK/freq -1$$

2. 启动转换

```
rADCCON=0x01;              //启动 ADC
While(rADCCON&0x01);       // ADC 启动后该位自动清 0
```

3. 判转换结束

```
While(rADCCON&0x8000);       //检查 ECFLG 位是否为高
```

4. 令 READ_START=1　(ADCCON[1]=1)，启动读功能

从数据寄存器 ADCDAT0 中读出数据。

<h2 align="center">7.2　参考程序</h2>

本节介绍 A/D 转换控制程序的编写。

参考程序如下。

```
//-------------------------------------------------------------------------------
//  头文件
//-------------------------------------------------------------------------------
#ifndef __ADC_H__
#define __ADC_H__
void Test_Adc(void);
#endif /*__ADC_H__*/
//-------------------------------------------------------------------------------
//      参考程序 S3C2410 ADC Test
//-------------------------------------------------------------------------------
#include <string.h>
#include "2410addr.h"
#include "2410lib.h"
#include "adc.h"
#include "def.h"
#define REQCNT 100                      //循环采样次数
#define ADC_FREQ 2500000                //ADC 转换频率
#define LOOP 10000                      //延时常数
int ReadAdc(int ch);
volatile U32 preScaler;                 //采样时钟频率
void Test_Adc(void)
{
    int i,key;
    int a0=0,a1=0,a2=0,a3=0,a4=0,a5=0,a6=0,a7=0; //初始化各通道转换初值
    Uart_Printf("[ ADC_IN Test ]\n");
    Uart_Printf("0. Dispaly Count 100
    Uart_Printf("Selet : ");            //通过键盘选 0 或 1，选 0，通道 2 采样 100 次
                                        //选 1 各通道巡回转换并输出
    key = Uart_GetIntNum();             //从键盘输入一个 int 型数
    Uart_Printf("\n\n");
    Uart_Printf("The ADC_IN are adjusted to the following values.\n");
    Uart_Printf("Push any key to exit!!!\n");   //各通道巡回转换时，按任意键退出

    preScaler = ADC_FREQ;               //采样时钟频率 2500000
    Uart_Printf("ADC conv. freq. = %dHz\n",preScaler);
    preScaler = PCLK/ADC_FREQ -1;
    Uart_Printf("PCLK/ADC_FREQ - 1 = %d\n",preScaler);
     if (key == 0)
     {
        Uart_Printf("[ AIN2 ]\n");      //选通道 2，采样 REQCNT 次

        for(i=0;i<REQCNT;i++)
        {
//a0=ReadAdc(0);
```

```
//a1=ReadAdc(1);
a2=ReadAdc(2);
//a3=ReadAdc(3);
//a4=ReadAdc(4);
//a5=ReadAdc(5);
//a6=ReadAdc(6);
//a7=ReadAdc(7);

        Uart_Printf("%04d\n",a2);              //打印通道 2 转换值
        }
    }
    else if(key == 1)
    {
        while(Uart_GetKey()==0)          //各通道巡回转换并输出，直到按下任意键退出
        {
        a0=ReadAdc(0);
        a1=ReadAdc(1);
        a2=ReadAdc(2);
        a3=ReadAdc(3);
        a4=ReadAdc(4);
        a5=ReadAdc(5);
        a6=ReadAdc(6);

        a7=ReadAdc(7);

    Uart_Printf("AIN0: %04d AIN1: %04d AIN2: %04d AIN3: %04d AIN4: %04d AIN5: %04d
AIN6: %04d AIN7: %04d\n", a0,a1,a2,a3,a4,a5,a6,a7);
        }
    }
    rADCCON=(0<<14)|(19<<6)|(7<<3)|(1<<2);
//分频器停止、通道 7、休眠
Uart_Printf("\nrADCCON = 0x%x\n", rADCCON);
}
//-------------------------------------------------------------------------------
//   取转换结果
//-------------------------------------------------------------------------------
int ReadAdc(int ch)
{
    int i;
    static int prevCh=-1;                      //为保证每通道采样 1 次，设变量记忆
    rADCCON = (1<<14)|(preScaler<<6)|(ch<<3);  //选通道，定转换频率，设 A/D 转换标记
    if(prevCh!=ch)
    {
        rADCCON = (1<<14)|(preScaler<<6)|(ch<<3);  //选通道，定转换频率，分频器使能
        for(i=0;i<LOOP;i++);                    //2 通道转换中间加延时
```

```
        prevCh=ch;                          //记忆当前采样通道
    }

        rADCCON|=0x1;                        //启动 ADC 转换
    while(rADCCON&0x01);        // ADC 转换启动后该位清 0，等 ADC 转换开始
        while(!(rADCCON & 0x8000));         //等转换结束
        return ( (int)rADCDAT0 & 0x3ff);    //返回转换结果
}


//--------------------------------------------------------------------------
//   主程序
//--------------------------------------------------------------------------
void main (void)
{
    Test_Adc();
    while(1)

}
```

7.3 习　题

1. 熟悉 ADC 控制寄存器 ADCCON 各位的意义及其使用。

2. 熟悉 A/D 转换控制程序的编制步骤。

3. 学习并熟悉例子程序，在开发系统上实现 A/D 转换实验。

4. 将 A/D 转换结果在 LCD 上显示出来，或通过串行口在 Windows 超级终端上显示。

5. S3C2410 A/D 转换器的精度是多少位？

6. S3C2410 A/D 转换器可同时处理多少位模拟量？

7. S3C2410 A/D 处理模拟量的电压范围是多少？

第8章　触摸屏控制

本章将介绍触摸屏工作原理，包括表面声波屏、电容屏、电阻屏和红外屏几种。特别对 S3C240 使用的电阻式触摸屏做了较详细的说明，然后给出了电阻式触摸屏控制程序的编写实例。

8.1　触摸屏结构和工作原理

本节介绍触摸屏工作原理和特点、控制电路原理和控制寄存器功能及设置。

8.1.1　触摸屏工作原理

触摸屏按工作原理不同，可分为表面声波屏、电容屏、电阻屏和红外屏几种。每一种触摸屏都有各自的优缺点，下面简单介绍各种触摸屏的工作原理及特点。

1．电阻式触摸屏

电阻式触摸屏主要是一块与显示器配合得非常好的电阻薄膜，它是一种多层的复合薄膜，通常它以一层玻璃做基层，表面涂上一层透明的氧化金属导电层(ITO 氧化铟，是透明的导电电阻)，上面再盖有一层外表面硬化处理、光滑且耐摩擦的塑料层。

它的内表面也有一个 ITO 涂层，在它们之间有许多细小(小于 1/1000 英寸)的透明隔离点，把两层导电层隔开绝缘。当手指触摸 LCD 屏时，两个导电层在触摸点位置就有了接触，控制器检测到这一接触并计算出触摸点的位置，再模拟鼠标的方式运作。电阻式触摸屏的结构如图 8-1 所示。

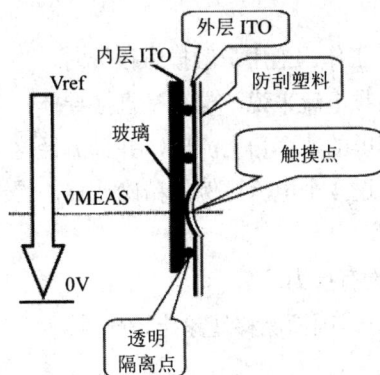

图 8-1　电阻式触摸屏的结构

　　触摸屏的两个金属导电层是触摸屏的两个工作面，在每个工作面的两端各涂有一条银胶作为工作电极(X+，X-和 Y+，Y-)。如果给一个工作面电极施加电压，则在该工作面上会产生平行的电压分布。当给 X 方向的电极施加一个确定电压(图 8-1 中的 Vref)，Y 方向上不加电压时，在 X 平行电压场中，触摸处电压(图 8-1 中的 VMEAS)可以在 Y+和 Y-电极中反映出来，测量 Y+对地电压，就可以换算出触摸处的 X 坐标。同理，可以测量出触摸处的 Y 坐标，然后模拟鼠标动作。这个原理有点像一个电位器，如图 8-2 所示。在电位器的两端加一个确定电压 V+，然后测量活动端电压 Y+，根据活动端电压就可以算出活动端移动距离，即 X 坐标。然后，在 Y 端加确定电压 V+，测 X+端电压就可以算出 Y 坐标。

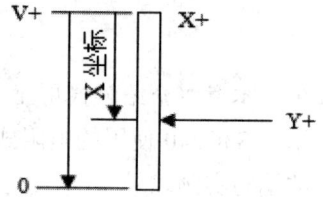

图 8-2　触摸屏原理

　　这就是电阻技术触摸屏最基本的原理。这种触摸屏的特点如下。

- 高解析度，高速传输反应。
- 表面硬度处理及防化学处理。
- 具有光面及雾面处理，一次校正，稳定性高，永不漂移。

2. 表面声波技术触摸屏

　　表面声波技术是利用声波在物体表面进行传输，当有物体触摸到物体表面时，将阻碍声波的传输，换能器检测到这个变化，反映给计算机，进而模拟鼠标动作。表面声波屏的特点如下。

- 清晰度较高，透光率好。
- 高度耐久，抗刮伤性良好。
- 一次校正不漂移。
- 反应灵敏。

　　表面声波屏适合于办公室、机关单位及环境比较清洁的场所。表面声波屏需要经常维护，因为灰尘、油污甚至饮料的液体沾在屏的表面，都会阻塞触摸屏表面的导波槽，使波不能正常发射或使波形改变导致控制器无法正常识别，从而影响触摸屏的正常使用，用户需要严格注意环境卫生，并定期作全面彻底的擦除。

3. 电容技术触摸屏

　　利用人体的电流感应进行工作。当用户触摸触摸屏时，由于人体电场，用户和触摸屏表面形成一个耦合电容，对于高频电流来说，电容是直接导体，于是手指从接触点吸走一个很小的电流。这个电流会从触摸屏的 4 个角上流出，并且流经这 4 个电极的电流与手指到四角的距离成正比，控制器通过对这 4 个电流比例的精确计算，得出触摸点的位置。电容触摸屏的特点如下。

- 对大多数的环境污染物有抗力。
- 人体成为线路的一部分，因而漂移现象比较严重。

● 戴手套不起作用。

8.1.2　S3C2410 的触摸屏控制

S3C2410 内置了 ADC 和触摸屏控制接口，它支持电阻式触摸屏，与触摸屏的连接如图 8-3 所示，图中 A[7]、A[5]是 ADC 模拟输入通道 7 和 5。PG15~PG12 是 GPG 口的管脚 15~12(EINT23~EINT20)。

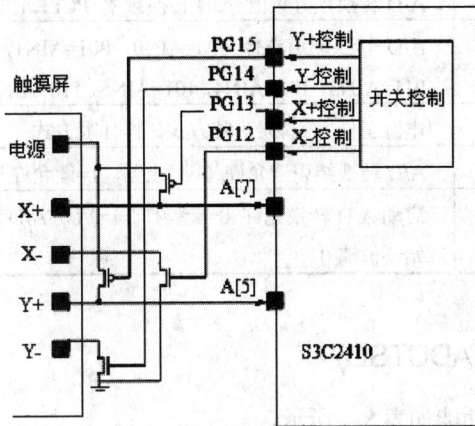

图 8-3　ADC 和触摸屏的连接

图中 X+与 S3C2410 的 A[7]口相连，Y+与 A[5]口相连。当 S3C2410 的开关输出不同电平时，外部晶体管的导通状态如表 8-1 所示。当与 X+和 X-相连晶体管导通，给 X 方向的电极施加一个确定电压，Y 方向上不加电压时，测量 Y+对地电压，通过 Y+电压(A[5]口)就可以换算出触摸处的 X 坐标。同理，通过控制晶体管的导通状态可以测出触摸处 X+(A[7]口)电压，通过 X+电压就可以换算出触摸处的 Y 坐标。测量 X 坐标和 Y 坐标时各信号状态如表 8-1 所示。

表 8-1　测量 X 和 Y 时各信号状态

	X+	X-	Y+	Y-
X 坐标转换	外部电压+	GND	AIN[5]	高阻态
Y 坐标转换	AIN[7]	高阻态	外部电压+	GND

在表 8-2 中描述了 I/O 口对各晶体管导通的控制。

表 8-2　I/O 口对晶体管导通的控制

PG14	PG15	PG12	PG13	晶体管的导通状态
0	1	1	0	与 X+和 X-相连晶体管导通，X 位置通过 A[5]输入
1	0	0	1	与 Y+和 Y-相连晶体管导通，Y 位置通过 A[7]输入

S3C2410 内置 ADC 和触摸屏控制有 5 个寄存器。

1. A/D 转换控制寄存器(ADCCON)

A/D 转换控制寄存器就是第 7 章讲过的 ADCCON，功能如表 8-3 所示。

表8-3　ADCCON 功能

ADCCON	Bit	定　　义	初　　值
ECFLG	[15]	A/D 转换结束标志 0=转换正在进行，1=转换结束	0
PRSCEN	[14]	分频器使能 0=不允许，1=允许	0
PRSCVL	[13:6]	A/D 转换预分频值 A/D 转换频率=PCLK/(PRSCVL+1)	0xff
SEL_MUX	[5:3]	A/D 转换通道选择 000=AIN0，001=AIN1，010=AIN2，011=AIN3，100=AIN4，101=AIN5，110=AIN6，111=AIN7	0
STDBM	[2]	电源工作方式 0=正常方式，1=休眠方式	1
READ_START	[1]	A/D 转换结束读允许 0=禁止读，1=读允许	0
ENABLE_START	[0]	启动 A/D 转换允许 0=无操作，1=启动 A/D 转换；转换开始该位清 0	0

2. 触摸屏控制寄存器(ADCTSC)

触摸屏控制寄存器的功能如表 8-4 所示。

表8-4　触摸屏控制寄存器功能

ADCTSC	位	功　能　描　述
RESERVED	[8]	触摸屏中断触发方式 0=表笔按下(Stylus DOWN)，1=表笔抬起(Stylus UP)
YM_SEN	[7]	选择 Y-的输出值： =0，Y-输出为高阻(Hi_Z)； =1，Y-输出为 GND
YP_SEL	[6]	选择 Y+的输出值： =0，Y+输出为外部电压； =1，Y+输出为 AIN[5]
XM_SEL	[5]	选择 X-的输出值： =0，X-=输出为高阻 Hi_Z；　=1，X-=GND
XP_SEN	[4]	选择 X+的输出值： =0，X+输出为外部电压； =1，X+输出 AIN[7]
PULL_UP	[3]	上拉使能： =0，X+上拉使能；　=1，X+上拉禁止
AUTO_PST	[2]	X/Y 自动转换使能： =0，正常 A/D 转换；　=1，X、Y 自动顺序 A/D 转换
XY_PST	[1：0]	选择 X/Y 自动顺序转换模式： =00，无操作；=01，X 位置转换； =10，Y 位置转换；=11，等待中断模式

3. A/D 转换延时寄存器(ADCDLY)

A/D 转换延时寄存器的功能如表 8-5 所示。

A/D 转换延时寄存器设定了在各种转换模式下 X 和 Y 转换之间的延时时间，该时间不能为 0。

表 8-5　A/D 转换延时寄存器功能

DELAY	位	功 能 描 述
μs	[15:0]	正常转换模式，X、Y 分别转换模式和 X、Y 自动转换模式时，X、Y 转换之间延时 中断模式：触笔落下，产生中断信号(INT_TC) 时，XY 转换之间延时

4. A/D 转换数据寄存器(ADCDAT0 和 ADCDAT1)

A/D 转换数据寄存器 ADCDAT0 和 ADCDAT1 用来寄存转换结果，这两个寄存器是只读的，其功能如表 8-6 所示。

表 8-6　A/D 转换数据寄存器功能

ADCDAT0，1	位	功 能 描 述
UPDOWN	[15]	等候中断模式下的触笔状态： UPDOWN=0，触笔按下；　UPDOWN=1，触笔抬起
AUTO_PST	[14]	X、Y 的位置自动顺序转换方式： =0，正常转换 =1，自动顺序转换
XY_PST	[13:12]	=00，无操作模式 =01，X 位置转换 =10，Y 位置转换 =11，等候中断模式
Reserved	[11:10]	保留位
XPDATA(正常 ADC)	[9:0]	转换后的数值(正常 A/D 转换后的数值)，范围：00~3F

S3C2410 和 ADC 接口电路的原理如图 8-4 所示。

通过上面的介绍可知，S3C2410 内置 ADC 和触摸屏控制接口可以有以下 5 种工作方式。

● 正常模式

● X 和 Y 分别转换模式

X 和 Y 分别转换模式，该模式又分为 X 位置转换模式和 Y 位置转换模式，当 ADCTSC 寄存器 AUTO_PST=0 和 XY_PST=01 时，进入 X 位置转换模式，这种模式将 X 位置写入 ADCDAT0 寄存器的 XPDATA 位；当 ADCTSC 寄存器 AUTO_PST=0 和 XY_PST=10 时，进入 Y 位置转换模式，这种模式将 Y 位置写入 ADCDAT1 寄存器的 YPDATA 位。

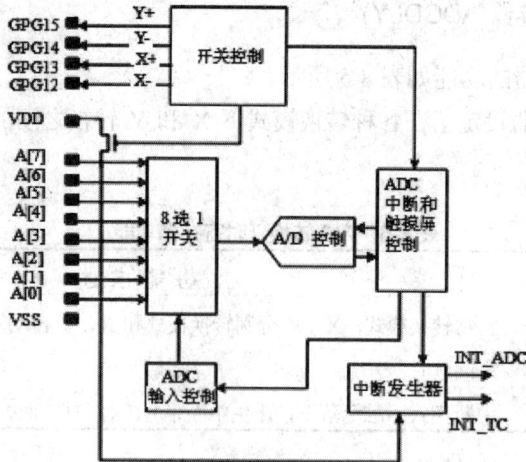

图 8-4　S3C2410 和 ADC 接口电路原理

- X 和 Y 位置自动转换模式

当 ADCTSC 寄存器 AUTO_PST=01 和 XY_PST=0 时，进入这种转换模式，转换信号与"X 和 Y 分别转换模式"相同。

- 等待中断模式

当 ADCTSC 寄存器 XY_PST=11 时，进入这种转换模式。进入这种模式后，CPU 等待触笔点击，在触笔点击下，进入 INT_TC 中断。

- 闲置模式

进入这种模式后，A/D 转换停止，ADCDAT0、ADCDAT1、XPDATA、YPDATA 的值不变。

8.2　触摸屏控制程序

本节给出电阻式触摸屏控制程序供读者参考。

在中断服务程序中，采用 X 和 Y 分别转换模式。读 X 位置，采样 5 次取平均；读 Y 位置，采样 5 次取平均，然后输出 X、Y 位置。具体做法参见语句后面的注释。

```
//-------------------------------------------------------------------------------------------------
//  触摸屏中断服务程序
//-------------------------------------------------------------------------------------------------
void __irq Adc_or_TsSep(void)
{
    int i;
    U32 Pt[6];                                          //暂存每次 A/D 转换结果
    rINTSUBMSK|=(BIT_SUB_ADC|BIT_SUB_TC);               //屏蔽 ADC 和 TC 中断


    if(rADCTSC&0x100)
```

```
/*是笔抬起引起的中断，我们在主程序中设置的是笔落下触发中断，不是我们需要的中断，什么也
不做，重新设为笔落下触发中断 */
    {
        Uart_Printf("\nStylus Up!!\n");
        rADCTSC&=0xff;         // ADCTSC[8]=0 笔落下触发中断，X，Y 自动顺序转换，中断方式
    }
    else
    Uart_Printf("\nStylus Down!!\n");                    /*笔落下引起的中断，是我们需要的中断*/
                                                        //读 X 位置
    rADCTSC=(0<<8)|(0<<7)|(1<<6)|(1<<5)|(0<<4)|(1<<3)|(0<<2)|(1);
    // 初始化 ADCTSC:Down,Hi-Z,AIN5,GND,Ext vlt,Pullup Dis,Normal,x-position
    for(i=0;i<LOOP;i++);                                //通道之间延时
    for(i=0;i<5;i++)                                    //采样 5 次取平均
    {
        rADCCON|=0x1;                                   //启动 X 点转换
        while(rADCCON & 0x1);                           //检测转换开始
        while(!(0x8000&rADCCON));                       //检测 ADC 转换完成标志
        Pt[i]=(0x3ff&rADCDAT0);                         //转换结果存 Pt[i]
    }
    Pt[5]=(Pt[0]+Pt[1]+Pt[2]+Pt[3]+Pt[4])/5;           //5 次取平均
    Uart_Printf("x-Posion[AIN5] is %04d\n",Pt[5]);      //输出 X 位置
    rADCTSC=(0<<8)|(0<<7)|(1<<6)|(1<<5)|(0<<4)|(1<<3)|(0<<2)|(2); //读 Y 位置
        //初始化 ADCTSC:Down,GND,Ext vlt,Hi-Z,AIN7,Pullup Dis,Normal,Y-position
    for(i=0;i<LOOP;i++);                                //通道之间延时
    for(i=0;i<5;i++)
    {
        rADCCON|=0x1;                                   //启动 ADC 转换
        while(rADCCON & 0x1);                           //检测启动转换是否开始
        while(!(0x8000&rADCCON));                       //检测 ADC 转换完成标志
        Pt[i]=(0x3ff&rADCDAT1);                         //转换结果存 Pt[i]
    }
    Pt[5]=(Pt[0]+Pt[1]+Pt[2]+Pt[3]+Pt[4])/5;           //5 次取平均
    Uart_Printf("Y-Posion[AIN7] is %04d\n",Pt[5]);      //输出 Y 位置
        rADCTSC=(1<<8)|(1<<7)|(1<<6)|(0<<5)|(1<<4)|(0<<3)|(0<<2)|(3);
    //初始化 ADCTSC :Up,GND,AIN,Hi-z,AIN,Pullup En,Normal,Waiting mode
    }

        rSUBSRCPND|=BIT_SUB_TC;                          //清子中断源(TC)挂起寄存器
        ClearPending(BIT_ADC);                          //清子中断(ADC)挂起寄存器
    rINTSUBMSK=~(BIT_SUB_TC);                            //开 TC 中断，等下次笔触屏
    }
```

程序中 Uart_Printf 是按格式在屏上显示提示或运算结果，rADCCON 和 rADCTSC 两个
赋值语句是给 ADCCON 和 ADCTSC 初始化，含义在语句后注释给出。

用触摸笔触屏，进入中断服务程序。在中断服务程序中各读 5 次 X 和 Y 位置取平均并打印。

```
//-------------------------------------------------------------------------------------------------
//主程序
//-------------------------------------------------------------------------------------------------
void main(void)
{
    Uart_Printf(" [Touch Screen Test.]\n");
    Uart_Printf("Separate X/Y position conversion mode test\n");
                                                        //X 和 Y 分别转换模式
    rADCDLY=(50000);                                    //延时
    rADCCON = (1<<14)|(ADCPRS<<6)|(0<<3)|(0<<2)|(0<<1)|(0);
//初始化 ADCTSC:Enable Prescaler,Prescaler,AIN7/5 fix,Normal,Disable read start,
//operaADCTSCtion
    rADCTSC=(0<<8)|(1<<7)|(1<<6)|(0<<5)|(1<<4)|(0<<3)|(0<<2)|(3);
//初始化 ADCTSC: Down,YM:GND,YP:AIN5,xM:Hi-z,xP:AIN7,xP pullup
//En,Normal,Waiting for interrupt mode
    pISR_ADC=(unsigned)Adc_or_TsSep;                    //设中断向量
    rINTMSK=~(BIT_ADC);                                 //取消 BIT_ADC 屏蔽
    rINTSUBMSK=~(BIT_SUB_TC);                           //取消 BIT_SUB_TC 屏蔽
Uart_Printf("\nType any key to exit!!!\n");             //提示，按任意键，退出
    Uart_Printf("\nStylus Down,please...... \n");       //请用触摸笔触屏，进入中断
    Uart_Getch();
//按任意键，退出，没有击键，等触摸笔触屏，进入中断，是触摸屏中断入口
    rINTSUBMSK|=BIT_SUB_TC;                             //中断结束，屏蔽 BIT_SUB_TC
    rINTMSK|=BIT_ADC;                                   //中断结束，屏蔽 BIT_ADC 中断
    Uart_Printf(" [Touch Screen Test.]\n");
}
```

8.3 习　　题

1. 了解触摸屏工作的基本原理。
2. 电阻式触摸屏如何确定触摸点的坐标？
3. S3C2410 内置的 ADC 和触摸屏控制接口有几个寄存器？每个的用法是什么？
4. 熟悉例子程序，学会触摸屏编程。

第9章　S3C2410 的实时时钟(RTC)

S3C2410 和其他嵌入式微处理器一样，也提供了一个实时时钟(RTC)单元。它由后备电池供电，关机状态下可工作 10 年。RTC 提供可靠的时钟，包括时、分、秒和年、月、日。它除了给嵌入式系统提供时钟外(主要用来显示时间)，还可以做要求不太精确的延时。

本章在讲述实时时钟控制寄存器功能的同时给出了实例程序供读者参考。

9.1　实时时钟在嵌入式系统中的作用

本节将介绍实时时钟在嵌入式系统中的作用、实时时钟控制寄存器的功能及使用。

在一个嵌入式系统中，实时时钟可以提供可靠的时钟，包括时、分、秒和年、月、日。即使系统处于关机状态下，它也能正常工作(通常采用后备电池供电，可工作 10 年)，其外围也不需要太多的辅助电路，典型的例子就是只需要一个高精度的晶振。

在嵌入式系统中，实时时钟主要用来显示时间。

9.1.1　S3C2410 的实时时钟单元

如图 9-1 所示的是 S3C2410 的实时时钟框图。

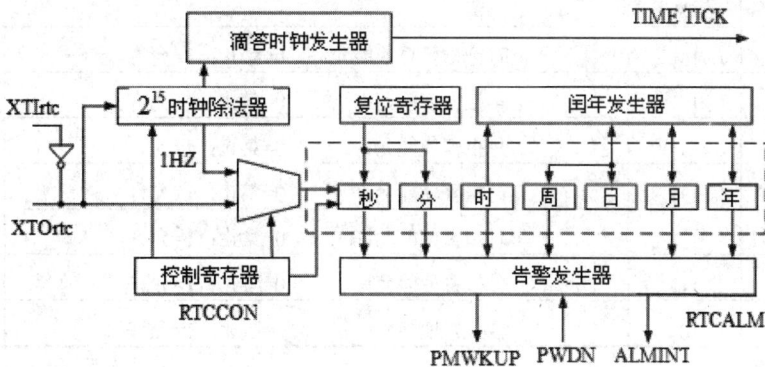

图 9-1　S3C2410 的实时时钟框图

它具有如下特点：

- 时钟数据采用 BCD 编码或二进制表示；
- 能够对闰年的年、月、日进行自动处理；
- 具有告警功能，当系统处于关机状态时，能产生告警中断；

- 具有独立的电源输入;
- 提供毫秒级的时钟中断(时钟滴答中断),该中断可用于嵌入式系统的内核时钟。

9.1.2 S3C2410 的实时时钟寄存器

1. 实时时钟控制寄存器 RTCCON

该寄存器及其各位的定义如表 9-1 所示。

在正常使用 S3C2410 的实时时钟之前,一定要对 S3C2410 的实时时钟控制寄存器 RTCCON 进行正确的设置,如使能、BCD 时钟选择、计数方式等。

2. 告警控制寄存器 RTCALM

该寄存器及其各位的定义如表 9-2 所示。

使用告警控制寄存器 RTCALM,可以把 S3C2410 的实时时钟用来做定时器和闹钟。

表 9-1 实时时钟控制寄存器 RTCCON

RTCCON	Bit	定　　义	初　　值
CLKRST	[3]	实时时钟计数器复位　=0 不复位;=1 复位	0
CNTSEL	[2]	BCD 计数选择　=0 BCD 模式;=1 保留	0
CLKSEL	[1]	BCD 时钟选择　=0 将输入时钟 $1/2^{15}$ 分频;=1 保留	0
RTCEN	[0]	RTC 读写使能　0=禁止;1=允许	0

表 9-2 实时时钟告警控制寄存器 RTCALM 各位的定义

RTCALM	Bit	定　　义	初　　值
Reserved	[7]	保留	0
ALMEN	[6]	时钟报警总使能允许　0=禁止;1=允许	0
YEAREN	[5]	年报警使能允许　0=禁止;1=允许	0
MONREN	[4]	月报警使能允许　0=禁止;1=允许	0
DATEEN	[3]	日报警使能允许　0=禁止;1=允许	0
HOUREN	[2]	时报警使能允许　0=禁止;1=允许	0
MINEN	[1]	分报警使能允许　0=禁止;1=允许	0
SECEN	[0]	秒报警使能允许　0=禁止;1=允许	0

3. 滴答(时间片)时钟计数器

滴答时钟计数器主要用于需要在固定时间产生中断的场合,滴答时钟计数器中的值在每个滴答周期自动减 1,减到 0 时产生中断。中断周期如下:

$$Period = (n+1)/128$$

其中 Period 单位为秒；n 为 RTC 时钟中断计数，n=1~127。该寄存器及其各位的定义如表 9-3 所示。

表 9-3　滴答时钟计数器 TICNT 各位的定义

TICNT	Bit	定　义	初　值
TICK INT ENABLE	[7]	滴答时钟中断使能　0=禁止；1=允许	0
TICK TIME COUNT	[6:0]	滴答时钟计数值(1~127)	000000

4. 告警时间寄存器

该寄存器包括年、月、日、时、分、秒，它们都以 BCD 格式表示。告警时间寄存器如表 9-4 所示。

表 9-4　告警时间寄存器

寄存器	读/写	定　义	初　值
ALMSEG	R/W	秒告警值	X
ALMMIN	R/W	分告警值	X
ALMHOUR	R/W	时告警值	X
ALMDAY	R/W	日告警值	X
ALMDATE	R/W	星期告警值	X
ALMMON	R/W	月告警值	X
ALMYEAR	R/W	年告警值	X

5. 实时时钟寄存器

该寄存器包括年、月、日、时、分、秒，它们都以 BCD 的格式表示。实时时钟寄存器如表 9-5 所示。

表 9-5　实时时钟寄存器

寄存器	读/写	定　义	初　值
BCDSEG	R/W	秒当前值	X
BCDMIN	R/W	分当前值	X
BCDHOUR	R/W	时当前值	X
BCDDAY	R/W	日当前值	X
BCDDATE	R/W	星期当前值	X
BCDMON	R/W	月当前值	X
BCDYEAR	R/W	年当前值	X

6. 秒循环复位寄存器 RTCRST

为了适应某些专门场合使用，S3C2410 RTC 设置了秒循环复位寄存器 RTCRST，它可以在程序规定的秒时间内循环复位。RTCRST 寄存器的配置如表 9-6 所示。

表 9-6　RTCRST 寄存器的配置

RTCRST	Bit	定　义		初　值
SRSTEN	[3]	秒循环复位允许	0=禁止；1=允许	0
SECCR	[2:0]	秒循环复位间隔	011=30s，100=40s，101=50s	000

9.2　参考程序及说明

本节给出了 RTC 实用程序，包括 RTC 初始化、RTC 时间设置(校表程序)、显示实时时间、RTC 中断服务程序、RTC 滴答中断服务程序，以供读者参考。

```
//-----------------------------------------------------------------------
//        2410RTC 实验程序头文件
//-----------------------------------------------------------------------
#ifndef __2410RTC_H__
#define __2410RTC_H__
void Display_Rtc(void);                        //显示实时时钟程序
void RndRst_Rtc(void);                         //秒循环复位实验
void Test_Rtc_Alarm(void);                     //RTC 报警实验
void Rtc_Init(void);                           //RTC 初始化程序
void Rtc_TimeSet(void);                        //RTC 时间设置(校表程序)
void Test_Rtc_Tick(void);                      // RTC 滴答实验程序
void __irq EINT0_int(void);                    //外部中断 0 服务程序
void __irq Rtc_Int(void);                      //RTC 中断服务程序
void __irq Rtc_Tick(void);                     //RTC 滴答中断服务程序
#define TESTYEAR      (0x01)                    //临时实验数据
#define TESTMONTH     (0x12)
#define TESTDATE      (0x31)
#define TESTDAY       (0x02)       //SUN:1 MON:2 TUE:3 WED:4 THU:5 FRI:6 SAT:7
#define TESTHOUR      (0x23)
#define TESTMIN       (0x59)
#define TESTSEC       (0x59)
#define TESTYEAR2     (0x02)
#define TESTMONTH2    (0x01)
#define TESTDATE2     (0x01)
#define TESTDAY2      (0x03)       //SUN:1 MON:2 TUE:3 WED:4 THU:5 FRI:6 SAT:7
#define TESTHOUR2     (0x00)
#define TESTMIN2      (0x00)
```

```
#define TESTSEC2      (0x00)
#endif   //__2410RTC_H__
//-------------------------------------------------------------------------------------------
//      S3C2410RTC 实验程序
//-------------------------------------------------------------------------------------------
#include "2410addr.h"
#include "2410lib.h"
#include "2410RTC.h"
char *day[8] = {" ","Sunday","Monday","Tuesday","Wednesday","Thursday","Friday","Saturday"};
volatile int isRtcInt, isInit = 2;
volatile unsigned int sec_tick;
//-------------------------------------------------------------------------------------------
//      显示实时时间
//-------------------------------------------------------------------------------------------
void Display_Rtc(void)
{
    int year,tmp,key;
    int month,date,weekday,hour,min,sec;
    Uart_Printf("[ Display RTC Test ]\n");
Uart_Printf("0. RTC Initialize      1. RTC Time Setting      2. Only RTC Display\n\n");
//通过键盘选实验功能：0 RTC 初始化，1 RTC 初始时间设定，2 显示 RTC 时间
    Uart_Printf("Selet : ");
    key = Uart_GetIntNum();                              //通过键盘取一个 Int 型数
    Uart_Printf("\n\n");
    isInit = key;
    if(isInit == 0)
    {
        Rtc_Init();
        isInit = 2;
    }
        else if(isInit == 1)
    {
        Rtc_TimeSet();
        isInit = 2;
    }
    rRTCCON = 0x01; //不复位，组合 BCD 码，时钟分频 1/32768，RTC  读/写允许
    // Uart_Printf("This test should be excuted once RTC test(Alarm) for RTC initialization\n");
    Uart_Printf("Press any key to exit.\n\n");               //按任意键退出实验
    while(!Uart_GetKey())                              //如果没按下键，进行下面实验
    {
        while(1)
        {
            if(rBCDYEAR==0x99)
            year = 0x1999;
```

```
                    else
                        year = 0x2000 + rBCDYEAR;
                        month = rBCDMON;
                        weekday = rBCDDAY;
                        date = rBCDDATE;
                        hour = rBCDHOUR;
                        min= rBCDMIN;
                        sec= rBCDSEC;

                        if(sec!=tmp)                           //保证时间 1s 更新 1 次
                        {
                            tmp = sec;
                            break;
                        }
                }

Uart_Printf("%2x : %2x : %2x   %10s,  %2x/%2x/%4x\n",hour,min,sec,day[weekday],month,date,year);
    }
    //按格式显示 时：分：秒，星期， 月， 日， 年
        rRTCCON = 0x0;
    //不复位，组合 BCD 码，时钟分频 1/32768，RTC 读/写禁止
    }
    //-------------------------------------------------------------------------------------
    //  秒循环复位实验    复位间隔 30、40 或 50s
    //-------------------------------------------------------------------------------------
    void RndRst_Rtc(void)
    {
        int year;
        int month,date,weekday,hour,min,sec,tmp;
        unsigned int save_GPFCON;
        save_GPFCON = rGPFCON;              //EINT0 用 PGF0 作输入，GPFCON 要进行设置
        GPFUP=0xff;                         //F 口上拉禁止，做第二功能
        rEXTINT0 = 0x2;                     //下降沿触发
        rGPFCON   = 0x2;                    //EINT0 用 PGF0 作输入，GPFCON =0x2
        pISR_EINT0 = (unsigned int)EINT0_int; //置 EINT0 中断向量
        rINTMSK   = ~(BIT_EINT0);           //取消中断屏蔽，等中断
        if(isInit==0)
        {
            Rtc_Init();//Rtc 初始化
            isInit = 1;
        }
        rRTCCON = 0x01; //不复位，组合 BCD 码，时钟分频 1/32768，RTC 读/写允许
        Uart_Printf("Press any key to exit.\n\n");              //按任意键退出实验
        Uart_Printf("Press EINT0 key to test round reset.\n");  //按 EINT0 键做秒循环复位实验
```

```
        while(!Uart_GetKey())                              //没键按下，程序执行下面语句
        {
            while(1)    //在此循环语句中，显示当前时间并等待中断，中断来，打断 while(1)
            {
                if(rBCDYEAR == 0x99)
                    year = 0x1999;
                else
                year= 0x2000 + rBCDYEAR;
                month= rBCDMON;
                weekday = rBCDDAY;
                date= rBCDDATE;
                hour= rBCDHOUR;
                min= rBCDMIN;
                sec= rBCDSEC;
                if(sec!=tmp)                               //保证数据 1s 更新 1 次
                {
                    tmp = sec;
                    break;
                }
            }
Uart_Printf("%2x : %2x : %2x    %10s,    %2x/%2x/%4x\n",hour,min,sec,day[weekday],month,date,year);
        //按格式显示 时：分：秒，星期，    月，    日，    年
        }
        rRTCCON = 0x0;     //No reset, Merge BCD counters, 1/32768, RTC Control disable
        rGPFCON = save_GPFCON;
}
//-------------------------------------------------------------------------------------------------
//      RTC 报警实验
//-------------------------------------------------------------------------------------------------
void Test_Rtc_Alarm(void)
{
    Uart_Printf("[ RTC Alarm Test for S3C2410 ]\n");
    Rtc_Init();
    rRTCCON   = 0x01; //不复位，组合 BCD 码，时钟分频 1/32768，RTC 读/写允许
    rALMYEAR = TESTYEAR2;
    rALMMON   = TESTMONTH2;
    rALMDATE = TESTDATE2;
    rALMHOUR = TESTHOUR2;
    rALMMIN   = TESTMIN2;
    rALMSEC   = TESTSEC2 + 9;
    isRtcInt = 0;
    pISR_RTC = (unsigned int)Rtc_Int;                       //RTC 报警中断向量
    rRTCALM   = 0x7f;         //Global,Year,Month,Day,Hour,Minute,Second alarm enable
```

```
    rRTCCON   = 0x0;          //No reset, Merge BCD counters, 1/32768, RTC Control disable
    rINTMSK   = ~(BIT_RTC);
    while(isRtcInt==0);                              //中断入口，等报警时间到产生报警中断
    rINTMSK = BIT_ALLMSK;                            //中断结束，屏蔽报警中断
    rRTCCON = 0x0;                                   //RTC 读/写禁止
}


//-------------------------------------------------------------------------
//   RTC 初始化
//-------------------------------------------------------------------------
void Rtc_Init(void)
{
rRTCCON   = rRTCCON  & ~(0xf)| 0x1;   //不复位，组合 BCD 码，时钟分频 1/32768，读/写允许
    rBCDYEAR = rBCDYEAR & ~(0xff) | TESTYEAR;
    rBCDMON   = rBCDMON   & ~(0x1f) | TESTMONTH;
    rBCDDATE = rBCDDATE & ~(0x3f) | TESTDATE;
    rBCDDAY   = rBCDDAY   & ~(0x7)  | TESTDAY;
    //SUN:1 MON:2 TUE:3 WED:4 THU:5 FRI:6 SAT:7
    rBCDHOUR = rBCDHOUR & ~(0x3f) | TESTHOUR;
    rBCDMIN   = rBCDMIN   & ~(0x7f) | TESTMIN;
    rBCDSEC   = rBCDSEC   & ~(0x7f) | TESTSEC;
    rRTCCON   = 0x0;                     //RTC 读/写禁止

}
//-------------------------------------------------------------------------
//   RTC 时间设置
//-------------------------------------------------------------------------
void Rtc_TimeSet(void)
{
    int syear,smonth,sdate,shour,smin,ssec;
    int sday;
    Uart_Printf("[ RTC Time Setting ]\n");
    Rtc_Init();                                      //RTC Initialize
    Uart_Printf("RTC Time Initialized ...\n");
    Uart_Printf("Year (Two digit the latest)[0x??] : ");        //输入年，两位数字
    syear = Uart_GetIntNum();
    Uart_Printf("Month                      [0x??] : ");        //输入月
    smonth = Uart_GetIntNum();
    Uart_Printf("Date                       [0x??] : ");        //输入日
    sdate = Uart_GetIntNum();
    Uart_Printf("\n1:Sunday  2:Monday  3:Thesday  4:Wednesday  5:Thursday  6:Friday  7:Saturday\n");
    Uart_Printf("Day of the week                  : ");        //输入星期
    sday = Uart_GetIntNum();
```

```
    Uart_Printf("Hour                          [0x??] : ");              //输入时
    shour = Uart_GetIntNum();
    Uart_Printf("Minute                        [0x??] : ");              //输入分
    smin = Uart_GetIntNum();
    Uart_Printf("Second                        [0x??] : ");              //输入秒
    ssec = Uart_GetIntNum();
    rRTCCON   = rRTCCON   & ~(0xf)   | 0x1;
    //No reset, Merge BCD counters, 1/32768, RTC Control enable
    rBCDYEAR = rBCDYEAR & ~(0xff) | syear;                               //改写
    rBCDMON   = rBCDMON   & ~(0x1f) | smonth;
    rBCDDAY   = rBCDDAY   & ~(0x7)  | sday;
    //SUN:1 MON:2 TUE:3 WED:4 THU:5 FRI:6 SAT:7
    rBCDDATE = rBCDDATE & ~(0x3f) | sdate;
    rBCDHOUR = rBCDHOUR & ~(0x3f) | shour;
    rBCDMIN   = rBCDMIN   & ~(0x7f) | smin;
    rBCDSEC   = rBCDSEC   & ~(0x7f) | ssec;
    rRTCCON   = 0x0;                                     //改写结束，禁止改写
}
//--------------------------------------------------------------------------------
//       RTC 滴答实验
//--------------------------------------------------------------------------------
void Test_Rtc_Tick(void)
{
    Uart_Printf("[ RTC Tick interrupt(1 sec) test for S3C2410 ]\n");
    Uart_Printf("Press any key to exit.\n");
    Uart_Printf("\n");
    Uart_Printf("\n");
    Uart_Printf("    ");
    pISR_TICK = (unsigned)Rtc_Tick;                     //设 RTC 滴答中断向量
    sec_tick   = 1;
    rINTMSK    = ~(BIT_TICK);
    rRTCCON    = 0x0;
    //No reset[3], Merge BCD counters[2], BCD clock select XTAL[1], RTC Control disable[0]
    rTICNT     = (1<<7) + 127;                          //滴答中断允许，滴答时钟周期 1s
    //Tick time interrupt enable, Tick time count value 127
    // Period = (n + 1) / 128 second        n:Tick time count value(1~127)
    Uart_Getch();                                       //等滴答中断
    rINTMSK    = BIT_ALLMSK;
    rRTCCON    = 0x0;
    //No reset[3], Merge BCD counters[2], BCD clock select XTAL[1], RTC Control disable[0]
}
//--------------------------------------------------------------------------------
//       秒循环复位中断服务程序
//--------------------------------------------------------------------------------
```

```
void __irq EINT0_int(void)                          //RTC Round second reset 中断
{
    rSRCPND = BIT_EINT0;
    rINTPND = BIT_EINT0;
    rINTPND;
    rRTCRST = (1<<3) | 3;                           //Round second reset enable, over than 30 sec
}
//------------------------------------------------------------------------------------------------
//      RTC 报警中断服务程序
//------------------------------------------------------------------------------------------------
void __irq Rtc_Int(void)                            //RTC 报警中断
{
    rSRCPND = BIT_RTC;
    rINTPND = BIT_RTC;
    rINTPND;
    Uart_Printf("RTC Alarm Interrupt O.K.\n");      //显示  RTC Alarm Interrupt O.K
    isRtcInt = 1;
}
//------------------------------------------------------------------------------------------------
//      RTC 滴答中断服务程序
//------------------------------------------------------------------------------------------------
void __irq Rtc_Tick(void)
{
    rSRCPND = BIT_TICK;
    rINTPND = BIT_TICK;
    rINTPND;
    Uart_Printf("\b\b\b\b\b\b%03d sec",sec_tick++);  //显示滴答中断次数
}
```

9.3 习　　题

1. S3C2410 RTC 具有哪些特点？

2. S3C2410 RTC 控制寄存器 RTCCON 各位的定义是什么？如何使用？

3. S3C2410 RTC 告警寄存器 RTCALM 各位的定义是什么？如何使用？

4. S3C2410 RTC 时钟寄存器有几个？它们以什么格式表示？

5. 熟悉例子程序，学会修改时间。

6. 熟悉例子程序，学会读取时间。

7. 如何在超级终端上按一定格式显示读取的时间。

8. RTC 滴答时钟发生器有什么用途？如何使用？

9. RTC 秒循环复位有什么用途？如何使用？

第10章 直接存储器存取(DMA)控制

本章将讲述 DMA 的基础知识、S3C2410 的 DMA 控制寄存器的配置与使用，最后给出一个通过 DMA 方式实现存储器到存储器的数据传送实例。

10.1 DMA 基础知识

本节将介绍 DMA 控制器的工作原理、数据传送工作过程、DMA 传送的 3 种工作方式。

计算机系统中各种常用的数据输入/输出方法有查询方式(包括无条件方式及条件传送方式)和中断方式，这些方式适用于 CPU 与慢速及中速外设之间的数据交换。但当高速外设要与系统内存或者要在系统内存的不同区域之间进行大量数据的快速传送时，这些传输方式就在一定程度上限制了数据传送的速率。直接存储器存取(DMA)就是为解决这个问题而提出的。采用 DMA 方式，在一定时间段内，由 DMA 控制器取代 CPU，获得总线控制权，来实现内存与外设或者内存的不同区域之间大量数据的快速传送。

典型的 DMA 控制器(以下简称 DMAC)的工作电路如图 10-1 所示，其数据传送工作过程如下。

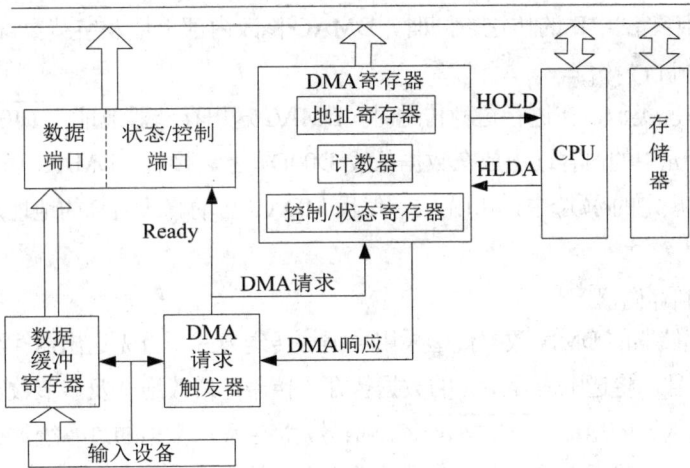

图 10-1 典型的 DMA 控制器的工作电路

(1) 外设向 DMAC 发出 DMA 传送请求。

(2) DMAC 通过连接到 CPU 的 HOLD 信号向 CPU 提出 DMA 请求。

(3) CPU 在完成当前总线操作后立即对 DMA 请求做出响应。CPU 的响应包括两个方面：一方面，CPU 将控制总线、数据总线和地址总线浮空，即放弃对这些总线的控制权；另一方面，CPU 将有效的 HLDA 信号加到 DMAC 上，以通知 DMAC，CPU 已经放弃了总线的控制权。

(4) CPU 将总线浮空，即放弃了总线控制权后，由 DMAC 接管系统总线的控制权，并向外设送出 DMA 的应答信号。

(5) DMAC 送出地址信号和控制信号，实现外设与内存或不同内存区域之间大量数据的快速传送。

(6) DMAC 将规定的数据字节传送完之后，通过向 CPU 发 HOLD 信号，撤销对 CPU 的 DMA 请求。CPU 收到此信号后，一方面使 HLDA 无效，另一方面又重新开始控制总线，实现正常取指令、分析指令、执行指令的操作。

需要注意的是，在内存与外设之间进行 DMA 传送期间，DMAC 控制器只是输出地址及控制信号，而数据传送是直接在内存和外设端口之间进行的，并不经过 DMAC。对于内存不同区域之间的 DMA 传送，则应先用一个 DMA 存储器读周期将数据从内存的源区域读出，存入 DMAC 的内部数据暂存器中，再利用一个 DMA 存储器写周期将该数据写到内存的目的区域中去。

DMA 传送包括 3 种方式：I/O 接口到存储器、存储器到 I/O 接口和存储器到存储器。由于它们具有不同的特点，所需要的控制信号也不相同。

- I/O 接口到存储器

当进行由 I/O 接口到存储器的数据传送时，来自 I/O 接口的数据利用 DMAC 送出的 $\overline{\text{IOR}}$ 控制信号，将数据输送到系统数据总线 D0~D7 上。同时，DMAC 送出存储器单元地址及 $\overline{\text{MEMW}}$ 控制信号，将存在于 D0~D7 上的数据写入所选中的存储单元中。这样就完成了由 I/O 接口到存储器 1B 的传送。同时，DMAC 修改内部地址及字节数寄存器的内容。

- 存储器到 I/O 接口

与前一种情况类似，在进行这种传送时，DMAC 送出存储器地址及 $\overline{\text{MEMR}}$ 控制信号，将选中的存储单元中的内容读出放在数据总线 D0~D7 上。接着，DMAC 送出 $\overline{\text{IOW}}$ 控制信号，将数据写到规定的(预选中)端口中去。然后 MDAC 自动修改内部的地址及字节数寄存器的内容。

- 存储器到存储器

存储器到存储器的 DMA 数据传送采用数据块传送方式，首先送出内存源区域的地址和 $\overline{\text{MEMR}}$ 控制信号，将选中内存单元的数据暂存。接着，修改地址及字节数寄存器的值。然后输出内存目的区域的地址及 $\overline{\text{MEMW}}$ 控制信号，将暂存的数据通过系统数据总线写入到内存的目的区域中去。最后，修改地址和字节数寄存器的内容，当字节计数器减到零或外部输入 $\overline{\text{NOP}}$ 时，结束一次 DMA 传输过程。

10.2　S3C2410 的 DMA 控制器

S3C2410 有 4 个 DMA 数据传送通道 DMA0~DMA3，每个通道都有 9 个控制寄存器，本节就介绍它们的使用。

1. 传输数据源地址寄存器(DISRC$_n$(n=0，1，2，3))

传输数据源地址寄存器是 32 位寄存器，最高位不用。它存储传输数据源地址，其配置如表 10-1 所示。

表 10-1　传输数据源地址寄存器

DISRC$_n$	Bit	描　　述	初　　值
S_ADDR	[30:0]	要传输的数据起始地址 当 CURR_SRC=0 和 DMA ACK=1 时，该值赋给 CURR_SRC	0X00000000

2. 传输数据目标地址寄存器(DIDST$_n$(n=0，1，2，3))

传输数据目标地址寄存器是 32 位寄存器，最高位不用。它存储传输数据目标地址，配置如表 10-2 所示。

表 10-2　传输数据目标地址寄存器

DIDST$_n$	Bit	描　　述	初　　值
D_ADDR	[30:0]	要传输的数据目的地址 当 CURR_DST=0 和 DMA ACK=1 时，该值赋给 CURR_SRC	0X00000000

3. DMA 控制寄存器(DCON$_n$(n=0，1，2，3))

DMA 控制寄存器 DCON$_n$ 每通道一个，这是 DMA 工作的基本条件约定。其配置如表 10-3 所示。

表 10-3　DMA 控制寄存器 DCON$_n$ 配置

DCON$_n$	Bit	描　　述	初　　值
DMA_HS	[31]	请求模式还是握手模式：0=请求模式；1=握手模式	0
SYNC	[30]	同步模式：0=外部 DMA 请求和 DACK 与 APB 时钟同步；1=外部 DMA 请求和 DACK 与 AHB 时钟同步	0
INT	[29]	计数器到 0 时，是否使能中断 0=禁止中断；1=允许中断	0
TSZ	[28]	0=单位传输；1=长度为 4 的猝发式传输	0
SERVMODE	[27]	传输模式选择：0=单传输服务(每单位传输结束，等下一个 DMA 请求)；1=全传输模式(传输到结束，不用另外请求信号)	0

(续表)

DCONn	Bit	描　　述	初　　值
HWSRCSEL	[26:24]	DMA 硬件请求模式时(DCONn[23]=1)，请求源设定 DCON0：000=外部请求源 0；001=UART0；010=SDI， 　　　　011=Timer；100=USB Device EP1 DCON1：000=外部请求源 1；001=UART1；010=IISSDI， 　　　　011=SPI；100=USB Device EP2 DCON2：000=IISSDO；001=IISSDI；010=SDI；011= Timer； 　　　　100=USB Device EP3 DCON3：000=UART2；001=SDI；010=SPI； 　　　　011=Timer；100=USB Device EP4	000
SWHW_SEL	[23]	DMA 请求模式：0=软件请求模式，DMA 通过 DMASKTRIG SW_TRIG 位触发；1=硬件请求模式，DMA 通过 DCON [26:24] 位请求触发	0
RELOAD	[22]	当前计数到 0 后是否重新加载：0=自动加载；1=关闭 DMA	0
DSZ	[21:20]	传输数据大小：0=字节；1=半字；2=字；3=保留	00
TC	[19:0]	发送计数器初始值	0X00000

4. 源数据配置寄存器(DISRCCn (n=0，1，2，3))

源数据配置寄存器(DISRCCn)描述了源数据的配置情况，具体如表 10-4 所示。

表 10-4　源数据配置寄存器

DISRCCn	Bit	描　　述	初　　值
LOC	[1]	总线位置选择：0=目标数据在 AHB 上；1=目标数据在 APB 上	0
INC	[0]	0=每次传输结束，地址加本次传输字节数；1=地址不变	0

5. 目标数据配置寄存器(DIDSTCn (n=0，1，2，3))

目标数据配置寄存器(DIDSTCn)描述了目标数据的配置情况，具体如表 10-5 所示。

表 10-5　目标数据配置寄存器

DIDSTCn	Bit	描　　述	初　　值
LOC	[1]	总线位置选择：0=目标数据在 AHB 上；1=目标数据在 APB 上	0
INC	[0]	0=每次传输结束，地址加本次传输字节数；1=地址不变	0

6. DMA 状态寄存器(DSTATn (n=0，1，2，3))

DMA 状态寄存器描述了 DMA 状态，具体如表 10-6 所示。

表 10-6 DMA 状态寄存器

DSTAT$_n$	Bit	描 述	初 值
STAT	[21:20]	00=DMA 空闲；01=DMA 忙	00
CURR_TC	[19:0]	传输计数值，利用 DCONn[19:0]赋初值，每一次传输结束后，该值减 1	0X00000

7. DMA 屏蔽寄存器(DMASKTRIG$_n$(n=0，1，2，3))

DMA 屏蔽寄存器是 DMA 通道开关，具体如表 10-7 所示。

表 10-7 DMA 屏蔽寄存器

DMASKTRIG$_n$	Bit	描 述	初 值
STOP	[2]	=1，停止 DMA，CURR_TC=0	0
ON_OFF	[1]	DMA 通道开关：0=通道关闭；1=通道打开	0
SW_TRIG	[0]	DMA 软件请求：=1 给 DMA 发一次操作请求，DMA 操作时自动清 0	0

8. DMA 当前源地址寄存器(DCSRC$_n$(n=0，1，2，3))

DMA 当前源地址寄存器 DCSRC$_n$(n=0，1，2，3)如表 10-8 所示。

表 10-8 DMA 当前源地址寄存器 DCSRC$_n$(n=0，1，2，3)

DCSRC$_n$	Bit	描 述	初 值
CURR_SRC	[30:0]	DMA 当前源地址	0X00000000

9. DMA 当前目的地址寄存器(DCDST$_n$(n=0，1，2，3))

DMA 当前目的地址寄存器 DCDST$_n$(n=0，1，2，3)如表 10-9 所示。

表 10-9 DMA 当前目的地址寄存器 DCDST$_n$(n=0，1，2，3)

DCDST$_n$	Bit	描 述	初 值
CURR_DST	[30:0]	DMA 目的地址	0X00000000

10.3 DMA 方式实现存储器到存储器的数据传送

本程序通过 DMA 方式实现存储器到存储器的数据传送。

10.3.1 头文件定义和函数声明

```
//----------------------------------------------------------------------
//     DMA 实验头文件
//----------------------------------------------------------------------
#ifndef __DMA_H__
#define __DMA_H__
void Test_DMA(void);
#endif /* __DMA_H__ */
```

10.3.2 DMA 方式实现存储器到存储器的数据传送

```
#include <string.h>                                         //引入头文件
#include "def.h"
#include "option.h"
#include "2410addr.h"
#include "2410lib.h"
#include "2410slib.h"
static void __irq Dma0Done(void);                           //定义各通道中断服务函数
static void __irq Dma1Done(void);
static void __irq Dma2Done(void);
static void __irq Dma3Done(void);
void DMA_M2M(int ch,int srcAddr,int dstAddr,int tc,int dsz,int burst);  //数据传输函数
void Test_DMA(void);                                        // DMA 实验
typedef struct tagDMA                                       //定义 DMA 结构
{
    volatile U32 DISRC;              //DMA 要传送的数据源地址寄存器
    volatile U32 DISRCC;             // DMA 要传送的源数据配置寄存器
    volatile U32 DIDST;              //DMA 目标数据寄存器
    volatile U32 DIDSTC;             //DMA 目标数据配置寄存器
    volatile U32 DCON;               // DMA 控制寄存器
    volatile U32 DSTAT;              // DMA 状态寄存器
    volatile U32 DCSRC;              //当前源寄存器
    volatile U32 DCDST;              /当前目的寄存器
    volatile U32 DMASKTRIG;          // DMA 屏蔽寄存器
}DMA;

static volatile int dmaDone;
//----------------------------------------------------------------------
// DMA 内存复制实验
//----------------------------------------------------------------------
```

```
    void Test_DMA(void)
    {
        //DMA 通道 0
        DMA_M2M(0, NONCACHE_STARTADDRESS, NONCACHE_STARTADDRESS+0x800000,
0x80000,0,0); //字节，单位传输
        DMA_M2M(0, NONCACHE_STARTADDRESS, NONCACHE_STARTADDRESS+0x800000,
0x40000,1,0); //半字，单位传输
        DMA_M2M(0, NONCACHE_STARTADDRESS, NONCACHE_STARTADDRESS+0x800000,
0x20000,2,0); //字，单位传输
        DMA_M2M(0, NONCACHE_STARTADDRESS, NONCACHE_STARTADDRESS+0x800000,
0x20000,0,1); //传输宽度：字节，猝发传输
        DMA_M2M(0, NONCACHE_STARTADDRESS, NONCACHE_STARTADDRESS+0x800000,
0x10000,1,1); //传输宽度：半字，猝发传输
        DMA_M2M(0, NONCACHE_STARTADDRESS, NONCACHE_STARTADDRESS+0x800000,
0x8000,2,1); //传输宽度：字，猝发传输
        //DMA 通道 1
        DMA_M2M(1, NONCACHE_STARTADDRESS, NONCACHE_STARTADDRESS+0x800000,
0x80000,0,0); //byte,single
        DMA_M2M(1, NONCACHE_STARTADDRESS, NONCACHE_STARTADDRESS+0x800000,
0x40000,1,0); //halfword,single
        DMA_M2M(1, NONCACHE_STARTADDRESS, NONCACHE_STARTADDRESS+0x800000,
0x20000,2,0); //word,single
        DMA_M2M(1, NONCACHE_STARTADDRESS, NONCACHE_STARTADDRESS+0x800000,
0x20000,0,1); //byte,burst
        DMA_M2M(1, NONCACHE_STARTADDRESS, NONCACHE_STARTADDRESS+0x800000,
0x10000,1,1); //halfword,burst
        DMA_M2M(1, NONCACHE_STARTADDRESS, NONCACHE_STARTADDRESS+0x800000,
0x8000,2,1); //word,burst
        //DMA 通道 2
        DMA_M2M(2, NONCACHE_STARTADDRESS, NONCACHE_STARTADDRESS+0x800000,
0x80000,0,0); //byte,single
        DMA_M2M(2, NONCACHE_STARTADDRESS, NONCACHE_STARTADDRESS+0x800000,
0x40000,1,0); //halfword,single
        DMA_M2M(2, NONCACHE_STARTADDRESS, NONCACHE_STARTADDRESS+0x800000,
0x20000,2,0); //word,single
        DMA_M2M(2, NONCACHE_STARTADDRESS, NONCACHE_STARTADDRESS+0x800000,
0x20000,0,1); //byte,burst
        DMA_M2M(2, NONCACHE_STARTADDRESS, NONCACHE_STARTADDRESS+0x800000,
0x10000,1,1); //halfword,burst
        DMA_M2M(2, NONCACHE_STARTADDRESS, NONCACHE_STARTADDRESS+0x800000,
0x8000,2,1); //word,burst
        //DMA 通道 3
        DMA_M2M(3, NONCACHE_STARTADDRESS, NONCACHE_STARTADDRESS+0x800000,
0x80000,0,0); //byte,single
```

```
        DMA_M2M(3, NONCACHE_STARTADDRESS, NONCACHE_STARTADDRESS+0x800000,
0x40000,1,0); //halfword,single
        DMA_M2M(3, NONCACHE_STARTADDRESS, NONCACHE_STARTADDRESS+0x800000,
0x20000,2,0); //word,single
        DMA_M2M(3, NONCACHE_STARTADDRESS, NONCACHE_STARTADDRESS+0x800000,
0x20000,0,1); //byte,burst
        DMA_M2M(3, NONCACHE_STARTADDRESS, NONCACHE_STARTADDRESS+0x800000,
0x10000,1,1); //halfword,burst
        DMA_M2M(3, NONCACHE_STARTADDRESS, NONCACHE_STARTADDRESS+0x800000,
0x8000,2,1); //word,burst
    }
//-------------------------------------------------------------------------------------
// DMA 方式内存复制
// ch 通道；srcAddr 源地址；dstAddr 目的地址；tc 传输计数；dsz 数据宽度；burst 猝发式传输
//-------------------------------------------------------------------------------------
void DMA_M2M(int ch,int srcAddr,int dstAddr,int tc,int dsz,int burst)
{
    int i,time;
    volatile U32 memSum0=0,memSum1=0;                        //定义 2 个计数器，校验用
    DMA *pDMA;                                               //定义一个 DMA 指针
    int length;
    length=tc*(   burst ? 4:1    )*( (dsz==0) + (dsz==1)*2 + (dsz==2)*4);
//传输数据长度
    Uart_Printf("[DMA%d MEM2MEM Test]\n",ch);
    switch(ch)
    {
    case 0:
        pISR_DMA0=(int)Dma0Done;                             //DMA0 中断服务程序入口
        rINTMSK&=~(BIT_DMA0);                                //取消 DMA0 中断屏蔽
        pDMA=(void *)0x4b000000;                             // DMA 指针赋值，结构存储地址
        break;
    case 1:
        pISR_DMA1=(int)Dma1Done;
        rINTMSK&=~(BIT_DMA1);
        pDMA=(void *)0x4b000040; //通道 1
        break;
    case 2:
        pISR_DMA2=(int)Dma2Done;
        rINTMSK&=~(BIT_DMA2);
        pDMA=(void *)0x4b000080; //通道 2
        break;
    case 3:
        pISR_DMA3=(int)Dma3Done;
        rINTMSK&=~(BIT_DMA3);
```

```
            pDMA=(void *)0x4b0000c0; //通道 3
            break;
        }

    Uart_Printf("DMA%d %8xh->%8xh,size=%xh(tc=%xh),dsz=%d,burst=%d\n",ch,
            srcAddr,dstAddr,length,tc,dsz,burst);
//显示 ch, srcAddr,dstAddr,length,tc,dsz,burst
    Uart_Printf("Initialize the src.\n");              //把要发送的数据先送发送区内存
    for(i=srcAddr;i<(srcAddr+length);i+=4)             //每次发送 4B
    {
        *((U32 *)i)=i^0x55aa5aa5;                       //把 i 与 0x55aa5aa5 异或后送目的地址
        memSum0+=i^0x55aa5aa5;                          //数据求和，做校验用
    }
    Uart_Printf("DMA%d start\n",ch);
    dmaDone=0;
//DMA 中断结束标志，dmaDone =0, 中断没结束；dmaDone =1, 中断结束
    pDMA->DISRC=srcAddr;                                //数据源起始地址给 DISRC
    pDMA->DISRCC=(0<<1)|(0<<0);                         // DMA 使用总线 AHB, 每传送一次，地址增加
    pDMA->DIDST=dstAddr;                                //设置数据传输目标地址 DIDST
    pDMA->DIDSTC=(0<<1)|(0<<0);                         //目标数据使用总线 AHB, 每接收一次，地址增加
    pDMA->DCON=|(1<<31)|(1<<30)|(1<<29)|(burst<<28)|(1<<27)| (0<<23)|(1<<22)|(dsz<<20)|(tc);
// DMA 控制寄存器初始化：初始化计数器，握手模式，AHB 同步，使能中断，单位/促发传输由
//burst 决定，软件请求模式，不重新加载，传输大小由 DSZ=0~2 决定，设置计数
    pDMA->DMASKTRIG=(1<<1)|1;                           //通道打开，请求一次 DMA 操作
    Timer_Start(3);                                    //复制计时
    while(dmaDone==0);                                 //等一次 DMA 操作结束
    time=Timer_Stop();                                 //计时器停
    Uart_Printf("DMA transfer done. time=%f, %fMB/S\n",(float)time
            length/((float)time/ONESEC3)/1000000.);
//本次 DMA 用时，传输速率 M/秒
    rINTMSK=BIT_ALLMSK;                                //屏蔽所有中断
    for(i=dstAddr;i<dstAddr+length;i+=4) //计算收到数据的字节数
    {
        memSum1+=*((U32 *)i)=i^0x55aa5aa5;
    }
    Uart_Printf("memSum0=%x,memSum1=%x\n",memSum0,memSum1);
    if(memSum0==memSum1)                               //比较发送和接收的数据字节数是否相等
        Uart_Printf("DMA test result----------------------------------O.K.\n");
    Else                                               //相等显示 OK，不相等显示 ERROR!!!
        Uart_Printf("DMA test result----------------------------------ERROR!!!\n");
}
//-------------------------------------------------------------------------------------------------------------
//通过使用不同的 dsz,burst,tc 对 DMA0、DMA1、DMA2、DMA3 进行测试
//-------------------------------------------------------------------------------------------------------------
```

```
void main(void)
{
ChangeClockDivider(1,1);      // hdivn,pdivn FCLK:HCLK:PCLK
                              // 0,0        1:1:1
                              // 0,1        1:1:2
                              // 1,0        1:2:2
                              // 1,1        1:2:4
ChangeMPLLValue(0xa1,0x3,0x1);                        // FCLK=202.8MH
Isr_Init();                                           // Isr_Init
Port_Init();                                          //Port_Init
Uart_Init(0,115200);                                 //时钟选 PCLK，波特率 115200
Uart_Select(0);                                      //ch=0
Test_DMA();
While(1){};
}
//-----------------------------------------------------------------------
// DMA0 中断结束，清除中断挂起
//-----------------------------------------------------------------------
static void __irq Dma0Done(void)
{
    ClearPending(BIT_DMA0);
    dmaDone=1;
}
//-----------------------------------------------------------------------
// DMA1 中断结束，清中断挂起
//-----------------------------------------------------------------------
static void __irq Dma1Done(void)
{
    ClearPending(BIT_DMA1);
    dmaDone=1;
}
//-----------------------------------------------------------------------
// DMA2 中断结束，清中断挂起
//-----------------------------------------------------------------------
static void __irq Dma2Done(void)
{
    ClearPending(BIT_DMA2);
    dmaDone=1;
}
//-----------------------------------------------------------------------
// DMA3 中断结束，清中断挂起
//-----------------------------------------------------------------------
static void __irq Dma3Done(void)
{
```

```
        ClearPending(BIT_DMA3);
        dmaDone=1;
    }
```

10.4　习　　题

1. 什么叫 DMA 传送方式？简述 CPU 和外设之间通过 DMA 方式进行数据交换的原理。

2. DMA 方式传送数据有几种情况？每种情况的主要步骤是什么？

3. 简述 DMA 控制寄存器 DCON 各位的意义以及各位如何使用。

4. DMA 控制寄存器 DISRC、DIDST、DISRCC、DIDSTC、DMASKTRIG 都是什么寄存器？各位的意义是什么及如何使用？

5. 说明本实验的 DMA_M2M 函数中各个参数的意义以及 tc、dsz、burst 这 3 个参数对 DMA 处理效率的影响。

第 11 章　S3C2410 的 PWM 控制

脉宽调制(Pulse-Width Modulation, 即 PWM)是在嵌入式控制系统中使用较多的直流电机调速技术，大多用在闭环伺服控制系统中，它调速范围宽，升降速稳定，使用方便，有广泛的应用场合。本章主要介绍 PWM 的工作原理、输出控制、控制寄存器的功能和使用，最后给出一个应用实例程序。

11.1　PWM 定时器概述

本节介绍 PWM 的工作原理、特性和 PWM 操作。

11.1.1　什么是脉宽调制

在嵌入式控制系统中，有许多场合需要直流电机做驱动。直流电机给定直流电压就可以旋转。给定的电压高，电机转速就快，给定的电压低，电机转速就慢。这样，控制给定电压的大小就可以控制电机的转速。

假定用定时器控制在微处理器的 I/O 口输出周期为 500μs 的方波，一个周期中，高低电平各占 250μs。人们把高电平占整个周期的时间比率称为"占空比"，上面周期为 500μs 的方波的占空比为 50%。用占空比可以改变的方波控制直流电机，就可以改变直流电机的输入平均电压，进而控制电机速度。占空比可以改变的方波叫 PWM。脉宽调制大多用在直流电机调速上。

11.1.2　S3C2410 的脉宽调制和 PWM 控制

S3C2410 有 5 个 16 位定时器，其中定时器 0、1、2、3 具有脉冲宽度调制(PWM)功能，定时器 4 具有内部定时作用，但是没有输出引脚。定时器 0、1 具有死区生成器，可以控制大电流设备。

定时器 T0 和 T1 共用一个 8 位预定标器，定时器 T2、T3 和 T4 共用另一个 8 位预定标器，每个定时器都有一个时钟分频器，信号分频输出有 5 种模式：1/2、1/4、1/8、1/16 和外部时钟 TCLK。定时器结构框图如图 11-1 所示。

每个定时器模块都从时钟定标器接收自己的时钟信号，时钟分频器接收的时钟信号来自于 8 位预定标器。可编程 8 位预分频器根据存储在 TCFG0 和 TCFG1 中的数据对 PCLK 进行预分频。分频器的功能如表 11-1 所示。

当时钟被允许后，定时器计数缓冲寄存器(TCNTBn)把计数初值下载到减法计数器 TCNTn 中。定时器比较缓冲寄存器(TCMPBn)把初始值下载到比较寄存器中，和减法计数器的值相比较，这种 TCNTBn 和 TCMPBn 双缓冲寄存器特性能使定时器产生稳定的输出，且占空比可变。

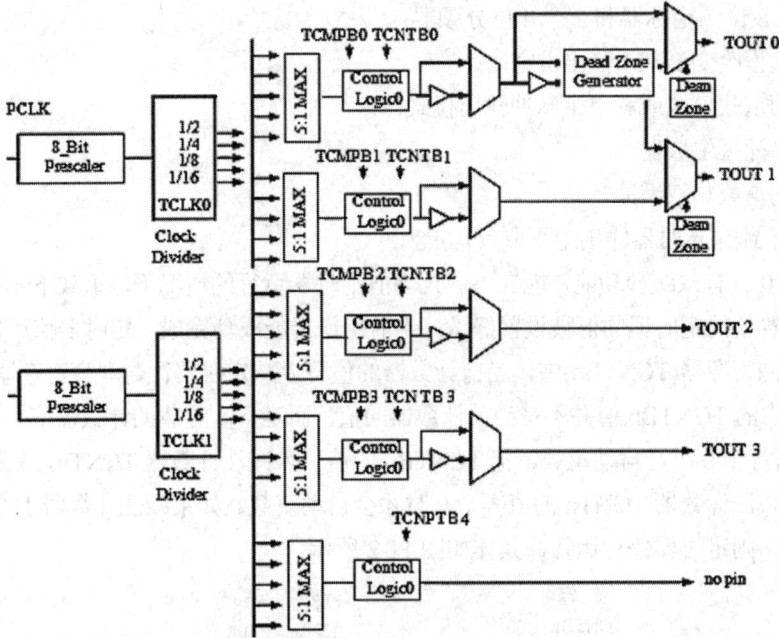

图 11-1　定时器结构框图

表 11-1　分频器功能

4 位预分频值设定	最小分频值 预定标器=0	最大分频值 预定标器=255	最大时间间隔 TCNTBNn=65535
1/2(PCLK=50MHz)	0.04μs (25MHz)	10.24μs (97.6562kHz)	0.6710s
1/4(PCLK=50MHz)	0.08μs (12.5MHz)	20.48μs (48.828kHz)	1.3421s
1/8(PCLK=50MHz)	0.16μs (6.25MHz)	40.9601μs (24.42kHz)	2.6843s
1/16(PCLK=50MHz)	0.32μs (3.125MHz)	81.9188μs (12.2070kHz)	5.3686s

每一个定时器都有一个自己的用定时器时钟驱动的 16 位减法计数器 TCNTn。当减法计数器减到 0 时，就会产生一个定时器中断来通知 CPU，定时器操作完成。当定时器减法计数器减到 0 时，相应的 TCNTBn 的值被自动重载到减法计数器 TCNTn 中继续下一次操作。然而，如果定时器停止了，如在运行时通过清除 TCON 中的定时器使能位来中止定时器的运行，则 TCNTBn 的值不会被重载到减法计数器中。

TCMPBn 的值用于脉冲宽带调制(PWM)。当定时器的减法计数器的值与 TCMPBn 的值相等时，定时器输出改变输出电平。因此，比较寄存器决定了 PWM 的占空比。

11.1.3　S3C2410 定时器特性

S3C2410 定时器具有如下特性:

- 5 个 16 位定时器;
- 2 个 8 位预定标器和 2 个 4 位分频器;
- 可编程改变 PWM 输出占空比;
- 自动重载模式或者单个脉冲输出模式;
- 具有死区生成器;
- 自动重载与双缓冲。
- 具有倒相(定时器输出电平取反)功能。

S3C2410 具有双缓冲功能,能在不中止当前定时器运行的情况下,重载下一次定时器运行参数,尽管新的定时器的值被设置好了,当前操作仍能成功完成。定时器值可以被写入定时器计数缓冲寄存器(TCNTBn)中,当前计数器的值可以从定时器计数观察寄存器(TCNTOn)中读出。读出的 TCNTBn 值并不是当前计数器的值,而是下次重载的计数器值。减法计数器 TCNTn 的值等于 0 时,自动重载,把 TCNTBn 的值装入减法计数器 TCNTn,只有当自动重载允许并且减法计数器 TCNTn 的值等于 0 时才会自动重载。如果减法计数器 TCNTn=0,自动重载禁止,则定时器停止运行,具体如图 11-2 所示。

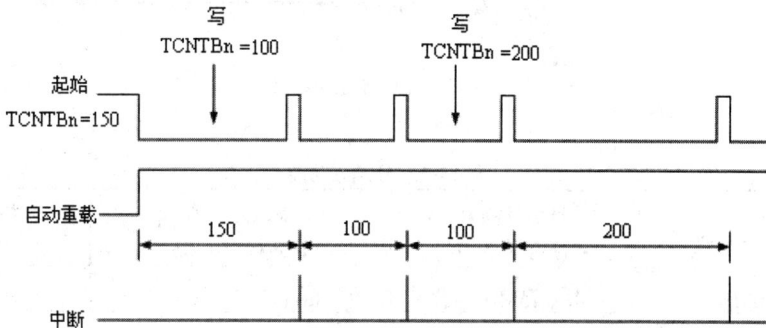

图 11-2　双缓冲功能举例

使用手动更新完成定时器的初始化和倒相位:当计数器的值减到 0 时,会发生自动重载操作,所以 TCNTn 的初始值必须由用户提前定义好,在这种情况下,就需要手动更新启动值。以下几个步骤给出了更新过程。

(1) 向 TCNTBn 和 TCMPBn 写入初始值。

(2) 置位相应定时器的手动更新位,不管是否使用倒相功能,推荐设置倒相位。

(3) 启动定时器,清除手动更新位。

注意:如果定时器被强制停止,TCNTn 将保持原来的值;如果要设置一个新的值,必须使用手动更新位。另外,手动更新位要在定时器启动后清除,否则不能正常运行。只要 TOUT 的倒相位改变,不管定时器是否处于运行状态,TOUT 都会倒相。因此,在手动更新时需要设置倒相位,定时器启动后清除。

11.1.4　定时器操作示例

定时器操作示例如图 11-3 所示。

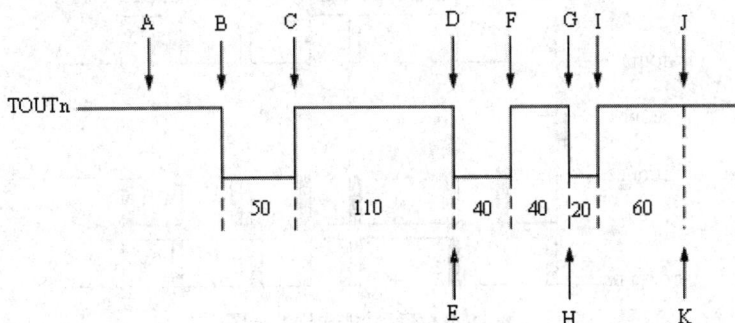

图 11-3　定时器操作示例

各字母选项如下。

A：允许自动重载功能，TCNTBn=160，TCMPBn=110。置位手动更新位，配置倒相位，手动更新位被置位后，TCNTBn 和 TCMPBn 的值被自动装入了 TCNTn 和 TCMPn。

B：启动定时器，清零手动更新位，取消倒相功能，允许自动重载，定时器开始启动减法计数。

C：当 TCNTn(160-50=110) 和 TCMPn(=110) 的值相等时，TOUT 输出电平由低变高。

D：当 TCNTn 的值等于 0 时产生中断，并在下一个时钟到来时把 TCNTBn 的值装入暂存器中。

E：在中断服务子程序中，把 80 和 40 分别装入 TCNTBn 和 TCMPBn 中。

F：当 TCNTn(80-40=40) 和 TCMPn(0=40) 的值相等时，TOUT 输出电平由低变高。

G、H：当 TCNTn = 0 时，产生中断，在中断服务程序中把 TCNTBn(80) 和 TCMPBn(60) 的值分别自动装入 TCNTn 和 TCMPn，并在中断服务程序中，禁止自动重载和中断请求来中止定时器的运行。

I：当 TCNTn(80-20=60) 和 TCMPn(=60) 的值相等时，TOUT 输出电平由低变高。

J、K：尽管 TCNTn=0，但是定时器停止运行，也不再发生自动重载操作，因为定时器自动重载功能被禁止，不再产生新的中断。

11.1.5　死区生成器

当 PWM 控制用于电源设备时需要用到死区功能。这个功能允许在一个设备关闭和另一个设备开启之间插入一个时间间隔。这个时间间隔可以防止两个设备同时关闭、同时开启或一个关闭的同时另一个开启。

TOUT0 是定时器 0 的 PWM 输出，假设 nTOUT0 是 TOUT0 的倒相信号，如果死区功能被允许，TOUT0 和 nTOUT0 的输出波形就变成 TOUT0_DZ 和 nTOUT0_DZ，如图 11-4 所示。

有了死区间隔，TOUT0_DZ 和 nTOUT0_DZ 关闭和开启就不会同时进行。

死区间隔时间可以通过软件进行设定，达到防止两个设备同时动作的目的。

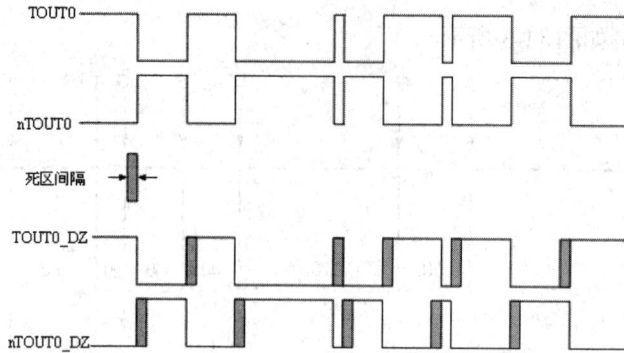

图 11-4   死区功能允许波形图

11.2   PWM 输出电平控制

本节介绍什么是占空比，PWM 如何通过调整占空比来控制输出电平。

11.2.1   PWM 工作原理

当把一个数值放入 TCNTBn 之后，启动定时器、使能重载功能。TCNTBn 把该数放入减法计数器 TCNTn，减法计数器开始减 1 操作，减法计数器减到 0 时，相应的 TCNTBn 的值被自动重载到减法计数器 TCNTn 中继续下一次操作。这样，在定时器的输出会产生连续的锯齿波，如图 11-5 所示的 Vtcnt。当把比较值放入 TCMPBn 后，该值会在定时器的输出产生一个负的电压，如图 11-5 中的 Vtcmpb 所示。定时器的输出电压 Vtout=Vtcnt-Vtcmpb，当 Vtcnt 大于 Vtcmpb 时，Vtout 输出电压变正；当 Vtcnt 小于 Vtcmpb 时，Vtout 输出电压变负。经整形电路处理，Vtout 输出电压变成了宽度随 Vtcmpb 而改变的方波 Vtout。开发者可以在程序中随时调整。例如，计数器到 0 中断服务程序中随时修改 TCMPBn，使 Vtcmpb 的大小改变，也就是改变了 PWM 的占空比。

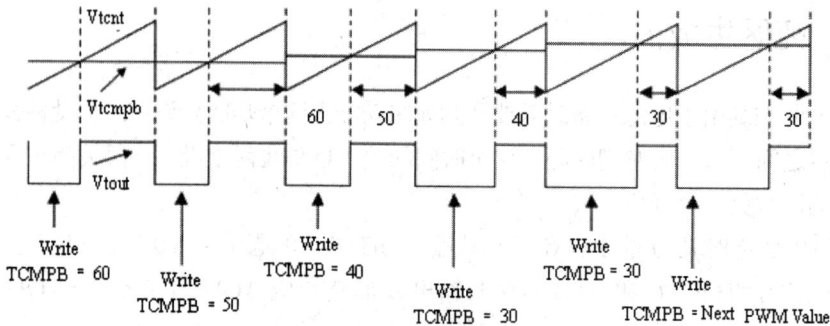

图 11-5   PWM 工作原理

11.2.2　PWM 输出控制

1. 输出电平倒相

PWM 在不改变占空比的情况下，输出电平还可以倒相，即把输出电平取反。在 PWM 控制寄存器中有一个逆变位，通过修改逆变位的值可方便地实现倒相。

2. 编程改变输出频率

PWM 的输出频率很容易改变，具体如下面的程序。

```
    rTCFG0=0xff;              //设置预分频器定标值，定时器 0/1 定标值=255，定时器 2/3/4 定标值=0
    rTCFG1=0x1;              //定时器 0 预分频值=1/4
for (freq=4000;freq<14000;freq+=1000)   //频率 4000~14000Hz 变化
    { div=(PCLK/256/4)/freq;   //求定时器计数初值 TCNTB0
    rTCON=0x0;               //定时器停
    rTCNTB0=div;             //定时器 0 计数初值
    rTCMPB0=(2*div)/3;       //比较寄存器值=2/3 定时器 0 初值，占空比=60%
    rTCON=0xa;               //手动更新 TCNTB0 和 TCMPB0，自动重载
    rTCON=0x9;               //启动定时器
    for(index=0;index<10000;index++);
    rTCON=0x0; }             //延时并停止定时器
```

3. 编程改变输出占空比

```
    div=(PCLK/256/4)/8000;   //输出频率 8000Hz，使用 1%~99%的占空比
    for (rate =1; rate <100; rate ++)
    {rTCNTB0=div;
    rTCMPB0=(rate*div)/100;  //修改占空比
    rTCON=0xa;               //手动装定时器的计数值
    rTCON=0x9;               //启动定时器
    for(index=0;index<10000;index++);
    rTCON=0x0; }             //停止定时器
```

11.3　PWM 定时器控制寄存器

本节将介绍 PWM 定时器控制寄存器的配置和使用。

11.3.1　定时器配置寄存器 0

定时器配置寄存器 0(TCFG0)如表 11-2 所示。

表 11-2 定时器配置寄存器 0(TCFG0)

含　义	Bit	描　述	初　值
保留	[31:24]		0x00
死区长度	[23:16]	单位是定时器 0 的 1 个计数长度	0x00
预定标器 1	[15:8]	定时器 2、3 和 4 的定标值	0x00
预定标器 2	[7:0]	定时器 0、1 的定标值	0x00

11.3.2　定时器配置寄存器 1

定时器配置寄存器 1(TCFG1) 如表 11-3 所示。

表 11-3　定时器配置寄存器 1(TCFG1)

含　义	Bit	描　述	初　值
DMA 方式	[23:20]	选 DMA 通道： 0000=全部中断方式；0001：定时器 0；0010：定时器 1；0011：定时器 2；0100：定时器 3；0101：定时器 4；0110，保留	0000
多路开关 4	[19:16]	0000=1/2，0001=1/4，0010=1/8，0011=1/16，0100=外部时钟	0000
多路开关 3	[15:12]	0000=1/2，0001=1/4，0010=1/8，0011=1/16，0100=外部时钟	0000
多路开关 2	[11:8]	0000=1/2，0001=1/4，0010=1/8，0011=1/16，0100=外部时钟	0000
多路开关 1	[7:4]	0000=1/2，0001=1/4，0010=1/8，0011=1/16，0100=外部时钟	0000
多路开关 0	[3:0]	0000=1/2，0001=1/4，0010=1/8，0011=1/16，0100=外部时钟	0000

定时器输入时钟频率如下：

$$f_{TCLK}=(f_{PCLK}/(Prescaler+1))/divider$$

其中，Prescaler 为预定标值(0~255)；分频器 divider(表 11-3 中的 4 选 1 开关)的分频值为 2、4、8 和 16。

PWM 输出时钟频率=定时器输入时钟频率(f_{TCLK})/定时器计数缓冲器值(TCNTBn)。

PWM 输出占空比=定时器比较缓冲器值(TCMPBn)/定时器计数缓冲器值(TCNTBn)。

11.3.3　减法缓冲寄存器和比较缓冲寄存器

定时器减法缓冲寄存器(TCNTBn)和比较缓冲寄存器(TCMPBn)的定义如表 11-4 所示。

表 11-4　TCNTBn 和 TCMPBn 定义

寄存器名	读/写状态	描　述	初　值
TCNTBn	R/W	TCNTBn [15:0] 减法缓冲寄存器	0x0000
TCMPBn	R/W	TCNTBn [15:0] 比较缓冲寄存器	0x0000

11.3.4 定时器控制寄存器

定时器控制寄存器(TCON) 如表 11-5 所示。

表 11-5 定时器控制寄存器

含　义	BIT	描　　述	初　值
定时器 4 自动重载 ON/OFF	[22]	0=定时器 4 运行 1 次；1=自动重载	0
定时器 4 手动更新	[21]	0=无操作；1=更新 TCNTB4	0
定时器 4 启动位	[20]	0=无操作；1=启动定时器 4	0
定时器 3 自动重载 ON/OFF	[19]	0=定时器 3 运行 1 次；1=自动重载	0
定时器 3 逆变开关	[18]	0=逆变开关关；1=逆变开关开	0
定时器 3 手动更新	[17]	0=无操作；1=更新 TCNTB3	0
定时器 3 启动位	[16]	0=无操作；1=启动定时器 3	0
定时器 2 自动重载 ON/OFF	[15]	0=定时器 2 运行 1 次；1=自动重载	0
定时器 2 逆变开关	[14]	0=逆变开关关；1=逆变开关开	0
定时器 2 手动更新	[13]	0=无操作；1=更新 TCNTB2	0
定时器 2 启动位	[12]	0=无操作；1=启动定时器 2	0
定时器 1 自动重载 ON/OFF	[11]	0=定时器 3 运行 1 次；1=自动重载	0
定时器 1 逆变开关	[10]	0=逆变开关关；1=逆变开关开	0
定时器 1 手动更新	[9]	0=无操作；1=更新 TCNTB1	0
定时器 1 启动位	[8]	0=无操作；1=启动定时器 1	0
保留	[7：5]	0=不工作；1=死区使能	000
死区使能	[4]	0=禁止；1=使能	0
定时器 0 自动重载 ON/OFF	[3]	0=定时器 0 运行 1 次；1=自动重载	0
定时器 0 逆变开关	[2]	0=逆变开关关；1=逆变开关开	0
定时器 0 手动更新	[1]	0=无操作；1=更新 TCNTB0	0
定时器 0 启动位	[0]	0=无操作；1=启动定时器 0	0

11.3.5 减法计数器观察寄存器

定时器 T0~T4 减法计数器 $TCNT_n$ 是内部寄存器，它们的值可通过相应的观察寄存器 $TCNTO_n$ 读出，读出的值不是 $TCNT_n$ 当前值，而是下个周期要重载到减法计数器中的值。

观察寄存器 $TCNTO_n$ 定义如表 11-6 所示。

表 11-6 观察寄存器 $TCNTO_n$ 定义

$TCNTO_n$	Bit	定　义	初　值
减法计数器观察寄存器	[15:0]	重载到减法计数器中的值	0x0000

11.4　PWM 参考程序

本节给出 PWM 应用的参考程序，供读者学习和工作时参考。

参考程序涉及 SMDK2410 开发版，该板是三星公司为配合 S3C2410 开发而推出的实验版，国内各公司研制的开发板大多参照此版。SMDK2410 TOUT 配置(参见图 11-1)为：GPB4=TCLK0，GPB3=TOUT3，GPB2=TOUT2，GPB1=TOUT1，GPB0=TOUT0，GPG11=TCLK1，GPH9=CLKOUT0(由杂项寄存器 MISCCR 的 CLKSEL0 决定输出信号源，这里选 PCLK)。在程序中对 B、H 口要初始化。

```
#include <string.h>
#include "2410addr.h"
#include "2410lib.h"
void Test_Timer(void);//定时器和 PWM 实验
void Test_TimerInt(void);//定时器中断实验
void __irq Timer0Done(void);// 定时器 0 中断服务程序
void __irq Timer1Done(void);
void __irq Timer2Done(void);
void __irq Timer3Done(void);
void __irq Timer4Done(void);
//-------------------------------------------------------------------------------
//定时器和 PWM 实验
//-------------------------------------------------------------------------------
void Test_Timer(void)
{
    int save_B,save_G,save_H,save_PB,save_PG,save_PH,save_MI; //定义变量，保存端口和寄存器值
    char key;                                                 //定义变量，保存键盘输入的命令
    Uart_Printf("[ TOUT 0,1,2,3 Test ]\n\n");                 //在超级终端上显示提示
    Uart_Printf("= Current Port Setting List =\n");           //当前端口设置列表
    Uart_Printf("rGPBCON = 0x%8x,     rGPGCON = 0x%8x,     rGPHCON= 0x%8x,     rMISCCR =
0x%5x\n" ,rGPBCON,rGPGCON,rGPHCON,rMISCCR);
    Uart_Printf("rGPBUP  = 0x%8x,     rGPGUP  = 0x%8x,     rGPHUP = 0x%8x\n\n",rGPBUP ,
rGPGUP , rGPHUP);
    save_B  = rGPBCON;                                        //保存所使用的寄存器原状态
    save_G  = rGPGCON;
    save_H  = rGPHCON;
    save_PB = rGPBUP;
    save_PG = rGPGUP;
    save_PH = rGPHUP;
    save_MI = rMISCCR;
```

```
    rGPBUP   = rGPBUP   & ~(0x1f)       | 0x1f;        //GPB4~0 上拉禁止，做第二功能
    rGPBCON = rGPBCON & ~(0x3ff)       | 0x2aa;       // GPB4~0 做输出，CLK0, TOUT3~0
    rGPGUP   = rGPGUP   & ~(0x800)     | 0x800;       //G11 上拉禁止，做第二功能 TCLK1
    rGPGCON = rGPGCON & ~(0xc00000) | 0xc00000;  // G11 做输出，TCLK1
    rGPHUP   = rGPHUP   & ~(0x200)     | 0x200;       //GPH9 上拉禁止，做第二功能 CLKOUT0
    rGPHCON = rGPHCON & ~(0x3<<18)   | (0x2<<18); // GPH9 做 CLKOUT0
    rMISCCR = rMISCCR & ~(0xf0)        | 0x40;        //Select PCLK with CLKOUT0
                                                     // rMISCCR 是杂项控制寄存器
    Uart_Printf("= Changed Port Setting List =\n");      //变化后端口设置列表
    Uart_Printf("rGPBCON = 0x%8x,    rGPGCON = 0x%8x,    rGPHCON= 0x%8x,    rMISCCR =
0x%5x\n" ,rGPBCON,rGPGCON,rGPHCON,rMISCCR);
    Uart_Printf("rGPBUP   = 0x%8x,    rGPGUP   = 0x%8x,    rGPHUP = 0x%8x\n\n",rGPBUP ,
rGPGUP , rGPHUP);

    Uart_Printf("[ Select Timer Clock ]\n");             //选定时器输入时钟
    Uart_Printf("a. PCLK           b. External TCLK[0,1,2,3]\n");
    //按 a 选 PCLK，按 b 选外部输入时钟
    Uart_Printf("\u1Select the function to test : ");      //选实验功能
    key = Uart_Getch();                                  //读键盘，没有数据时会一直等
    Uart_Printf("%c\n\n",key);                           //输出键值
    rTCFG0 = rTCFG0 & ~(0xffffff) | 0x10000;
    //死区长度(Dead zone)=1,定标器 1(Prescaler1)=0, 定标器 0(Prescaler0)=0
    switch(key)
    {
        case 'a'://定时器时钟选 PCLK
            rTCFG1 = 0x0;                    //全部采用中断方式, 分频器 4~0(MUX4~0) 取：1/2
            Uart_Printf("PCLK Check Selected\n");    // PCLK 测试选择
            Uart_Printf("Probing    PCLK : CON15 - 26\n");
            //PCLK 接 SMDK2410 开发板 CON15 第 26 脚
            break;
        case 'b':                            //定时器时钟选外部时钟
            rTCFG0 = rTCFG0 & ~(0xffffff) | 0x44444;
            //死区(Dead zone)=4,定标器 1(Prescaler1)=68(0x44), (定标器)Prescaler0=68(0x44)
            Uart_Printf("rTCFG0 = 0x%6x    <= Timer configuration register0.\n",rTCFG0);
                    Uart_Printf("External TOUT[0,1,2,3] Check Selected\n");
            // TOUT[0,1,2,3] 测量选择， TCLK0 接 SMDK2410 开发板 U16－14 脚，TCLK 1
            //接 SMDK2410 开发板 S4 － 1 脚
            // Uart_Printf("Probing TCLK 0 : U16 - 14\n");
            // Uart_Printf("Probing TCLK 1 : S4   -   1\n");
            break;
        default:                             //输入其他值无效，恢复原寄存器状态返回
            rGPBCON = save_B;
            rGPGCON = save_G;
            rGPHCON = save_H;
```

```
            rGPBUP   = save_PB;
            rGPGUP   = save_PG;
            rGPHUP   = save_PH;
            rMISCCR = save_MI;
            return;
}
//定时器输出时钟周期 =(1/(PCLK/(Prescaler+1)/divider) * count(Max 65535)
rTCNTB0 = rTCNTB0 & ~(0xffff) | 2000;
//(1/(50MHz/69/2)    *   2000 =  5.5200 msec (181.159  Hz)   //周期(频率)
//(1/(50.7MHz/69/2))*   2000 =  5.4437 msec (183.698   Hz)
//(1/(50MHz/1/2))   *   2000 =  0.0800 msec ( 12.500 KHz)
//(1/(50.7MHz/1/2)) *   2000 =  0.0788 msec ( 12.690 KHz)
rTCNTB1 = rTCNTB1 & ~(0xffff) | 4000;
//(0.0000027600003) *   4000 = 11.0400 msec ( 90.579   Hz)
//(0.0000027218935) *   4000 = 10.8875 msec ( 91.848   Hz)
//(0.00000004)       *   4000 =  0.1600 msec (  6.250 KHz)
//(0.0000000394477) *   4000 =  0.1577 msec (  6.337 KHz)
rTCNTB2 = rTCNTB2 & ~(0xffff) | 5000;
 //(0.0000027600003) *   5000 = 13.8000 msec ( 72.463   Hz)
//(0.0000027218935) *   5000 = 13.6094 msec ( 73.478   Hz)
//(0.00000004)        *   5000 =  0.2000 msec (  5.000 KHz)
//(0.0000000394477) *   5000 =  0.1972 msec (  5.070 KHz)
rTCNTB3 = rTCNTB2 & ~(0xffff) | 10000;
//(0.0000027600003) * 10000 = 27.6000 msec ( 36.231    Hz)
//(0.0000027218935) * 10000 = 27.2189 msec ( 36.739    Hz)
//(0.00000004)        * 10000 =  0.4000 msec (  2.500 KHz)
//(0.0000000394477) * 10000 =  0.3944 msec (  2.535 KHz)
   // Uart_Printf("rTCNTB0 = %d    <= Timer 0 counter buffer register.\n",rTCNTB0);
    rTCMPB0=   2000 - 1000;        //占空比(duty) 50%
    rTCMPB1=   4000 - 2000;
    rTCMPB2=   5000 - 2500;
    rTCMPB3= 10000 - 5000;


// Uart_Printf("rTCMPB0 = %d     <= Timer 0 compare buffer register.\n",rTCMPB0);
// Uart_Printf("rTCON   = 0x%6x (Before)   <= Timer control register.\n",rTCON);
rTCON   = rTCON & ~(0xffffff) | 0x6aaa0a;
// [22:20] [19:16] [15:12] [11:8] [7:4] [3:0]
//   110    1010   1010    1010  0000  1010
//Auto reload, Inverter off, Manual update, Stop, Dead zone disable
Uart_Printf("rTCON   = 0x%6x (After)   <= Timer control register.(0x6aaa0a)\n",rTCON);
Uart_Printf("rTCON   = 0x%6x (Before)   <= Timer control register.\n",rTCON);
rTCON   = rTCON & ~(0xffffff) | 0x599909;
// [22:20] [19:16] [15:12] [11:8] [7:4] [3:0]
// 101    1001   1001   1001    0000  1001
```

```
//Auto reload, Inverter off, No operation, Start(启动定时器 0~4), Dead zone disable
//Uart_Printf("rTCON    = 0x%6x (After)    <= Timer control register.(0x599909)\n\n",rTCON);
    Uart_Printf("Probing TOUT 0 : J10 -    2\n");// TOUT 0 接 SMDK2410 J10 – 2 脚
    Uart_Printf("Probing TOUT 1 : U20 -    1\n");// TOUT 1 接 SMDK2410 U20 – 1 脚
    Uart_Printf("Probing TOUT 2 : U16 - 13\n");// TOUT 2 接 SMDK2410 U16 – 3 脚
    Uart_Printf("Probing TOUT 3 : U16 - 15\n");// TOUT 3 接 SMDK2410 U16 –15 脚
    if(key=='a' && PCLK==50000000)          //示波器观测 OK
    {                                        //输出周期和频率
        Uart_Printf("PCLK 50MHz, Timer TOUT 0 : 0.08 msec (12.50 KHz)\n");
        Uart_Printf("PCLK 50MHz, Timer TOUT 1 : 0.16 msec ( 6.25 KHz)\n");
        Uart_Printf("PCLK 50MHz, Timer TOUT 2 : 0.20 msec ( 5.00 KHz)\n");
        Uart_Printf("PCLK 50MHz, Timer TOUT 3 : 0.40 msec ( 2.50 KHz)\n");
    }
    else if(key=='a' && (PCLK==(202800000/4)))   //示波器观测 OK
    {                                        //输出周期和频率
        Uart_Printf("PCLK 50.7MHz, Timer TOUT 0 : 0.0788 msec ( 12.690 KHz)\n");
        Uart_Printf("PCLK 50.7MHz, Timer TOUT 1 : 0.1577 msec (   6.337 KHz)\n");
        Uart_Printf("PCLK 50.7MHz, Timer TOUT 2 : 0.1972 msec (   5.070 KHz)\n");
        Uart_Printf("PCLK 50.7MHz, Timer TOUT 3 : 0.3944 msec (   2.535 KHz)\n");
    }
    else if(key=='b' && PCLK==50000000)      //示波器观测 OK
    {
        Uart_Printf("PCLK 50MHz, Timer TOUT 0 :  5.5200 msec (181.159 Hz)\n");
        Uart_Printf("PCLK 50MHz, Timer TOUT 1 : 11.0400 msec ( 90.579 Hz)\n");
        Uart_Printf("PCLK 50MHz, Timer TOUT 2 : 13.8000 msec ( 72.463 Hz)\n");
        Uart_Printf("PCLK 50MHz, Timer TOUT 3 : 27.6000 msec ( 36.231 Hz)\n");
    }
    else if(key=='b' && (PCLK==(202800000/4)))   //示波器观测 OK
    {
        Uart_Printf("PCLK 50.7MHz, Timer TOUT 0 :  5.4437 msec (183.698 Hz)\n");
        Uart_Printf("PCLK 50.7MHz, Timer TOUT 1 : 10.8875 msec ( 91.848 Hz)\n");
        Uart_Printf("PCLK 50.7MHz, Timer TOUT 2 : 13.6094 msec ( 73.478 Hz)\n");
        Uart_Printf("PCLK 50.7MHz, Timer TOUT 3 : 27.2189 msec ( 36.739 Hz)\n");
    }
                                             //测量 PWM 输出
    Uart_Printf("\n Check PWM (Pulse Width Modulation) Output\n");
    Uart_Printf("Press any key to exit.\n");     //按任意键退出
    Uart_Getch();                            //没键按下，一直等待，由此处进入定时器中断
                                             //测量 TOUT 0~ TOUT 3 输出，观察 PWM 输出
    rTCON    = 0x0;                          //中断结束，定时器停
    Uart_Printf("rTCON    = 0x%6x    <= Timer control register.(0x0)\n",rTCON);//显示 TCON
    rGPBCON = save_B;//恢复原寄存器内容
    rGPGCON = save_G;
    rGPHCON = save_H;
```

```
        rGPBUP  = save_PB;
        rGPGUP  = save_PG;
        rGPHUP  = save_PH;
        rMISCCR = save_MI;
}
//----------------------------------------------------------------------------------------------
//    Timer Interrupt 0/1/2/3/4 test
//----------------------------------------------------------------------------------------------
volatile int variable0,variable1,variable2,variable3,variable4;
void Test_TimerInt(void)
{
        variable0 = 0;variable1 = 0;variable2 = 0;variable3 = 0;variable4 = 0;
        //定义变量，记录 Timer 0/1/2/3/4 中断次数
        // Uart_Printf("rINTMSK (Before) = 0x%8x\n",rINTMSK);          //显示 rINTMSK 值
        rINTMSK = ~(BIT_TIMER4 | BIT_TIMER3 | BIT_TIMER2 | BIT_TIMER1 | BIT_TIMER0);
        //取消 Timer 0/1/2/3/4 中断屏蔽，等中断
        Uart_Printf("rINTMSK (After)   = 0x%8x    <= Timer4,3,2,1 Bit[14:10]\n",rINTMSK);
        //显示取消 Timer 0/1/2/3/4 中断屏蔽后 rINTMSK 值
        //设 Timer 0/1/2/3/4 中断向量
        pISR_TIMER0 = (int)Timer0Done;
        pISR_TIMER1 = (int)Timer1Done;
        pISR_TIMER2 = (int)Timer2Done;
        pISR_TIMER3 = (int)Timer3Done;
        pISR_TIMER4 = (int)Timer4Done;
        Uart_Printf("\n[ Timer 0,1,2,3,4 Interrupt Test ]\n\n");
        rTCFG0 = rTCFG0 & ~(0xffffff) | 0x000f0f;
        //死区=0，定标器 1=15(0x0f)，定标器 0=15(0x0f)
        rTCFG1   =rTCFG1 & ~(0xffffff) | 0x001233;
        //全部中断，Mux4=1/2,Mux3=1/4,Mux2=1/8,Mux1=1/16,Mux0=1/16
        // (定时器输入时钟频率)Timer input clock frequency = PCLK/(prescaler value+1)/(divider value)
        rTCNTB0 = 0xffff;      //(1/(50MHz/16/16)) * 0xffff (65535) = 0.334s ( 2.994Hz)
        rTCNTB1 = 0xffff;      //(1/(50MHz/16/16)) * 0xffff (65535) = 0.334s ( 2.994Hz)
        rTCNTB2 = 0xffff;      //(1/(50MHz/16/8 )) * 0xffff (65535) = 0.163s ( 6.135Hz)
        rTCNTB3 = 0xffff;      //(1/(50MHz/16/4 )) * 0xffff (65535) = 0.078s (12.820Hz)
        rTCNTB4 = 0xffff;      //(1/(50MHz/16/2 )) * 0xffff (65535) = 0.039s (25.641Hz)
        rTCON    = rTCON & ~(0xffffff) | 0x599901;
        // [22:20] [19:16] [15:12] [11:8] [7:4] [3:0]
        // 101   1001   1001   1001  0000  0001
        // T4~T1 自动加载，逆变关，无操作，死区功能停，定时器 T0~T4 启动，T0 不重载(运行 1 次)

        /*  Uart_Printf("Probing TOUT 0 : J10 -  2\n");     // SMDK2410 相应引脚输出 TOUT 0~ TOUT 3
        Uart_Printf("Probing TOUT 1 : U20 -   1\n");
        Uart_Printf("Probing TOUT 2 : U16 - 13\n");
        Uart_Printf("Probing TOUT 3 : U16 - 15\n\n");
```

```
        if(PCLK==50000000)
        {
            Uart_Printf("PCLK 50MHz, Timer TOUT 0 : 0.334s ( 2.994Hz)\n");
            Uart_Printf("PCLK 50MHz, Timer TOUT 1 : 0.334s ( 2.994Hz)\n");
            Uart_Printf("PCLK 50MHz, Timer TOUT 2 : 0.163s ( 6.135Hz)\n");
            Uart_Printf("PCLK 50MHz, Timer TOUT 3 : 0.078s (12.820Hz)\n");
            Uart_Printf("PCLK 50MHz, Timer TOUT 4 : 0.039s (25.641Hz) <= No Pin Out\n\n");
        }
*/
    while(variable0 == 0);                    //等 Timer TOUT 0 中断 1 次程序结束
/* 该语句保证实验程序中 Timer TOUT 0 中断 1 次，然后定时器停，在此期间由于频率快慢关系，
Timer TOUT 1 中断 1 次，Timer TOUT 2 中断 2 次，Timer TOUT 3 中断 4 次，Timer TOUT 4 中断 8 次 */
        rTCON    = 0x0;                       //定时器停
                                              //显示实验结果
    if(variable4==8 && variable3==4 && variable2==2 && variable1==1 && variable0==1)
    {
        Uart_Printf("Timer 0,1,2,3,4 Interrupt Test --> OK\n");
    }
    else
    {
        Uart_Printf("Timer 0,1,2,3,4 Interrupt Test --> Fail............\n");
    }
    Uart_Printf("Timer0 - %d (=1),   Timer1 - %d (=1),   Timer2 - %d (=2),   Timer3 - %d (=4),
    Timer4 - %d (=8)\n",
        variable0,variable1,variable2,variable3,variable4);
//      Uart_Printf("Press any key to exit.....\n");
while(!Uart_Getch());          //检查有无键按下，没有等待，有退出
//显示屏蔽寄存器操作前后的值
//      Uart_Printf("rINTMSK (Before) = 0x%8x\n",rINTMSK);
        rINTMSK |= (BIT_TIMER4 | BIT_TIMER3 | BIT_TIMER2 | BIT_TIMER1 | BIT_TIMER0);
//      Uart_Printf("rINTMSK (After)   = 0x%8x\n",rINTMSK);
}
//-------------------------------------------------------------------------------------------------
//定时器 0 中断服务程序
//-------------------------------------------------------------------------------------------------
void __irq Timer0Done(void)
{
    rSRCPND = BIT_TIMER0;      //Clear pending bit
    rINTPND = BIT_TIMER0;
    rINTPND;                    //该语句是读 rINTPND 的意思，读硬件寄存器，硬件复位
    variable0++;                //中断次数相加
}
//-------------------------------------------------------------------------------------------------
//定时器 1 中断服务程序
```

```
//----------------------------------------------------------------------------------------
void __irq Timer1Done(void)
{
    rSRCPND = BIT_TIMER1;       //Clear pending bit
    rINTPND = BIT_TIMER1;
    rINTPND;                    //该语句是读 rINTPND 的意思，读硬件寄存器，硬件复位
    variable1++;                //中断次数相加
}
//----------------------------------------------------------------------------------------
//定时器 2 中断服务程序
//----------------------------------------------------------------------------------------
void __irq Timer2Done(void)
{
    rSRCPND = BIT_TIMER2; //意义同上
    rINTPND = BIT_TIMER2;
    rINTPND;
    variable2++;
}
//----------------------------------------------------------------------------------------
//定时器 3 中断服务程序
//----------------------------------------------------------------------------------------
void __irq Timer3Done(void)
{
    rSRCPND = BIT_TIMER3; //意义同上
    rINTPND = BIT_TIMER3;
    rINTPND;
    variable3++;
}
//----------------------------------------------------------------------------------------
//定时器 4 中断服务程序
//----------------------------------------------------------------------------------------
void __irq Timer4Done(void)
{
    rSRCPND = BIT_TIMER4; //意义同上
    rINTPND = BIT_TIMER4;
    rINTPND;
    variable4++;
}
```

11.5 习　题

1. 简述 PWM 的原理及使用场合。
2. 定时器的输入频率如何计算？

3. PWM 的输出频率和占空比如何计算？

4. 什么是预定标器和分频器？它们各有什么作用？

5. 如果已确定 Timer TOUT 输出频率和输入频率，如何求定时器的初值？

6. PWM 控制寄存器有几个？这些寄存器都起什么作用？

7. 分析实验程序，说明定时器用到哪几个 I/O 口？各口的作用是什么？

8. 分析实验程序，说明定时器中断实验如何设置中断向量？

9. 说明定时器中断实验程序中如何实现 Timer TOUT 1 中断 1 次，Timer TOUT 2 中断 2 次，Timer TOUT 3 中断 4 次，Timer TOUT 4 中断 8 次？

第12章 S3C2410的看门狗电路控制

在许多控制系统中都设置了看门狗电路,以保证当系统受到干涉而死机时能够使系统复位重新开始正常运行。

本章将介绍看门狗电路的功能及工作原理,包括S3C2410的看门狗电路控制、S3C2410的看门狗定时器控制寄存器的配置与使用,最后给出一个参考程序。

12.1 看门狗电路的功能及工作原理

嵌入式系统运行时受到外部干扰或者系统错误,程序有时会出现"跑飞",导致整个系统瘫痪。为了防止这一现象发生,在对系统稳定性要求较高的场合往往要加入看门狗(Watchdog)电路。看门狗的作用就是当系统"跑飞"而进入死循环时,恢复系统的运行。

其基本原理为:嵌入式控制系统的软件结构基本是一个循环结构,设系统程序完整运行一周期的时间为 t_p,选定1个定时器,定时周期为 t_i,且 $t_i > t_p$,在程序正常运行 t_p 周期中修改定时器的计数值1次,重新设定定时器的原定时间周期 t_i,(俗称"喂狗")。只要程序正常运行,运行时间永远不会到达 t_i,定时器就不会溢出。

如果由于干扰等原因使系统不能在 t_p 时段修改定时器的计数值,定时器将在 t_i 时刻溢出,引发定时器溢出中断,在中断程序中编写代码,修改 PC 值为 0,使系统再回到正常的循环结构中,恢复系统的正常运行。

12.1.1 S3C2410 的看门狗控制

S3C2410 的看门狗定时器有两个功能。

(1) 作为常规定时器使用,并且可以产生中断。

(2) 作为看门狗定时器使用,期满时,它可以产生 128 个时钟周期的复位信号。

如图 12-1 所示为 S3C2410 看门狗电路示意图。输入时钟为 PCLK(该时钟频率等于系统的主频),它经过两级分频,最后将分频后的时钟作为该定时器的输入时钟,当计数器减到 0(看门狗定时器跟一般定时器一样,是减计数器)后可以产生中断或者复位信号。

看门狗定时器计数值的计算公式如下。

① 输入到计数器的时钟周期:

$$t\_watchdog=1/(PCLK/(Prescaler\ value+1)/Division\_\ factor)$$

其中，PCLK 为系统时钟频率；Prescaler value 为预定标值(值 0~255)；Division_ factor 为四分频值，可以是 16、32、64 或 128。

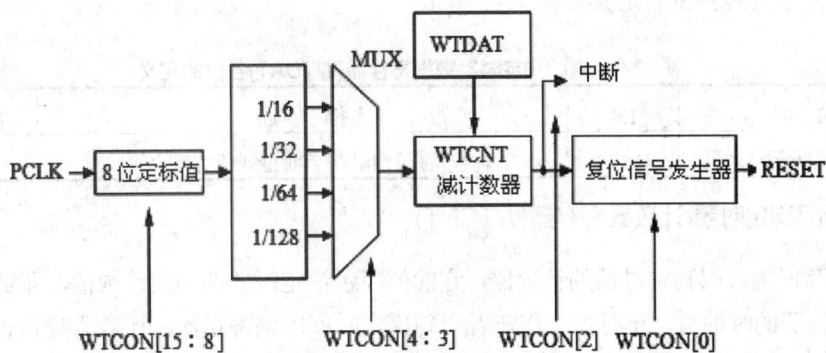

图 12-1　S3C2410 看门狗电路示意图

② 看门狗的定时周期：

$$T = WTCNT×t\_Watchdog$$

其中，WTCNT 是看门狗定时器计数器初值。

12.1.2　看门狗定时器控制寄存器

1. 看门狗定时器控制寄存器(WTCON)

通过该寄存器可以使能/禁止看门狗、选择输入时钟源、使能/关闭中断、使能/关闭输出。该寄存器及其控制位的定义如表 12-1 所示。

表 12-1　看门狗定时器控制寄存器(WTCON)各位的定义

WTCON	Bit	描　　述	初　　值
预定标值	[15:8]	有效值 0~255	0x80
保留	[7:6]	必须为 0	00
看门狗电路使能	[5]	0=禁止；1=使能	1
时间分频	[4:3]	00=1/16，01=1/32，10=1/64，11=1/128	00
中断使能	[2]	0=禁止中断，1=使能中断	0
保留	[1]	必须为 0	0
复位功能	[0]	0=禁止看门狗复位，1=引发复位信号	0

2. 看门狗定时器数据寄存器(WTDAT)

该数据寄存器用于设置看门狗定时器的重载值。看门狗定时器 WTDAT 和 WTCNT 初始值均为 0x8000,看门狗开始工作和在每次溢出时该寄存器的值被加载到 WTCNT 寄存器中。该寄存器及其各位的定义如表 12-2 所示。

表 12-2　看门狗定时器数据寄存器(WTDAT)各位的定义

WTDAT	Bit	描　　述	初　　值
看门狗电路重载计数器	[15:0]	看门狗电路当前重载值	0x80000

3. 看门狗定时器/计数器寄存器(WTCNT)

该寄存器为看门狗定时器的计数器,它的值表示该定时器的当前计数值,即到下一次期满还需要经历的时钟数。定时器工作在看门狗模式时使用该寄存器,计数器减到 0 前需要重新设置其值,以防止发生系统复位。该寄存器及其各位的定义如表 12-3 所示。

表 12-3　看门狗定时器/计数器寄存器(WTCNT)各位的定义

WTCNT	Bit	描　　述	初　　值
计数器	[15:0]	看门狗电路当前计数值	0x80000

12.2　参考程序及说明

本节给出了看门狗电路设计参考程序,其中有详细的解释,供读者学习和设计参考。

设程序预定标值 Prescaler value = PCLK/1000000－1;分频因子=128;看门狗输入时钟周期=1/(PCLK/(Prescaler value+1)/Division_ factor)= 1/(PCLK/(PCLK/1000000－1+1)/Division_factor)=1/1000000/128=1/7812;允许中断;看门狗超时复位,每秒中断一次,10 秒后结束。看门狗的定时周期为 1 秒。看门狗的定时周期 T = WTCNT×t_Watchdog= WTCNT×1/7812,因为 T=1 秒,所以 WTCNT=7812。

```
# include "2410addr.h"
#include "2410lib.h"
#include "def.h"
static volatile   U8   f_ucSecondNo;                    //秒中断次数
void   __irq watchdog_int(void)
//--------------------------------------------------------------------------------
//主程序
//--------------------------------------------------------------------------------
void main()
{
//sys_init();
  watchdog_test();
   for(;;);
```

```
}
//------------------------------------------------------------------------------------
//看门狗定时器实验
//------------------------------------------------------------------------------------
void watchdog_test(void)
{
uart_printf("\n WatchDog Timer Test Example\n");
uart_printf(" 10 seconds:\n");
ClearPending(BIT_WDT);                    //清中断挂起 WDT 位
pISR_WDT = (unsigned)watchdog_int;        //设中断向量
rWTCON = ((PCLK/1000000-1)<<8)|(3<<3)|(1<<2)|1;
//预定标值= PCLK/1000000-1；分频因子 128；允许中断；看门狗超时复位
  rWTDAT = 7812;                          //设置看门狗重载值
  rWTCNT = 7812;                          //设置看门狗初始值
rWTCON |=(1<<5);                          //使能看门狗电路

  rINTMOD &= ~(BIT_WDT);                  //通用中断模式
  rINTMSK &= ~(BIT_WDT);                  //取消 WDT 中断屏蔽，开中断
  while((f_ucSecondNo)<11);              //控制中断 10 次 ，中断入口
  rINTMSK |= BIT_WDT;                     //结束，屏蔽看门狗中断位
  uart_printf(" end.\n");
}
//------------------------------------------------------------------------------------
// 看门狗中断服务程序
//------------------------------------------------------------------------------------
void    __irq watchdog_int(void)
{
  ClearPending(BIT_WDT);                  //清中断挂起位
  f_ucSecondNo++;                         //计中断次数
  if(f_ucSecondNo<11)                     //显示中断次数
uart_printf(" %ds ",f_ucSecondNo);        //打印中断(秒)数
  else
      uart_printf("\n O.K.");             //结束
}
```

12.3　习　　题

1. 简述看门狗电路的功能及其工作原理。
2. 看门狗电路的输入时钟周期、看门狗的定时周期如何计算？
3. 看门狗电路的控制寄存器(WTCON)有哪些功能？
4. 说出看门狗电路的数据寄存器(WTDAT)和计数器寄存器(WTCNT)的使用场合。
5. 参考实验程序，修改预分频值和分频因子，使看门狗 2 秒中断一次，10 秒后复位。
6. 参考实验程序，学习编写看门狗电路驱动程序。

第 13 章　S3C2410 的 I^2C 总线控制

本章介绍 I^2C 总线的工作原理、S3C2410 的 I^2C 接口，以及 I^2C 软件编程。

13.1　I^2C 总线工作原理

本节介绍 I^2C 总线的工作原理和主要特点、基本结构、总线读/写时序。

嵌入式控制系统中，带有 I^2C 总线接口的电路使用越来越多，采用 I^2C 总线接口的器件连接线和引脚数目少、成本低。与单片机连接简单，结构紧凑，在总线上增加器件不影响系统的正常工作，系统修改和可扩展性好，即使工作时钟不同的器件也可以直接连接到总线上，使用起来非常方便。但其软件程序稍复杂，速度受系统主频和连接器件的多少影响。

1. I^2C 总线的主要特点

I^2C 总线是由 PHILIPS 公司开发的一种简单、双向二线制同步串行总线。它只需要两根线即在连接于总线上的器件之间传送信息。这种总线的主要特点如下。

(1) 总线只有两根线，即串行时钟线(SCL)和串行数据线(SDA)，这在设计中大大减少了硬件接口。

(2) 每个连接到总线上的器件都有一个用于识别的器件地址，器件地址由芯片内部硬件电路和外部地址引脚同时决定，避免了片选线的连接方法，并建立了简单的主从关系，每个器件既可以作为发送器，又可以作为接收器。

(3) 同步时钟允许器件用不同的波特率进行通信。

(4) 同步时钟可以作为停止或重新启动串行口发送的握手信号。

(5) 串行数据传输位速率在标准模式下可达 100kb/s，快速模式下可达 400kb/s，高速模式下可达 3.4Bb/s。

2. I^2C 总线的基本结构

I^2C 总线是由数据线 SAD 和时钟线 SCL 构成的串行总线，可以发送和接收数据。采用 I^2C 总线标准的器件均并联在总线上，每个器件内部都有 I^2C 接口电路，用于实现与 I^2C 总线的连接，其结构形式如图 13-1 所示。

每个器件都有唯一的地址，两两器件之间都可以进行信息传送。当某个器件向总线上发送信息时，它就是发送器(也叫主控制器)；而当其从总线上接收信息时，它又称为接收器(又叫从控制器)。在信息的传输过程中，主控制器发送的信号分为器件地址码、器件单元地址和数据 3 部分，其中，器件地址码用来选择从控制器，确定操作的类型(是发送信息还是接收信息); 器件单元地址用于选择器件内部的单元; 数据是在各器件之间传递的信息。处理过程就像打电话一样, 只有拨通号码才能进行信息交流。各控制电路虽然挂在同一条总线上, 却彼此独立, 互不相关。

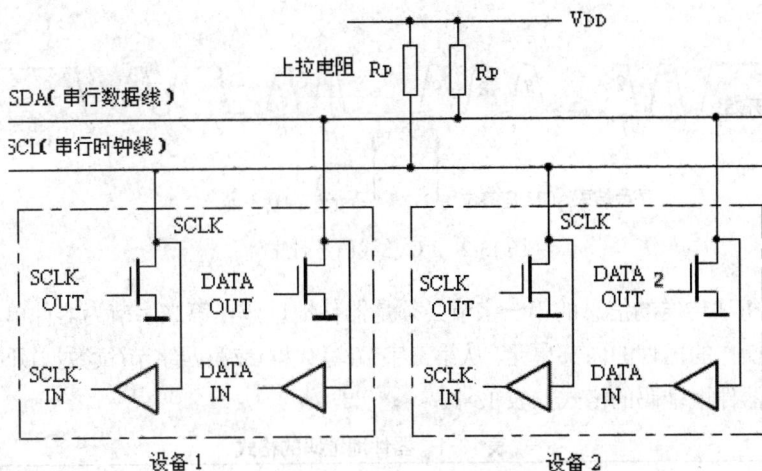

图 13-1　I²C 总线的结构

3. I²C 总线信息传送

I²C 总线没有进行信息传送时, 数据线 SDA 和时钟线 SCL 都为高电平。当主控制器向某个器件传送信息时, 首先应向总线传送开始信号, 开始信号和结束信号的规定如下。

- 开始信号: SCL 为高电平时, SDA 由高电平向低电平跳变, 开始传送数据。
- 结束信号: SCL 为高电平时, SDA 由低电平向高电平跳变, 结束传送数据。

开始信号和结束信号之间传送的是信息, 信息的字节没有限制但是每字节必须为 8 位, 高位在前, 低位在后。数据线 SDA 上每一位信息状态的改变只能发生在时钟线 SCL 为低电平期间, 因为 SCL 为高电平期间 SDA 状态的改变已经被用来表示开始信号和结束信号。每字节后面必须接收一个应答信号 ACK, ACK 是从控制器在接收到 8 位数据后向主控制器发出的特定的低电平脉冲, 用以表示已收到数据, 主控制器接收到应答信号 ACK 后, 可以根据实际情况判断是否继续传递信号。如果未收到 ACK, 则判断为从控制器出现故障, 具体情况如图 13-2 所示。

采用 I²C 总线接口的器件连接线和引脚数目少、成本低。与单片机连接简单, 结构紧凑, 在总线上增加器件不影响系统的正常工作, 系统修改和可扩展性好, 即使工作时钟不同的器件也可以直接连接到总线上, 使用起来非常方便。但软件程序稍复杂, 对时序要求严格, 编写应用程序时应参照图 13-2 信号时序来进行。

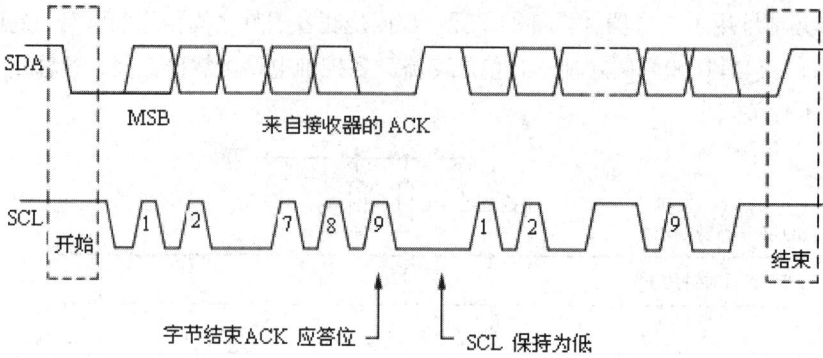

图 13-2　I²C 总线信号时序

主控制器每次传送的信息的第一字节必须是器件地址码，第二字节为器件单元地址，用于实现选择所操作的器件的内部单元，从第三字节(写数据)或第四字节(读数据)开始为传送的数据。其中，器件地址码的格式如表 13-1。

表 13-1　器件地址码的格式

D7	D6	D5	D4	D3	D2	D1	D0
A	A	A	A	B	B	B	R/W

其中 AAAA(D7~D4)是器件的类型，有固定的定义，EEPROM 为 1010；BBB(D3~D1)为片选或片内页面地址；R/W(D0)是读/写控制，D0=1 表示是从总线读信息，D0=0 是向总线写信息。

4. I²C 总线读/写操作时序

(1) 指定单元写

如图 13-3 所示的是以 EEPROM 为例，向总线写一字节数据的过程。

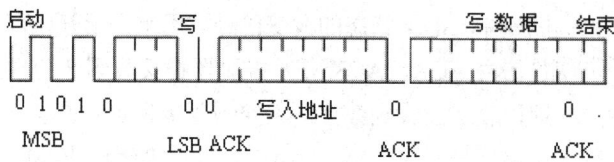

图 13-3　I²C 总线指定单元写信号时序

在图 13-3 中，只给出了写一字节 SDA 的时序，当 SCL 为高，SDA 从高到低跳变时，启动 I²C；I²C 向总线写第一字节数据，1010 是器件的类型，表示 EEPROM，LSB=0 是写命令，接到 ACK 应答后，再发一字节数据，这个数据是 EEPROM 内的单元地址，然后收到 ACK 后就可以向 SDA 线上串行写入一字节数据，再收到 ACK，直接发高电平结束本次操作。

从某地址开始连续写多字节的过程和图 13-3 类似，在图 13-3 中，写完第一个数据后，等从设备发送 ACK，主设备收到后不发结束信号，而是接着写第二个数据，再收到从设备发送 ACK 后写第三个数据，以此类推，直到写完最后一个数据，收到从设备发送 ACK 后直接发结束信号。

(2) 指定单元读

该操作从所选器件的内部地址读一字节数据，格式如图 13-4 所示。

在图 13-4 中，当 SCL 为高，SDA 从高到低跳变时，启动 I²C。I²C 向总线写第一字节数据，1010 是器件的类型，表示 EEPROM，LSB=0 是写命令，接到 ACK 应答后，再发一字节数据，这个数据是 EEPROM 内的单元地址；再接到 ACK 后，因为要从写命令转换为读命令，所以 I²C 要重新启动一次(控制/状态寄存器 IICSTAT[5]=1)，并发一个读命令，再接到 ACK 后就可以从总线上读数据了。I²C 读数据要比 I²C 写数据多一个重新启动过程。

从某地址开始连续读多字节的过程如图 13-4 所示。在图 13-4 中，读完第一个数据后，主设备发送 ACK，从设备收到后将第二个数据放到总线，主设备接着读第二个数据，主设备读完第二个数据后再发送 ACK，从设备收到后将第三个数据放到总线，依此类推，直到读完最后一个数据，主设备不发 ACK，而是直接发结束信号。

本章实例程序以 EEPROM AT24C04 为例详细介绍了 I²C 指定单元读/写操作程序的编写。

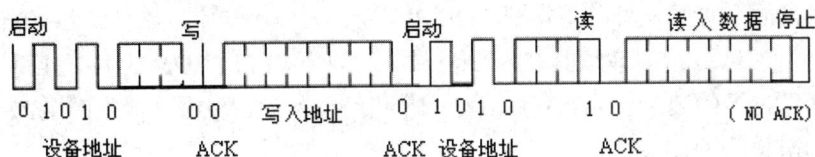

图 13-4　I²C 总线读时序

13.2　EEPROM 读/写操作

本节介绍 I²C 总线接口常用的 EEPROM 存储器芯片 AT24C04 的结构与应用、设备地址和 AT24CXX 的数据操作格式。

13.2.1　AT24C04 结构与应用简述

目前，通用存储器芯片多为 EEPROM，其常用的协议主要有两线串行连接协议(I²C)和三线串行连接协议。带 I²C 总线接口的 EEPROM 有许多型号，其中 AT24CXX 系列使用十分普遍。产品包括 AT24C01、AT24C02、AT24C04、AT24C08、AT24C16 等，其容量(字节数×页)分别为 128×8、256×8、512×8、1024×8、2048×8，适用于 2~5V 的低电压操作，具有低功耗和高可靠性等优点。

AT24 系列存储器芯片采用 CMOS 工艺制造，内置有高压泵，可以在单电压供电条件下工作。其标准封装为 8 脚 DIP 封装形式，如图 13-5 所示。

各引脚的功能说明如下。

- SCL：串行时钟。遵循 ISO/IEC7816 同步协议，漏极开路，需接上拉电阻。在该引脚的上升沿，系统将数据输入到每个 EEPROM 器件，在下降沿输出。

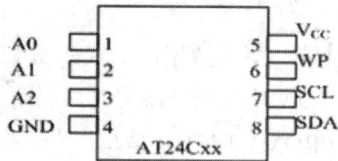

图 13-5　AT24 系列 EEPROM 的 DIP8 封装示意图

- SDA：串行数据线。漏极开路，需接上拉电阻。双向串行数据线，可与其他开路器件"线或"。
- A0、A1、A2：器件/页面寻址地址输入端。在 AT24C01 和 AT24C02 中，做页面寻址地址。
- WP：读/写保护。接低电平时可对整片空间进行读/写，高电平时不能读/写，受保护。
- Vcc/GND：5V 工作电压/5V 地。

AT24C04 由输入缓冲器和 EEPROM 阵列组成。由于 EEPROM 的半导体工艺特性写入时间为 5~10ms，如果从外部直接写入 EEPROM，则每写一字节都要等 5~10ms，成批数据写入时则要等更长的时间。具有 SRAM 输入缓冲器的 EEPROM 器件，其写入操作变成对 SRAM 缓冲器的装载，装载完后启动一个自动写入逻辑将缓冲器中的全部数据一次写入 EEPROM 阵列中。

对缓冲器的输入称为"页写"，缓冲器的容量称为"页写字节数"。AT24C04 的页写字节数为 8，占用最低 3 位地址。写入不超过页写字节数时，对 EEPROM 器件的写入操作与对 SRAM 的写入操作相同；如果超过页写字节数，应等 5~10ms 后再启动一次写操作。

由于 EEPROM 器件缓冲区容量较小(只占据最低 3 位)，且不具备溢出进位检测功能，所以，从非零地址写入 8 字节数或从零地址写入超过 8 字节数会形成地址翻卷，导致写入出错。

13.2.2　设备地址(DADDR)

AT24C04 的器件地址是 1010。

13.2.3　AT24CXX 的数据操作格式

在 I2C 总线中，对 AT24C04 内部存储单元读/写，除了要给出器件的设备地址(DADDR)外，还需指定读/写的页面地址(PADDR)。两者组成操作地址(OPADDR)为：1010 A2 A1A0-R/W。

13.3　S3C2410 处理器 I^{2}C 接口

本节介绍 S3C2410 处理器 I^{2}C 接口使用的控制寄存器的配置和使用。使用 I^{2}C 接口电路编程必须要对这些控制寄存器进行设置。

13.3.1　S3C2410 I²C 接口简介

S3C2410 处理器提供符合 I²C 协议的设备连接双向数据线 I²CSDA 和 I²CSCL。在 I²CSCL 高电平期间，I²CSDA 的下降沿启动，上升沿停止。S3C2410 处理器可以支持主发送、主接收、从发送和从接收这 4 种工作模式。在主发送模式下，需要使用到如表 13-2~表 13-5 所示的寄存器。

在 I²C 总线的读模式下，为了产生停止条件，在读取最后一字节之后不允许产生 ACK 信号。这通过设 I²C 控制寄存器 ICCCON[7]=0 来实现。

如果 I²C 控制寄存器 IICCON[5]=0，则 IICCON[4]不能正常工作，因此务必将 IICCON[5]设置为 1，即使不使用 I²C 中断。

当一字节读/写完成时产生 I²C 中断。

表 13-2　I²C 总线控制寄存器(IICCON)

功　能	Bit	描　述	初　值
ACK 使能	[7]	0=禁止产生 ACK 信号，1=允许产生 ACK 信号	0
Tx 时钟选择	[6]	=0 IICCLK=PCLK/16，=1 IICCLK=PCLK/512	0
Tx/Rx 中断使能	[5]	=0 禁止 Tx/Rx 中断，=1 允许 Tx/Rx 中断	0
清除中断标记	[4]	不能对该位写 1，系统自动写 1 时，IICSCL 被拉低，IIC 传输停止。写 0，清除中断标记，重新恢复中断响应；读出结果是 1，正在执行中断程序，不能进行写操作；读出结果是 0，没有中断发生	0
发送时钟	[3:0]	发送时钟分频值：Tx_CLOCK=IICCLK/(IICCON[3:0]+1)	不定

表 13-3　I²C 总线地址寄存器(IICADD)

从器件地址	Bit	描　述	初　值
IICADD	[7:0]	IIC 7 位从器件地址	0x00

表 13-4　I²C 发送接收移位寄存器(IICDS)

移位寄存器	Bit	描　述	初　值
IICDS	[7:0]	I²C 接口发送/接收数据移位寄存器	0x00

表 13-5　I²C 总线控制/状态寄存器(IICSTAT)

功　能	Bit	描　述	初　值
模式选择	[7:6]	00=从接收模式，01=从发送模式；10=主接收模式，11=主发送模式	00
忙信号状态/起始/停止条件	[5]	读：0=总线不忙，1=总线忙；写：0=产生停止条件，1=产生起始条件	0
串行数据输入使能	[4]	0=禁止发送/接收；1=使能发送/接收	0
仲裁状态位	[3]	0=总线仲裁成功，1=总线仲裁失败	0

(续表)

功　　能	Bit	描　　述	初　　值
从地址状态标志	[2]	0=如果检测到起始或停止条件则清 0； 1=如果接收到的器件地址和保存在 IICADD 中的相符，则置 1	0
0 地址状态标志	[1]	0=如果检测到起始或停止条件则清 0； 1=如果接收到的从器件地址为 0，则置 1	0
应答位状态标志	[0]	0=最后收到的位是 ACK，1=最后收到的位是 1(ACK 没收到)	0

I²C 总线控制/状态寄存器(IICSTAT)的高 4 位配合 I²C 总线控制寄存器(IICCON)对 I²C 总线的工作过程进行控制。IICSTAT 的低 4 位是 I²C 状态标志，实际中使用较少。

13.3.2　使用 S3C2410 I²C 总线读/写方法

- 开始条件(START_C)：当 SCL 为高电平时，SDA 由高转为低。
- 停止条件(STOP_C)：当 SCL 为高电平时，SDA 由低转为高。
- 确认信号(ACK)：在作为接收方应答时，每收到一字节后便将 SDA 电平拉低。
- 数据传送(R/M)：总线启动或应答后，SCL 高电平期间数据串行传送；低电平期间为数据准备，并允许 SDA 线上数据电平变换。总线以字节(8 位)为单位传送数据，且高有效位(MSB)在前。

13.4　S3C2410 I²C 总线读/写参考程序编写

1. CAT24WCXX 的器件地址

CAT24WCXX 的器件地址的高 4 位 D7~D4 固定为 1010；接下来的 3 位 D3~D1(A2、A1、A0)为器件的片选地址位或作为存储器页地址选择位，用来定义哪个器件以及器件的哪个部分被主器件访问。在 I²C 总线上最多可以连接 8 个 CAT24WC01/02(A2、A1、A0 为器件的片选地址)、4 个 CAT24WC04(A2、A1 为器件的片选地址)、2 个 CAT24WC08(A2 为器件的片选地址)、1 个 CAT24WC16(因为没有片选地址信号，D3~D1 只做存储器页地址选择位)、8 个 CAT24WC32/64(A2、A1、A0 为器件的片选地址)、1 个 CAT24WC128(D3~D1 只做存储器页地址选择位)、4 个 CAT24WC256(A2、A1 为器件的片选地址)器件到同一条总线上，片选地址必须与硬件连接线输入脚 A2、A1、A0 相对应。器件地址的最低位 D0 为读/写控制位，D0=1 表示对器件进行读操作，D0=0 表示对器件进行写操作。在主器件上发送起始信号和从器件地址字节后，CAT24WCXX 监视总线，当其地址与发送的从地址相符时响应一个应答信号(通过 SDA 线)。CAT24WCXX 再根据读/写控制位(R/W)的状态进行读或者写操作。CAT24WCXX 的器件地址的具体情况如表 13-6 所示，表中 A0、A1 和 A2

对应器件的引脚 1、引脚 2 和引脚 3，a8、a9、a10 对应为页地址选择位。

表 13-6 CAT24WCXX 的器件地址

芯 片	地 址 码	片 选	读/写	最多同时访问片数
CAT24WC01	1010	A2 A1 A0	R/W	8
CAT24WC02	1010	A2 A1 A0	R/W	8
CAT24WC04	1010	A2 A1 a8	R/W	4
CAT24WC08	1010	A2 a9 a8	R/W	2
CAT24WC16	1010	a10 a9 a8	R/W	1
CAT24WC32	1010	A2 A1 A0	R/W	8
CAT24WC64	1010	A2 A1 A0	R/W	8
CAT24WC128	1010	a10 a9 a8	R/W	1
CAT24WC256	1010	0 A1 A2	R/W	4

2. 页写

CAT24WCXX 的按字节读/写操作在第 13.1 节中已作过介绍，这里只对 CAT24WCXX 按页读/写做简单介绍。

按字节读/写操作模式下，CAT24WCXX 一次可写入一字节数据，页写操作的启动和字节一样。不同之处在于传送了一字节数据后并不产生停止信号，而是继续传送下一字节。每发送一字节数据后内部地址自动加 1。

接收到一页字节数据或主器件发送的停止信号后，CAT24 启动内部写周期将数据写入到 EEPROM 阵列。

3. I²C 总线编程

I²C 总线编程主要完成两项工作：一是系统初始化，包括使能系统中断，设置中断向量等；二是对 I²C 的相关寄存器进行设置，如下所示。

```
rINTMSK & = ~(BIT_IIC|BIT_ALLMSK);        //使能系统中断和 I²C 中断
pISR_IIC= (unsigned)iic_int_24c04;        // I²C 中断服务地址
rIICADD =0x10;                            //S3C2410 从设备地址
rIICCON =0xaf;                           //使能 ACK 和 I²C 总线中断
rIICSTAT =0x10;                          //允许发送接收
```

13.5 I²C 实验程序

I²C 实验的 AT24LC04 控制电路设计如图 13-6 所示。

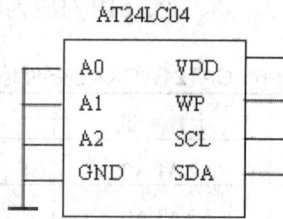

图 13-6　AT24LC04 控制电路

AT24LC04 作为从设备,其地址码为 1010A2 A1 a8-R/W,如表 13-5 所示,现在 A2 A1=00,a8 是页地址,实验中取 0,这样,写 AT24LC04 地址是 10100000(0xa0),读 AT24LC04 地址是 10100001(0xa1),其中最低位为 R/W 标志。

本实验的内容就是将 0~F 这 16 个数按顺序写入到 EEPROM(AT24LC04)的内部存储单元中,然后再依次将它们读出,并通过实验板的串口 UART0 输出到在 PC 上运行的 Windows 自带超级终端上。在本实验中,EEPROM 被作为 I²C 总线上的从设备来进行处理,其工作过程涉及 I²C 总线的主发送和主接收两种工作模式。

如果实验结果正常,在超级终端上将显示如下信息。

```
Embest Edukit-Ⅲ Evaluation Board
IIC Timer Test Example,using AT24c04…
Write char 0-f into AT24c04
Read 16 bytes from AT24c04
00 01 02 03 04 05 06 07 08 09 0a 0b 0c 0d 0e 0f.
```

参考程序如下。

```c
//-------------------------------------------------------------------------------
//      头文件
//-------------------------------------------------------------------------------
//iic_test.h
#ifndef __IIC_H__
#define __IIC_H__
void __irq iic_int_24c04(void) ;
void iic_write_24c040(U32 unSlaveAddr, U32 unAddr, U8 ucData);
void iic_read_24c040(U32 unSlaveAddr, U32 unAddr, U8 *pData);
void iic_test(void);
U8 f_nGetACK;
#endif /* __IIC_H__ */
//-------------------------------------------------------------------------------
//      主程序
//-------------------------------------------------------------------------------
#include "2410lib.h"
#include "iic_test.h"
#include "def.h"
```

```
#include "2410addr.h"
void main(void)
{
    sys_init();                                          //初始化 2410 Interrupt,Port and UART
    iic_test();
    while(1);
}
//-------------------------------------------------------------------------------------
//      I²C 实验
//-------------------------------------------------------------------------------------
void iic_test(void)
{
    U8          szData[16];
    U8          szBuf[40];
    Unsigned int i, j;
    uart_printf("\n IIC Prptocol Test Example, using AT24C04…\n");//在超级终端显示提示
    uart_printt("Write char 0~f   into AT24C04\n");
    f_nGetACK=0;                         //收到 ACK 标志置 0
    rINTMOD= 0x0;                        //通用中断模式
    rINTMSK & = ~BIT_IIC;                //取消 IIC 中断屏蔽，允许 IIC 中断
pISR_IIC= (unsigned)iic_int_24c04;       // I²C 中断服务地址
//初始化 I²C
rIICADD =0xa0;                           //10100000 (从设备码=1010，a2a1a0=000，写命令 0)
rIICCON =0xaf;                           //使能 ACK 和 I²C 总线中断，设置 IICCLK 为 PCLK/16,
rIICSTAT =0x10;                          //允许发送接收，从接收模式，产生停止条件
//写 16 字节给 24c040
for (i=0; i<16; i++)
{
    iic_write_24c040(0xa0, i, i);        //参数：从设备码，从设备内数据地址，数据
    delay(10);
}
//清缓冲区
for (i=0; i<16; i++)
    szData[i]=0;
//从 24c040 读 16 字节，存 szData[i]
for (i=0; i<16; i++)
    iic_read_24c040 (0xa0, i, &(szData[i]));    //设备读
//打印所读数据
uart_printf (" Read 16 bytes from AT24C04\n");
for(i=0; i<16; i++)
    uart_printf (" %2x", szData[i]);
    rINTMSK |= BIT_IIC;                  //屏蔽 IIC 中断
    uart_printf ("\n end. \n");          //结束
    }
```

```
//------------------------------------------------------------------------
// I²C 中断服务
//------------------------------------------------------------------------
void __irq iic_int_24c04(void)              //收到应答信号 ACK，触发 IIC 中断
{
    ClearPending(BIT_IIC);                  //清除 BIT_IIC 中断挂起位
    f_nGetACK=1;                            //收到 ACK 标志置 1
}
//------------------------------------------------------------------------
//      I²C 写 24c040
//------------------------------------------------------------------------
void iic_write_24c040 (U32 unSlaveAddr, U32 unAddr, U8 ucData)
{
    f_nGetACK=0;                //应答信号 ACK 先置 0
    rIICDS=unSlaveAddr;         //从芯片地址写入 IICDS，准备发送
    rIICSTAT=0xf0;
    //主发送模式、启动 IIC、使能发送接收、rIICDS 中数据(从设备地址)被自动送出
    while (f_nGetACK==0);       //等应答信号 ACK，ACK 到产生 IIC 中断，在中断中 f_nGetACK=1
    f_nGetACK=0;                //为下次中断准备
    rIICDS= unAddr;             //输入从设备内部数据地址
    rIICCON= 0xaf;
    //IIC 应答和中断使能，IICCLK=PCLK/16，请求 IIC 操作，Tx_clock=IICLK/256
    while (f_nGetACK==0);       //等 ACK
    f_nGetACK=0;
                                //发送数据
    rIICDS =ucData;             //数据发送缓冲寄存器
    rIICCON =0xaf;              //请求 IIC 操作
    while(f_nGetACK==0);        //等 ACK
    f_nGetACK=0;
    //结束发送
    rIICSTAT =0xd0;             //产生停止信号
    rIICCON=0xaf;               //请求 IIC 操作
    delay(5);                   //延时，等 IIC 操作结束
}
//------------------------------------------------------------------------
//      I²C 读 24c040
//------------------------------------------------------------------------
void iic_read_24c040(U32 unSlaveAddr, U32 unAddr, U8 * pData)
{
    Char cRecvByte;
    f_nGetACK=0;
    rIICDS =unSlaveAddr;        //输入，从设备地址
    rIICSTAT =0xf0;             //主设备发送从设备地址
    while(f_nGetACK==0);        //等 ACK
```

```
        f_nGetACK=0                         //ACK=1，跳出；重新将 f_nGetACK 置 0
        //发送地址
        rIICDS =unAddr;                     //从设备内部数据地址放输出缓冲寄存器
        rIICSTAT =0xaf;                     //请求 IIC 操作
        while(f_nGetACK==0);                //等 ACK
        f_nGetACK=0;
        rIICDS =unSlaveAddr +1;             //从芯片地址输入发送缓冲器，读功能，R/W 位为 1
        rIICSTAT =0xb0;                     //主设备接收模式，重启 IIC 操作，使能发送接收
        rIICCON =0xaf;                      //请求 IIC 操作
        while(f_nGetACK==0);                //等 ACK
        f_nGetACK=0;
        cRecvByte =rIICDS;                  //从接收缓冲器取数
        rIICCON =0x2f;                      //为产生停止条件，禁止 ACK，清除中断标记，恢复中断响应
        delay(1);
        * pData = cRecvByte;                //数据放内存
        rIICSTAT =0x90;                     //停止主设备接收，使能发送接收
        rIICCON =0xaf;                      //请求 IIC 操作
        delay(5);                           //延时，等硬件操作结束
    )
```

13.6　习　　题

1. 简述 I²C 总线原理及其适用场合。
2. 简述 I²C 总线的读/写操作格式。
3. 简述 I²C 总线控制寄存器的名称和各位的定义。
4. I²C 总线控制程序的编写步骤是什么？
5. I²C 总线中断向量如何设置？
6. 简述 EEPROM AT24C04 读/写工作原理。
7. 结合实验内容和程序，掌握 S3C2410 使用 I²C 接口访问 EEPROM 存储器的方法。

第14章 I²S介绍和S3C2410的I²S控制

ARM7 和 ARM9 是两款通用嵌入式微处理器，它们对多媒体的支持没有 ARM11 强，但 S3C2410 内置了一个 I²S 总线控制器，该控制器实现了一个外部 8~16 位立体声音频 CODEC(编译码器，编码器 coder 和译码器 decoder 两词的词头组成的缩略语)IC 的接口。UDA1341 是 Philips 公司的一款经济型音频 CODEC，用于实现模拟音频信号的采集(音频 AD)和数字音频信号的模拟输出(DA)。S3C2410 和 UDA1341 通过 I²S 数字音频接口，实现音频信号的数字化处理。

本章首先对数字音频信号(I²S)进行介绍，然后介绍 I²S 总线控制器的配置与使用、WAV 声音格式，最后给出一个示例程序。

14.1 数字音频信号(I²S)介绍

数字音频信号是相对模拟音频信号来说的。声音的本质是波，人能听到的声音的频率在 20~20kHz 之间。数字音频信号是对模拟信号的一种量化，如图 14-1 所示，典型的方法是对时间坐标按相等的时间间隔做采样，对振幅做量化。

单位时间内的采样次数称为采样频率。这样量化后，一段声波就可以被转换成一串数值，每个数值对应一个抽样点的振幅值，按顺序将这些数字排列起来就是数字音频信号了，这是 ADC(模拟-数字转换)过程；DAC(数字-模拟转换)过程与之相反，是将连续的数字按采样时的频率顺序转换成对应的电压。音频 ADC/DAC 通俗一点来讲就是录音(音频 ADC)和放音(音频 DAC)。

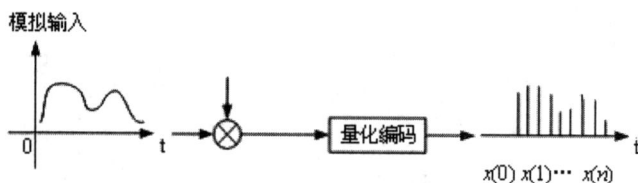

图 14-1   模拟音频信号数字化

I²S 总线是近几年出现的一种面向多媒体计算机(Multimedia PC)的音频总线，该总线专门用于音频设备之间的数据传输，为数字立体声提供一个标准编码解码器。

S3C2410 内置了一个 I²S 总线控制器，该控制器实现了一个外部 8~16 位立体声音频

CODEC IC 的接口。支持 I²S 总线数据格式和 MSB-justified 数据格式。此控制器包含 FIFO，支持 DMA 传输模式。

I²S 总线控制器的结构如图 14-2 所示。

- 两个 5 比特(Bit)分频器(IPSR)：一个分频器 A(IPSR_A)用于产生 I²S 总线接口的主时钟，另外一个分频器 B(IPSR_B)用作外部 CODEC 时钟产生器 CDCLK。
- 16 字节 FIFO：在发送数据时数据被写进 TxFIFO，在接收数据时数据从 RxFIFO 中读取。
- 主 IISCLK 产生器(SCLKG)：在主模式，由主时钟产生串行时钟。
- 通道产生器和状态机(CHNC)：IISCLK 和 IISLRCK 由通道状态机产生并控制。
- 16 比特(Bit)移位寄存器(SFTR)：在发送数据时，并行数据经由 SFTR 变成串行数据输出；在接收数据时，串行数据由 SFTR 转变成并行数据。

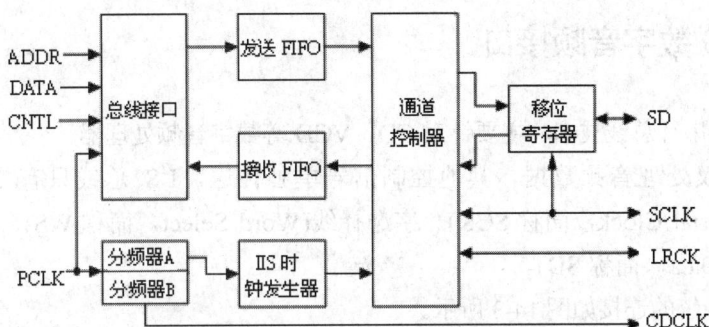

图 14-2　I²S 总线控制器结构图

UDA1341 是 Philips 公司的一款经济型音频 CODEC，用于实现模拟音频信号的采集(音频 AD)和数字音频信号的模拟输出(DA)，并通过 I²S 数字音频接口，实现音频信号的数字化处理。

14.2　数字音频计算机处理

本节将介绍数字音频计算机处理的一些基本概念、音频编码、IIS 数字音频接口和音频芯片 UDA1341TS。

14.2.1　采样频率和采样精度

在数字音频系统中，通过将声波转换为连续的电波，再将连续的电波转换为离散的一连串的二进制数，将此二进制数送入计算机进行存储和处理，这一过程就叫做 ADC(模拟量转换为数字量)。ADC 以每秒上万次的速率对声波进行采样，每次采样都记录了原始声波在采样时刻的状态，叫"样本"。

在数字音频系统中，每秒采样的数目为"采样频率"，采样频率越高，所能描述的声波频率就越高。系统为每个样本振幅用一定长度的二进制数来表示，叫作"采样精度"。

采样精度和采样频率共同保证了声音还原的质量。

人耳的听觉范围通常是 20~20kHz，根据 Nuquist 采样定理，当采样频率高于 40kHz 时，可以保证不失真。CD 音频的采样规范为 16 位、44kHz，就是根据这一原理制定的。

14.2.2　音频编码

音频编码一般采用脉冲编码调制(Pulse Code Modulation)的编码方法对语音信号进行采样，然后对每个样值进行量化编码。这一过程就是 PCM 编码过程。

CD 音频的采样使用 PCM 编码，采样频率为 44kHz、16 位编码。

使用 PCM 编码的文件在 Windows 中是 WAV 格式。

本实验使用的 WAV 格式文件为 44.1kHz、16 位长的立体声文件。

14.2.3　I^2S 数字音频接口

I^2S 是一种串行总线技术，主要针对 CD、VCD 等数字音频处理器。

I^2S 总线仅处理音频数据，其他控制信号单独传送。I^2S 总线只有 3 条：即时钟(Continuous Serial Clock，简称 SCK)、字选择线(Word Select，简称 WS)、分时复用的数据通道(Serial Data，简称 SD)。

使用 I^2S 系统的连接如图 14-3 所示。

I^2S 接口时序如图 14-4 所示。

WS 信号指示左通道或右通道的数据被传送，SD 按高位在前、低位在后的顺序传送音频数据，MSB 总是在 WS 切换后第一个时钟发送。如果数据长度不匹配，接收器和发送器将自动裁减或填充。

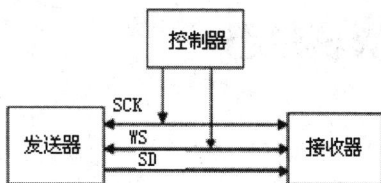

图 14-3　I^2S 系统的连接

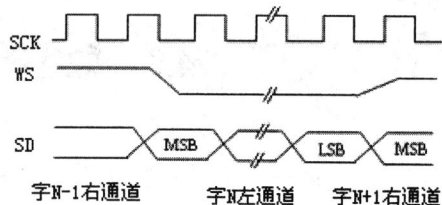

图 14-4　I^2S 接口时序

14.3　音频芯片 UDA1341TS 介绍

14.3.1　硬件结构

音频芯片 UDA1341TS 是 PHILIPS 公司推出的音频数字信号编译码器。它可以把立体声模拟信号转换为数字信号，同样也可以把数字信号转换为模拟信号，并可以用 PGA(可编程增益控制)和 AGC(自动增益控制)对模拟信号进行处理。它广泛应用于 MD、CD、Notebook、PC 和数码摄像机等。

UDA1341TS 结构如图 14-5 所示。

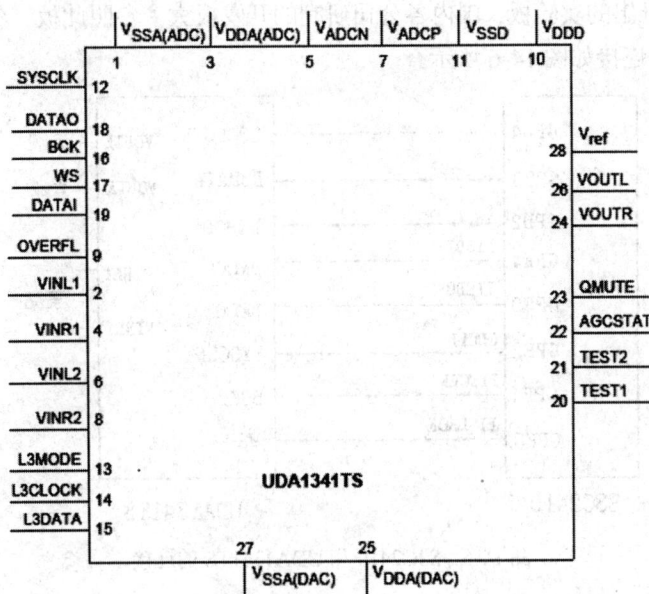

图 14-5　UDA1341TS 芯片结构

各引脚功能如表 14-1 所示。

表 14-1　UDA1341TS 各引脚功能

引脚	符号	功能	引脚	符号	功能
1	VSSA(ADC)	ADC 地	15	L3DATA	L3 数据输入
2	VINL1	左通道输入	16	BCK	位时钟输入
3	VDDA(ADC)	ADC 电源	17	WS	左右通道选择
4	VINR1	右通道输入	18	DATAO	数据输出
5	VADCN	ADC 负参考	19	DATAI	数据输入
6	VINL2	话筒左通道	20	TEST1	测试端 1
7	VADCP	ADC 左参考电压	21	TEST2	测试端 2
8	VINR2	话筒右通道	22	AGCSTAT	AGC 状态
9	OVERFL	滤波溢出	23	QMUTE	快速静音控制
10	VDD0	数字电源	24	VOUTR	DAC 右通道输出
11	VSSD	数字地	25	VDDA	DAC(DAC)电源
12	SYSCLK	系统时钟	26	VOUTL	DAC 左通道输出
13	L3MOD	L3 输入模式	27	VSSA	DAC(DAC)地
14	L3CLOCK	L3 时钟	28	Vef	ADC 和 DAC 参考电压

14.3.2　S3C2410 和 UDA1341TS 的连接

S3C2410 和 UDA1341TS 的连接涉及 SMDK2410 开发板，该板是三星公司为配合 S3C2410 开发而推出的实验板，国内各公司研制的开发板大多参照此板。在该板中 S3C2410 和 UDA1341TS 的连接如图 14-6 所示。

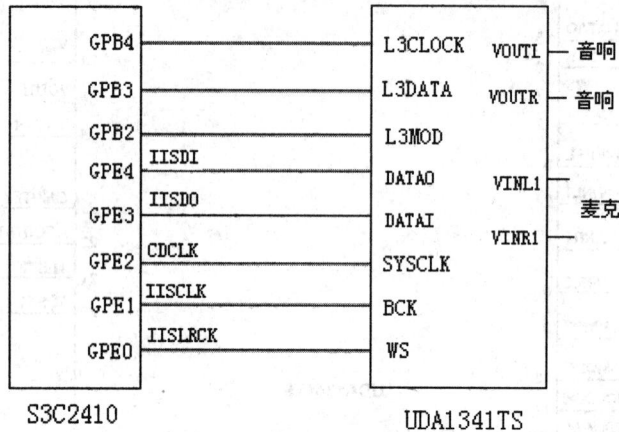

图 14-6　S3C2410 和 UDA1341TS 的连接

在图 14-6 中，S3C2410 通过 L3 总线和 I^2S 总线对 UDA1341TS 进行控制。下面先简单介绍一下 L3 总线。

L3 总线是一种串行接口，最常见的实例是 UDA1341TS 中连接微控制器(micro controller interface)和 UDA1341TS 的接口。

当然，L3 有 3 根引脚：L3DATA，数据线；L3MODE，工作模式；L3CLOCK，时钟线。

它结构简单，占用资源少，被广泛应用于音频芯片的串行控制接口，如 Philips 公司的 UDA1340、UDA1341 和 UDA1343 等，Moschip 公司的 MCS1341 等。

L3 总线和 I^2S 总线对 UDA1341TS 进行控制，分工如下。

- L3 总线负责：电源控制；芯片复位；数模、模数转换的增益开关；数模、模数转换的极性控制；倍速录音控制；音量、高低音、静音控制；麦克风灵敏度控制；可编程增益放大器控制，数字 AGC 自动增益控制。

- I^2S 总线(5 根)负责：IISDO(数据输出)，IISDI(数据输入)，IISSCLK(串行移位时钟)，IISLRCK(WS，即：左右通道选择)，CDCLK(SYSCLK，为该芯片提供的系统同步时钟)，即编解码时钟，主要用于音频的 A/D、D/A 采样时的采样时钟，一般 CDCLK 为 256fs (fs，即：采样频率)或 384fs。IIS 只负责数字音频信号的传输，而要真正实现音频信号的放、录，还需要额外的处理芯片(在这里使用的是 UDA1341)。

在 SMDK2410 开发板中，系统用 I/O 口 GPB2~GPB4 模拟 L3 总线。

14.3.3　UDA1341TS 的软件编程

UDA1341TS 的指令系统有两种模式：地址模式和数据模式。

地址模式指令只有一条，具体如表 14-2 所示。

表 14-2　地址模式指令

0	0	0	1	0	1	Bit1	Bit0

地址模式指令的前 6 位意义是在 L3 总线上选一个设备，这里选 UDA1341TS，它的地址码固定是 000101。UDA1341TS 有 3 个数据模式寄存器，分别是 DATA0、DATA1 和 STATUS(它们的功能将在后续章节介绍)，Bit1 和 Bit0 决定了在地址模式指令之后，系统发出的数据模式指令是给哪个寄存器的，具体如表 14-3 所示。

表 14-3　数据模式寄存器选择

Bit0	Bit1	MODE
0	0	DATA0
0	1	DATA1
1	0	STATUS
1	1	没有

当 L3MODE 为低电平，在 L3CLOCK 驱动下，在 L3DATA 上串行转送的是指令；当 L3MODE 为高电平，在 L3CLOCK 驱动下，在 L3DATA 上串行转送的是数据，其时序如图 14-7、图 14-8 所示。

因为 L3 总线是串行接口，所以编程比较麻烦，对时序要求严格，在阅读示例程序时要参考如图 14-7、图 14-8 所示时序，如 tsu、tcy 等信号。

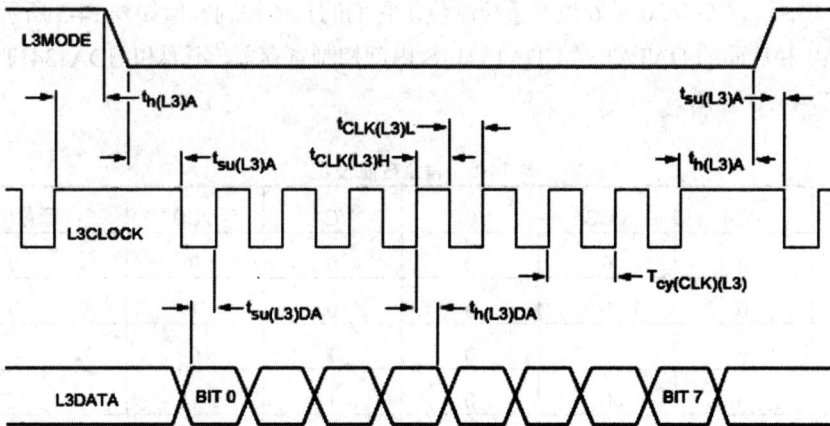

图 14-7　L3 指令时序

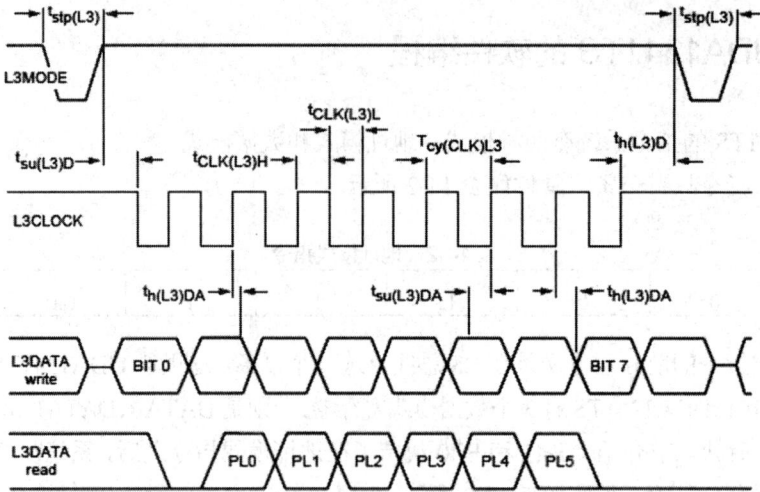

图 14-8　L3 数据读/写时序

14.3.4　UDA1341TS DATA0 编程

直接控制寄存器 DATA0，各位的定义如表 14-4 所示。

表 14-4　DATA0 各位的定义

Bit7	Bit6	Bit5	Bit4	Bit3	Bit2	Bit1	Bit0
0	0	VC5	VC4	VC3	VC2	VC1	VC0
0	1	BB3	BB2	BB1	BB0	TR1	TR0
1	0	PP	DE1	DE0	MT	M1	M0
1	1	0	0	0	EA2	EA1	EA0
1	1	1	ED4	ED3	ED2	ED1	ED0

表 14-4 中，VC5~VC0 是 6 位音量控制位，它们的具体控制数值如表 14-5 所示。

DATA0 和后面的 DATA1 是 UDA1341TS 内部控制寄存器，不要和 UDA1341TS 的引脚 DATAO、DATAI 混淆。

表 14-5　音量控制设定

VC5	VC4	VC3	VC2	VC1	VC0	音量(DB)
0	0	0	0	0	0	0
0	0	0	0	0	1	0
0	0	0	0	1	0	-1
0	0	0	0	1	1	-2
…	…	…	…	…	…	…
1	1	1	0	1	1	-58

（续表）

VC5	VC4	VC3	VC2	VC1	VC0	音量(DB)
1	1	1	1	0	0	-59
1	1	1	1	0	1	
1	1	1	1	1	1	

表 14-4 中，BB3~BB0 是 4 位低音控制位，它们的具体控制数值如表 14-6 所示。

表 14-6　低音设定

BB3	BB2	BB1	BB0	低音增强(DB)		
				平音	最小	最大
0	0	0	0	0	0	0
0	0	0	1	0	2	2
0	0	1	0	0	4	4
0	0	1	1	0	6	6
0	1	0	0	0	8	8
0	1	0	1	0	10	10
0	1	1	0	0	12	12
0	1	1	1	0	14	14
1	0	0	0	0	16	16
1	0	0	1	0	18	18
1	0	1	0	0	18	20
1	0	1	1	0	18	22
1	1	0	0	0	18	24
1	1	0	1	0	18	24
1	1	1	0	0	18	24

表 14-4 中，TR1~TR0 是 2 位高音控制位，它们的具体控制数值如表 14-7 所示。

表 14-7　高音控制

TR1	TR0	高音(DB)		
		平音	最小	最大
0	0	0	0	0
0	1	0	2	2
1	0	0	4	4
1	1	0	6	6

表 14-4 中，PP 是峰值检测点设定，它的具体控制数值如表 14-8 所示。

UDA1341 内置峰值检波器，峰值检测位置可以在声音特征设置之前或之后通过 L3 接口来设置，峰值检波器实际是一个峰值保持检波器，最高的音级被 L3 接口读后复位。

表 14-8　峰值检测点设定

PP	功　能
0	在音调特性之前
1	在音调特性之后

表 14-4 中，MT 是静音设置，功能如表 14-9 所示；M1~M0 是滤波器开关设置，功能如表 14-10 所示。

表 14-9　静音设置

MT	功　能
0	没静音
1	静音

表 14-10　滤波器开关设置

M1	M0	功　能
0	0	单调音调
0	1	最小音调
1	0	最小音调
1	1	最大音调

表 14-4 中，DE1~DE0(de.emphasis，2bits)是去加重设定，功能如表 14-11 所示。

表 14-11　去加重功能设定

DE1	DE0	去　加　重
0	1	32KHZ
1	0	44.1KHZ
1	1	48KHZ

关于去加重功能(de-emphasis)，解释如下。

根本目的是解决噪声问题，利用信号特性和噪声特性的差别来有效地对信号进行处理。在录制时采用适当的网络(预加重网络)，人为地加重(提升)录制输入信号的高频质量。然后在播放的输出端再进行相反的处理，即采用去加重网络把高频分量去加重，恢复原来的信号功率分布。在去加重过程中，同时也减小了噪声的调频分量，但是预加重对噪声并没有影响，因此有效地提高了输出信噪比。

也就是说，录制采用适当的预加重，播放再进行相反的去加重处理。

EA2~EA0 是 3 位的扩展地址，ED4~ED0 是 5 位扩展数据，扩展编址模式被用来控制数字混音器、自动增益控制、麦克灵敏度、输入增益、自动增益控制时间系数、自动增益控制输出等级等特性，一个扩展地址可以通过 EA 寄存器(3 位)来设置，扩展寄存器中的值可以通过写数据到 ED 寄存器(5 位)来设置。

14.3.5　UDA1341TS DATA1 编程

直接控制寄存器 DATA1，其各位的定义如表 14-12 所示。

表 14-12　DATA1 各位的定义

Bit5	Bit4	Bit3	Bit2	Bit1	Bit0	输入/输出数据
PL5	PL4	PL3	PL2	PL1	PL0	峰值电平

表 14-12 中的 PL5~PL0 的功能如表 14-13 所示。

表 14-13　PL5~PL0 功能

PL5	PL4	PL3	PL2	PL1	PL0	峰值(DB)
0	0	0	0	0	0	
0	0	0	0	0	1	n.a.
0	0	0	0	1	0	n.a.
0	0	0	0	1	1	-90.31
0	0	0	1	0	0	n.a.
0	0	0	1	0	1	n.a.
0	0	0	1	1	0	n.a.
0	0	0	1	1	1	-84.29
—	—	—	—	—	—	—
1	1	1	1	1	1	0.00

14.3.6　UDA1341TS 控制寄存器 STATUS 编程

状态控制寄存器 STATUS，是 8 位寄存器，其各位定义如表 14-14 所示。

表 14-14　STATUS 各位的定义

Bit7	Bit6	Bit5	Bit4	Bit3	Bit2	Bit1	Bit0
0	RST	SC1	SC0	IF2	IF1	IF0	DC
1	OGS	IGS	PAD	PDA	DS	PC1	PC0

其中 RST=0,系统不复位;RST=1,系统复位。SC1~SC0 的定义如表 14-15 所示,其中 fs 是采样频率。

表 14-15   SC1~SC0 定义

SC1	CS0	功　能
0	0	512fs
0	1	384fs
1	0	256fs
1	1	没使用

DC 的定义如表 14-16 所示,IF2~IF0 的定义如表 14-17 所示。

表 14-16   DC 定义

DC	功　能
0	没有 DC 滤波
1	DC 滤波

表 14-17   IF2~IF0 定义

IF2	IF1	IF0	功　能
0	0	0	I^2S 总线格式
0	0	1	最低有效位对齐 16 位格式
0	1	0	最低有效位对齐 18 位格式
0	1	1	最低有效位对齐 20 位格式
1	0	0	最高有效位对齐格式
1	0	1	最低有效位对齐 16 位输入和最高有效位对齐输出格式
1	1	0	最低有效位对齐 18 位输入和最高有效位对齐输出格式
1	1	1	最低有效位对齐 20 位输入和最高有效位对齐输出格式

在表 14-14 中,OGS 是 DAC 增益开关设定。OGS=0,DAC 增益为 0;OGS=1,DAC 增益为 6DB。

DS 是单双速播放设定。DS=0,单速播放;DS=1,双速播放。

IGS 是 ADC 增益开关设定。IGS=0,ADC 增益为 0;IGS=1,ADC 增益为 6DB。

PC 是为降低功耗,ADC 和 DAC 电源控制具体如表 14-18 所示。

表 14-18   ADC 和 DAC 电源控制

PC1	PC0	功　能	
		ADC	DAC
0	0	OFF	OFF

（续表）

PC1	PC0	功　能	
		ADC	DAC
0	1	OFF	ON
1	0	ON	OFF
1	1	ON	ON

PAD 和 PDA 分别是 ADC 和 DAC 的极性控制，等于 0 极性不变反，等于 1 极性变反。

L3 总线和 UDA1341TS 的编程，可参考第 14.6 节中 L3 总线初始化、L3 总线读、L3 总线写的内容。

14.4　S3C2410 中 I²S 总线控制寄存器

I²S 相关的寄存器包括 I²S 控制寄存器 IISCON，I²S 模式寄存器 IISMOD 和 I²S 分频寄存器 IISPSR 以及 I²SFIFO 控制寄存器 IISFCON。

I²S 控制寄存器及其各位的定义如表 14-19 所示。

表 14-19　I²S 控制寄存器 IISCON 各位的定义

IISCON	Bit	描　述		初　值
左右通道标记(只读)	[8]	0=左通道	1=右通道	1
传输 FIFO 就绪标记(只读)	[7]	0=FIFO 没就绪	1= FIFO 就绪	0
接收 FIFO 就绪标记(只读)	[6]	0=FIFO 没就绪	1= FIFO 就绪	0
传输 DMA 使能	[5]	0=请求禁止	1=请求使能	0
接收 DMA 使能	[4]	0=请求禁止	1=请求使能	0
传输通道空闲命令	[3]	0=IISLRCK 产生	1= IISLRCK 不产生	0
接收通道空闲命令	[2]	0=IISLRCK 产生	1= IISLRCK 不产生	0
IIS 预分频器使能	[1]	0=预分频器禁止	1=预分频器使能	0
IIS 接口使能	[0]	0=IIS 禁止	1=IIS 使能	0

I²S 模式寄存器及其各位的定义如表 14-20 所示，其中 fs 是采样频率。

表 14-20　I²S 模式寄存器 IISMOD 各位的定义

IISMOD	Bit	描　述	初　值
主从模式选择	[8]	0=主模式, 1=从模式	1
传输/接收模式	[7:6]	00=无, 01=接收模式, 10=传输模式, 11=传输/接收模式	00

(续表)

IISMOD	Bit	描　　述	初　　值
左右通道活动级别	[5]	0=左通道低右通道高　　　1=右通道低左通道高	0
串行接口格式	[4]	0=IIS 兼容格式　1 = MSB (Left)-justified format	0
每通道串行数据位	[3]	0=8 位　1=16 位	0
主时钟选择	[2]	0=256FS　1=384FS	0
串行时钟频率	[1：0]	00=16FS　01=32FS　10=48FS　11=没用	00

I^2S 分频寄存器及其各位的定义如表 14-21 所示。

表 14-21　I^2S 分频寄存器 I^2SPSR 各位的定义

I^2SPSR	Bit	描　　述	初　　值
预分频值 A	[9:5]	预分频值 A 的因子，值 0~31	00000
预分频值 B	[4:0]	预分频值 B 的因子，值 0~31	00000

I^2SFIFO 控制寄存器 I^2SFCON 及其各位的定义如表 14-22 所示。

表 14-22　I^2SFCON 及其各位的定义

Bit	功　　能
[15]	发送 FIFO 存取模式：=0，正常存取模式；=1，DMA 模式
[14]	接收 FIFO 存取模式：=0，正常存取模式；=1，DMA 模式
[13]	发送 FIFO 允许位：=0，禁用 FIFO；=1，使能 FIFO
[12]	接收 FIFO 允许位：=0，禁用 FIFO；=1，使能 FIFO
[11~6]	发送 FIFO 计数，只读(0~32)
[5~0]	接收 FIFO 计数，只读(0~32)

14.5　WAV 声音格式文件

WAV 声音格式文件是 Windows 环境下的一种常用音频文件格式，它依循着一种称为"资源互换文件格式"(Resources Interchange File Formal)的结构，简称 RIFF。RIFF 可以看作是一种树状结构，其基本构成单位为恰克(chunk)，犹如树状结构中的节点，每个 chunk 由"辨别码"、"数据大小"及"数据"组成。

WAV 为 WAVEFORM(波形)的缩写。RIFE 的格式辨别码为 WAVE。整个文件由两个 chunk 所组成：辨别码及 Data。

在"fmt" chunk 下包含了一个 PCMWAVEFORMAT 数据结构，在其之后是原始声音的采样数据，这些数据是可以直接送到 I²S 总线的数字音频信号。

一个典型的 WAV 格式文件结构如表 14-23 所示。

表 14-23　典型的 WAV 格式文件结构

RIFF header	data type	fmt chunk	data chunt

它包含 8 字节 RIFF 头、4 字节数据类型 data type、fmt chunk(共 0x18 字节)和 data chunk。因此，WAV 文件中从下式中的 sizeoff 开始的 4 字节表示声音数据的大小，dataoff 开始的位置为具体的声音数据。

$$sizeoff = 0x8+0x4+0x18+0x4$$
$$dataoff = 0x8+0x4+0x18+0x8$$

14.6　I²S 实验参考程序

I²S 程序数据量较大，因此录放应采用DMA方式比较合理；L3总线和I²S总线对UDA1341TS分别进行运行状态和音频放送控制，所以参考程序中对此进行了介绍。

该程序参考深圳英蓓特教学系统 Embest EDUKIT-Ⅱ/Ⅲ、北京博创科技集团的UP-NETARM2410 教学实验系统、北京精仪达盛科技公司的 EL-ARM-830 教学实验系统和随书资料 2410test.mcp 修改而成，为节省篇幅而做了删减，更详细内容可参考上述文献。

```
//-------------------------------------------------------------------
//      头文件  iis_test.h
//-------------------------------------------------------------------
#ifndef __IIS_H__
#define __IIS_H__
void iis_test(void);
void iis_init(void);
void iis_close(void);
void iis_play_wave(int nTimes,U8 *pWavFile, int nSoundLen);
void iis_record(void);
void _irq dma2_done(void) ;
void write_l3addr(U8 ucData);
void write_l3data(U8 ucData, int nHalt);
void init_1341(char cMode);
//-------------------------------------------------------------------
//      引入头文件和定义变量
//-------------------------------------------------------------------
#include "2410lib.h"
#include "iis_test.h"
#include "2410addr.h"
#include "2410def.h"
```

```c
#define PLAY            0
#define RECORD          1
#define REC_LEN         0xf0000
#define L3C             (0x10)                          //GPB4=L3C
#define L3D             (0x8)                           //GPB3=L3D
#define L3M             (0x4)                           //GPB2=L3M
#define L3M_LOW()       {rGPBDAT &= ~(L3M);}            // L3M 低
#define L3M_HIGH()      {rGPBDAT |= (L3M);}             // L3M 高
#define L3C_LOW()       {rGPBDAT &= ~(L3C);}            // L3C 低
#define L3C_HIGH()      {rGPBDAT |= (L3C);}             // L3C 高
#define L3D_LOW()       {rGPBDAT &= ~(L3D);}            // L3D 低
#define L3D_HIGH()      {rGPBDAT |= (L3D);}             // L3D 高
int    f_nDMADone;
//-------------------------------------------------------------------------------------
//  音频文件，为节省篇幅，做了删节，更详细内容可参考随书下载资料
//-------------------------------------------------------------------------------------
const U8 g_ucWave[155760] =
{
0x00,0x00,0x00,0x00,0x00,0x00,0x00,0x00,0x00,0x00,0x00,0x00,0x00,0x00,0x00,0x00,
0x00,0x00,0x00,0x00,0x00,0x00,0x00,0x00,0x00,0x00,0x00,0x00,0x00,0x00,0x00,0x00,
0x00,0x00,0x00,0x00,0x00,0x00,0x00,0x00,0x00,0x00,0x00,0x00,0x00,0x00,0x00,0x00,
0x00,0x00,0x00,0x00,0x00,0x00,0x00,0x00,0x00,0x00,0x00,0x00,0x00,0x00,0x00,0x00,
0x00,0x00,0x00,0x00,0x00,0x00,0x00,0x00,0x00,0x00,0x00,0x00,0x00,0x00,0x00,0x00,
    ....);
//-------------------------------------------------------------------------------------
//  实验程序
//-------------------------------------------------------------------------------------
void iis_test(void)
{
  U8    ucInput;
  int nSoundLen=155956;
  uart_printf("\n IIS test example\n");
    iis_init();                                         // initialize I²S
    uart_printf(" Menu(press digital to select):\n");
    uart_printf(" 1: play wave file \n");
    uart_printf(" 2: record and play\n");
        ucInput = uart_getkey();
  if ((ucInput != '1')&& (ucInput != '2'))
        ucInput='1';                                    // select "Play wav"
  uart_printf(" %c\n",ucInput);
  if(ucInput == 1)
  {
    memcpy((void *)0x30200000, g_ucWave, nSoundLen);
  iis_play_wave(1,(U8 *)0x30200000,nSoundLen);   //nSoundLen = 155956;
```

```
        }
    if(ucInput == 2)
            iis_record();
    uart_printf(" end.\n");
        iis_close();                                            // close IIS

    }
//------------------------------------------------------------------------------
//   初始化  IIS
//------------------------------------------------------------------------------
void iis_init(void)
{
/*   PORT B GROUP
    GPB4        GPB3        GPB2
  L3CLOCK   L3DATA   L3MODE
   OUTPUT    OUTPUT    OUTPUT
     [9:8]       [7:6}       [5:4]
       0 1        0 1         01
*/
    rGPBUP    = rGPBUP    & ~(0x7<<2) | (0x7<<2);
//The pull up function is disabled GPB[4:2] 1 1100
    rGPBCON=rGPBCON&~((1<<9)|(1<<7)|(1<<5))|(1<<8)|(1<<6)|(1<<4);
//GPB[4:2]=Output(L3CLOCK):Output(L3DATA):Output(L3MODE)
/*
PORT E GROUP
GPE4        GPE3        GPE2        GPE1        GPE0
I2SSDO   I2SSDI   CDCLK   I2SSCLK   I2SLRCK
   10          10          10          10          10
*/
    rGPEUP    = rGPEUP | 0x1f;
 //The pull up function is disabled GPE[4:0] 1 1111
    rGPECON=rGPECON&~((1<<8)|(1<<6)|(1<<4)|(1<<2)|(1<<0))|(1<<9)|(1<<7)|(1<<5)|(1<<3)|(1<<1);
    //GPE[4:0]=I2SSDO:I2SSDI:CDCLK:I2SSCLK:I2SLRCK
    f_nDMADone = 0;
    init_1341(PLAY);                                        // initialize Philips UDA1341 chip
}
//------------------------------------------------------------------------------
//   关闭  IIS
//------------------------------------------------------------------------------
void iis_close()
    {
        rIISCON   = 0x0;                                      // IIS stop
        rIISFCON = 0x0;                                       // For FIFO flush
    rINTMSK |= BIT_DMA2;                                      // Mask interrupt

    }
```

```c
//----------------------------------------------------------------------------------------------------------------
//   播音程序
//----------------------------------------------------------------------------------------------------------------
void iis_play_wave(int nTimes,U8 *pWavFile, int nSoundLen)
{
  int    i;
  ClearPending(BIT_DMA2);
  rINTMOD = 0x0;
  // initialize Philips UDA1341 chip
  init_1341(PLAY);

      // set BDMA interrupt
  pISR_DMA2 = (unsigned)dma2_done;
  rINTMSK   &= ~(BIT_DMA2);

  for(i=nTimes; i!=0; i--)
  {
        // initialize variables
        f_nDMADone = 0;

        //DMA2 Initialize
        rDISRCC2 = (0<<1) + (0<<0);              //AHB, Increment
        rDISRC2   = ((U32)(pWavFile));
        rDIDSTC2 = (1<<1) + (1<<0);              //APB, Fixed
        rDIDST2   = ((U32)IISFIFO);              //IISFIFO

        rDCON2=(1<<31)+(0<<30)+(1<<29)+(0<<28)+(0<<27)+(0<<24)+(1<<23)+(0<<22)+(1<<20)+nSoundLen/2;
        //Handshake, sync PCLK, TC int, single tx, single service, I2SSDO, I2S request,
        //Auto-reload, half-word, size/2
        rDMASKTRIG2 = (0<<2)+(1<<1)+0;
        //No-stop, DMA2 channel on, No-sw trigger
        //IIS Initialize
        //Master,Tx,L-ch=low,iis,16bit ch.,CDCLK=384fs,IISCLK=32fs
        rIISCON = (1<<5)+(0<<4)+(0<<3)+(1<<2)+(1<<1);
        rIISMOD = (0<<8) + (2<<6) + (0<<5) + (0<<4) + (1<<3) + (1<<2) + (1<<0);
        rIISPSR = (2<<5) + 2;                    //Prescaler_A/B=3
        //Tx DMA enable,Rx DMA disable,Tx not idle,Rx idle,prescaler enable,stop
        rIISFCON = (1<<15) + (1<<13);            //Tx DMA,Tx FIFO --> start piling....

        rIISCON |= 0x1;                          // enable IIS
        while( f_nDMADone == 0);                 // DMA end

        rINTMSK |= BIT_DMA2;
        rIISCON = 0x0;                                   // I2S stop
```

```
    }
}
//----------------------------------------------------------------------------------------
//    I²S  录放程序
//----------------------------------------------------------------------------------------
void iis_record(void)
{
    U8 * pRecBuf, ucInput;
    int nSoundLen;
    int i;
    ClearPending(BIT_DMA2);
    rINTMOD=0x0;
    uart_printf(" Start recording....\n");
    pRecBuf = (unsigned char *)0x30200000;
    for(i= (U32)pRecBuf; i<((U32)pRecBuf+REC_LEN+0x20000); i+=4)
    {
        *((volatile unsigned int*)i)=0x0;
    }

        init_1341(RECORD);

        // set BDMA interrupt
        f_nDMADone = 0;
        pISR_DMA2 = (unsigned)dma2_done;
        rINTMSK    &= ~(BIT_DMA2);

    // DMA2 Initialize
    rDISRCC2 = (1<<1) + (1<<0);                        //APB, Fix
    rDISRC2   = ((U32)IISFIFO);                        //IISFIFO
    rDIDSTC2 = (0<<1) + (0<<0);                        //AHB, Increment
    rDIDST2   = ((int)pRecBuf);
    //Handshake, sync APB, TC int, single tx, single service, I2SSDI, I2S Rx request,
    //Off-reload, half-word, 0x50000 half word.
    rDCON2=(1<<31)+(0<<30)+(1<<29)+(0<<28)+(0<<27)+(1<<24)+(1<<23)+(1<<22)+(1<<20)+REC_LEN/2;
    //No-stop, DMA2 channel on, No-sw trigger
    rDMASKTRIG2 = (0<<2) + (1<<1) + 0;

    //IIS Initialize
    //Master,Rx,L-ch=low,IIS,16bit ch,CDCLK=384fs,IISCLK=32fs
    rIISCON = (0<<5) + (1<<4) + (1<<3) + (0<<2) + (1<<1);
    rIISMOD = (0<<8) + (1<<6) + (0<<5) + (0<<4) + (1<<3) + (1<<2) + (1<<0);
    rIISPSR = (2<<5) + 2;
    //Tx DMA disable,Rx DMA enable,Tx idle,Rx not idle,prescaler enable,stop
    rIISFCON = (1<<14) + (1<<12);                      //Rx DMA,Rx FIFO --> start piling....
```

```c
    rIISCON |= 0x1;                                    // enable IIS
    uart_printf(" Press any key to end recording\n");


        while(f_nDMADone == 0)
        {
            if(uart_getkey())   break;
        }
        rINTMSK |= BIT_DMA2;
        rIISCON = 0x0;                                 // I2S stop
        delay(10);

        uart_printf(" End of record!!!\n");
        uart_printf(" Press any key to play record data!!!\n");
        while(!uart_getkey());
    iis_play_wave(1,pRecBuf, REC_LEN);
        rINTMSK |= BIT_DMA2;
        rIISCON = 0x0;                                 // I2S stop
        uart_printf(" Play end!!!\n");
}
//---------------------------------------------------------------------------------------------
//    DMA2 中断服务程序
//---------------------------------------------------------------------------------------------
void  _irq  dma2_done(void)
{
    ClearPending(BIT_DMA2);                            // clear pending bit
    f_nDMADone = 1;
}
//---------------------------------------------------------------------------------------------
//    UTA1341TS 初始化
//---------------------------------------------------------------------------------------------
void init_1341(char cMode)
{
    // Port Initialize
    //GPB[4:2]=Output(L3CLOCK):Output(L3DATA):Output(L3MODE)
        rGPBCON = rGPBCON & ~((1<<9)|(1<<7)|(1<<5)) | (1<<8)|(1<<6)|(1<<4);
    rGPBUP   = rGPBUP   |(0x7<<2);            //The pull up function is disabled GPB[4:2]
        L3M_HIGH();                                    // L3M=H(start condition),L3C=H(start condition)

        L3C_HIGH();

        write_l3addr(0x14+2);                          // status (000101xx+10)
        write_l3data(0x50,0);                          // 0,1,01,000,0: reset,384fs,no DCfilter,iis

        write_l3addr(0x14+2);                          // status (000101xx+10)
```

```
    write_l3data(0x10,0);                    // 0,0,01,000,0 no reset,384fs,no DCfilter,iis

                                             // Set status register
    write_l3addr(0x14+2);                    // status (000101xx+10)
        write_l3data(0x81,0);
    //1,0,0,0,0,0,0,11:OGS=0,IGS=0,ADC_NI,DAC_NI,sngl speed,AoffDon

    write_l3addr(0x14+0);                    // data0 (000101xx+00)
    write_l3data(0x0A,0);
    // Record mode
    if(cMode)
    {
        write_l3addr(0x14+2);                // status (000101xx+10)
        write_l3data(0xa2,0);                //1,0,1,0,0,0,10:
                                             //OGS=0,IGS=1,ADC_NI,DAC_NI,sngl speed,AonDoff
        write_l3addr(0x14+0);                // data0 (000101xx+00)
        write_l3data(0xc2,0);                // 11000, 010        : DATA0, Extended addr(010)
        write_l3data(0x4d,0);                // 010, 011, 01 : DATA0, MS=9dB, Ch1=on, Ch2=off,
    }
}
//-------------------------------------------------------------------------------------
//    L3 写地址
//-------------------------------------------------------------------------------------
void write_l3addr(U8   ucData)
{
    U32 i,j;
    L3M_LOW();                               // L3M=L
    L3C_HIGH();                              // L3C=H
    for(j=0; j<4; j++);                      // tsu(L3) > 190ns
    for(i=0; i<8; i++)
    {
        if(ucData&0x1)                       // if ucData bit is 'H'
        {
            L3C_LOW();                       // L3C=L
            L3D_HIGH();                      // L3D=H
            for(j=0; j<4; j++);              // tcy(L3) > 500ns
            L3C_HIGH();                      // L3C=H
            L3D_HIGH();                      // L3D=H
            for(j=0; j<4; j++);              // tcy(L3) > 500ns
        }
        else                                 // if ucData bit is 'L'
        {
            L3C_LOW();                       // L3C=L
            L3D_LOW();                       // L3D=L
```

```
            for(j=0; j<4; j++);                      // tcy(L3) > 500ns
            L3C_HIGH();                              // L3C=H
            L3D_LOW();                               // L3D=L
            for(j=0; j<4; j++);                      // tcy(L3) > 500ns
        }
        ucData >>= 1;
    }
    L3C_HIGH();                                      // L3M=H,L3C=H
    L3M_HIGH();
}
//-------------------------------------------------------------------------------
//   L3 写数据
//-------------------------------------------------------------------------------
void write_l3data(UU8 ucData,int nHalt)
{
    U32 i,j;
    if(nHalt)
    {
        L3C_HIGH();                      // L3C=H(while tstp, L3 interface halt condition)
        for(j=0; j<4; j++);              // tstp(L3) > 190ns
    }
    L3C_HIGH();
    L3M_HIGH();                          // L3M=H(in data transfer mode)
    for(j=0; j<4; j++);                  // tsu(L3)D > 190ns
    for( i=0; i<8; i++ )
    {
        if(ucData&0x1)                   // if data bit is 'H'
        {
        L3M_HIGH();                      // L3M=H
        L3C_LOW();                       // L3C=L
         L3D_HIGH();                     // L3D=H
         for(j=0; j<4; j++);             // tcy(L3) > 500ns

        L3M_HIGH();                      // L3M=H
        L3C_HIGH();                      // L3C=L
        L3D_HIGH();
        for(j=0; j<4; j++);              // tcy(L3) > 500ns

        }
        else                             // if data bit is 'L'
        {
        L3M_HIGH();                      // L3M=H
        L3C_LOW();                       // L3C=L
        L3D_LOW();                       // L3D=L
        for(j=0; j<4; j++);              // tcy(L3) > 500ns
```

```
            L3M_HIGH();                    // L3M=H
            L3C_HIGH();                    // L3C=L
            L3D_LOW();                     // L3D=L
            for(j=0; j<4; j++);            // tcy(L3) > 500ns


        }
        ucData >>= 1;
    }
    L3C_HIGH();                            // L3M=H,L3C=H
    L3M_HIGH();
}
//---------------------------------------------------------------------------
//  主程序
//---------------------------------------------------------------------------
void main(void)
{
    //sys_init();                          // Initial S3C2410's Interrupt,Port and UART
    iis_test();
    while(1);


}
```

14.7 习　　题

1. 什么是数字音频信号？什么是 I²S 总线？

2. 什么是采样样本、采样频率和采样精度？采样频率达到多少可保证声音还原质量？

3. 什么是 PCM 格式？一般 CD 编码格式采样频率和字长分别是多少？

4. I²S 总线有几根？都有什么作用？

5. 什么是 WAV 声音格式文件？它的结构是如何定义的？

6. 简述芯片 UDA1341TS 的功能和使用方法。

7. I²S 控制寄存器有几个？简述每个的功能和作用。

8. 在你的实验系统中，完成 I²S 实验，仿照例子熟悉 I²S 程序的编写。

第15章　串行外设接口(SPI)介绍

SPI(Serial Peripheral Interface，即：串行外设接口)总线系统是一种同步串行外设接口，它可以使 MCU 与各种外围设备以串行方式进行通信。外围设备可以是 FLASH RAM、网络控制器、LCD 显示驱动器、A/D 转换器和 MCU 等。

SPI 总线系统可以直接与各个厂家生产的多种标准外围器件直接接口，该接口一般使用 4 条线：串行时钟线(SCLK)，主机输入/从机输出数据线 MISO，主机输出/从机输入数据线 MOSI 和低电平有效的从机选择线 SS(有的 SPI 接口芯片带有中断信号线 INT，有的 SPI 接口芯片没有主机输出/从机输入数据线 MOSI)。

SPI 串行外设接口总线比 I²C 总线效率要高，因为它是双工的，但比 I²C 多使用两根数据线。

本章介绍 SPI 串行外设接口原理、接口控制寄存器的配置和使用、SPI 串行外设接口编程。

15.1　SPI 接口及操作

本节介绍 SPI 串行外设接口原理和 SPI 接口特性。

15.1.1　SPI 接口原理

SPI 接口是 Motorola 首先在其 MC68HCXX 系列处理器上定义的。SPI 接口主要应用在 EEPROM、FLASH、实时时钟、AD 转换器，以及数字信号处理器和数字信号解码器之间。

SPI 接口是在 CPU 和外围低速器件之间进行同步串行数据传输，在主器件的移位脉冲下，数据按位传输，高位在前，低位在后，为全双工通信，数据传输速度总体来说比 I²C 总线要快，速度可达到几 Mbps。

SPI 接口是以主从方式工作的，这种模式通常有一个主器件和一个或多个从器件。接口包括以下 4 种信号。

(1) MOSI：主器件数据输出，从器件数据输入。

(2) MISO：主器件数据输入，从器件数据输出。

(3) SCLK：时钟信号，由主器件产生。

(4) $\overline{SS}$：从器件使能信号，由主器件控制。

在点对点的通信中，SPI 接口不需要进行寻址操作，且为全双工通信，简单高效。

在多个从器件的系统中，每个从器件都需要独立的使能信号，由于 SPI 接口比 I²C 总线多两根信号线，所以硬件上比 I²C 系统要稍微复杂一些。

SPI 接口内部硬件实际上是两个简单的移位寄存器，传输的数据为 8 位，在主器件产生的从器件使能信号和移位脉冲下，按位传输，高位在前，低位在后。如图 15-1 所示，在 SCLK 的下降沿数据改变，同时一位数据被存入移位寄存器。SPI 接口的内部硬件接口如图 15-2 所示。

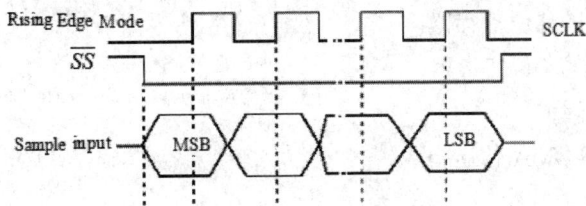

图 15-1　SPI 传输数据通信时序

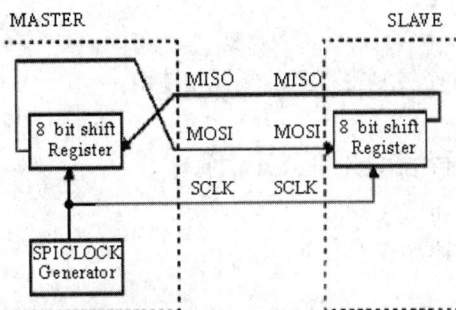

图 15-2　SPI 内部硬件接口

SPI 接口也有其缺点：没有指定的流控制；没有应答机制确认是否接收到数据。

S3C2410 包含两个串行外围设备接口(SP0 口和 SP1 口)，每个 SPI 口都有两个分别用于发送和接收的 8 位移位寄存器，在主设备的一个移位脉冲驱动下，1bit 数据被同步发送(串行移出)和接收(串行移入)。8 位串行数据的速率由相关的控制寄存器的内容决定。如果只想发送，接收到的是一些虚拟的数据；另外，如果只想接收，发送的数据也可以是一些虚拟的 1。

S3C2410 SPI0 口结构框图如图 15-3 所示。

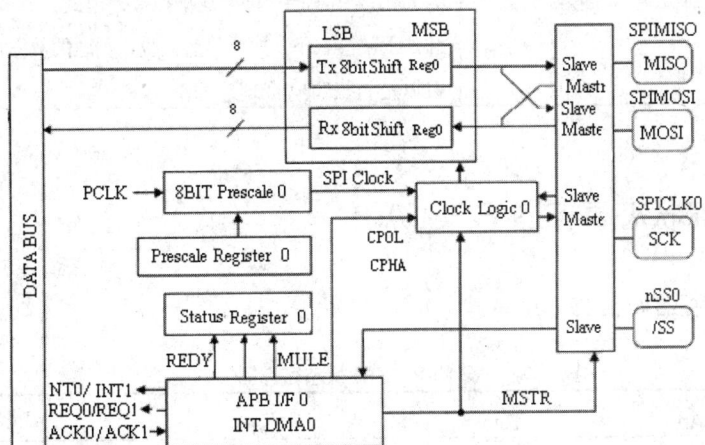

图 15-3　SPI0 口结构框图

15.1.2 SPI 接口特性

SPI 接口具有如下特性:

- 与 SPI 接口协议 v2.11 兼容;
- 8 位用于发送的移位寄存器;
- 8 位用于接收的移位寄存器;
- 8 位预分频逻辑;
- 查询、中断和 DMA 传送模式。

15.2 SPI 接口控制寄存器

本节介绍 SPI 接口的 6 个控制寄存器的配置与使用。

15.2.1 SPI 控制寄存器(SPICONn)

SPI 控制寄存器具体描述如表 15-1 所示。

表 15-1 SPI 控制寄存器

SPICONn	Bit	描　　述	初　　值
读/写模式 (SMOD)	[6:5]	00:查询模式;01:中断模式;10:DMA 模式;11:保留	00
SCK 允许/禁止位(ENSCK)	[4]	0:禁止 SCK; 1:允许 SCK	0
主/从选择位(MSTR)	[3]	0:从设备; 1:主设备	0
时钟极性选择(CPOL)	[2]	0:时钟高电平起作用; 1:时钟低电平起作用	0
时钟相位选择位(CPHA)	[1]	0:格式化 A; 1:格式化 B	0
自动发送虚拟数据允许数据模式(TAGD)	[0]	0=正常模式,1=自动发送虚拟数据模式 注:正常模式下,如果只想接收,发送的数据也可以是一些虚拟的 1	0

15.2.2 SPI 状态寄存器(SPSTAn)

SPI 状态寄存器如表 15-2 所示。

表 15-2 SPI 状态寄存器

SPSTAn	Bit	描　　述	初　　值
保　留	[7:3]		

(续表)

SPSTAn	Bit	描　述	初　值
数据冲突错误标志(DCOL)	[2]	0：未检测到冲突；1：检测到冲突错误	0
多主设备错误标志(MULF)	[1]	0：未检测到该错误；1：发现多主设备错误	0
数据传输完成标志(REDY)	[0]	0：未完成；1：完成数据传输	1

15.2.3　SPI 引脚控制寄存器(SPPINn)

SPI 引脚控制寄存器如表 15-3 所示。

当一个 SPI 系统被允许时，nSS 之外的引脚的数据传输方向都由 SPCONn 的 MSTR 位控制，nSS 引脚总是输入。

当 SPI 是一个主设备时，nSS 引脚用于检测多主设备错误(如果 SPPIN 的 ENMUL 位被使能)，另外，还需要一个 GPIO 来选择从设备。

如果 SPI 被配置为从设备，则 nSS 引脚用来被选择为从设备。

表 15-3　SPI 引脚控制寄存器

SPPINn	Bit	描　述	初　值
保留	[7:3]		
多主设备错误检测使能(ENMUL)	[2]	0：禁止该功能；1：允许该功能	0
保留	[1]	总为 1	1
主设备发送完一字节后继续驱动还是释放(KEEP)	[0]	0：释放；1：继续驱动	0

SPIMISO 和 SPIMOSI 数据引脚用于发送或接收串行数据。如果 SPI 口被配置为主设备，SPIMISO 就是主设备的数据输入线，SPIMOSI 就是主设备的数据输出线，SPICLK 是时钟输出线；如果 SPI 口被配置为从设备，这些引脚的功能就正好相反。在一个多主设备的系统中，SPICLK、SPIMOSI、SPIMISO 都是一组一组地单独配置的。

15.2.4　SPI 波特率预分频寄存器(SPPREn)

SPI 波特率预分频寄存器如表 15-4 所示。

表 15-4　SPI 波特率预分频寄存器

SPPREn	Bit	描　述	初　值
预分频值	[7:0]	波特率=[fPCLK/2]/(预分频值+1)	0x00

15.2.5 SPI 发送数据寄存器(SPTDATn)

SPI 发送数据寄存器如表 15-5 所示。

发送数据寄存器中存放的是 SPI 口待发送的数据。

表 15-5 SPI 发送数据寄存器

SPTDATn	Bit	描　　述	初　　值
SPI 发送数据寄存器	[7:0]	发送数据寄存器中存放待 SPI 口发送的数据	0x00

15.2.6 SPI 接收数据寄存器(SPRDATn)

SPI 接收数据寄存器如表 15-6 所示。

接收数据寄存器中存放的是 SPI 口接收到的数据。

表 15-6 SPI 接收数据寄存器

SPRDATn	Bit	描　　述	初　　值
SPI 接收数据寄存器	[7:0]	接收数据寄存器中存放 SPI 口接收的数据	0x00

15.2.7 SPI 接口操作

通过 SPI 接口，S3C2410 可以与外设同时发送/接收 8 位数据。串行时钟线与两条数据线同步，用于移位和数据采样。如果 SPI 是主设备，那么数据传输速率由 SPPREn 寄存器的相关位控制。可以通过修改频率来调整波特率寄存器的值。如果 SPI 是从设备，则其他主设备提供时钟，向 SPDATn 寄存器中写入字节数据，SPI 发送/接收操作就同时启动。某些情况下，nSS 要在向 SPDATn 寄存器中写入字节数据之前激活。

15.2.8 SPI 接口编程

如果 ENSCK 和 SPCONn 中的 MSTR 位都被置位，那么向 SPDATn 寄存器写一字节数据，就启动一次发送，也可以使用典型的编程步骤来操作 SPI。

(1) 设置波特率预分频寄存器(SPPREn)。

(2) 设置 SPCONn 配置 SPI 模块。

(3) 向 SPDATn 中写 10 次 0xFF 来初始化 MMC 或 SD 卡。

(4) 把一个 GPIO(当作 nSS)清零来激活 MMC 或 SD 卡。

(5) 发送数据：核查发送准备好标志(REDY=1)，然后向 SPDATn 中写入数据。

(6) 正常模式接收数据：禁止 SPCONn 的 TAGD 位，向 SPDAT 中写 0xFF，确定 REDY

被置位后，从读缓冲区中读出数据。

(7) 自动发送虚拟数据模式接收数据：使能 SPCONn 的 TAGD 位，确定 REDY 被置位后，从读缓冲区中读出数据，同时自动发送虚拟数据。

(8) 置位 GPIO 引脚(当作 nSS 的那个引脚)，停止 MMC 或 SD 卡。

15.2.9　SPI 口的传输格式

S3C2410 支持 4 种不同的数据传输格式，如图 15-4 所示的是具体的波形图。

其中，CPOL(Clock Polarity)表示时钟的极性，即高电平还是低电平传输数据，CPOL=0，表示 SCK 的静止状态为低电平(高电平传输数据)；CPOL=1，则表示 SCK 静止状态为高电平(低电平传输数据)。CPHA(Clock Phase)表示时钟的相位，CPHA=0，格式 A，表示在串行时钟的第一个跳变沿(上升或下降)数据被采集，CPHA=1；格式 B，表示在串行时钟的第二个跳变沿(上升或下降)数据被采集。

在图 15-4 中，(a)与(b)极性相同，但相序差一个相位；(a)与(c)相序相同，都是格式 A，但极性相反；(b)与(d)相序相同，都是格式 B，但极性相反。

总之，在分析不同的数据传输格式时，如果 SCK 的静止状态为低电平，数据高电平传输(如图中 MSB 从采样到稳定)，CPOL=0，如图 15-4(a)和图 15-4 (b)所示；如果 SCK 的静止状态为高电平，数据低电平传输，CPOL=1，如图 15-4 (c)和图 15-4(d)所示。

如果数据采样时刻在第 1 个脉冲的上升沿或下降沿，在第 2 个脉冲的下降沿或上升输出，CPHA=0，格式 A，如图 15-4(a)和图 15-4(c)所示；如果数据采样时刻在第 2 个脉冲的上升沿或下降沿，在第 1 个脉冲的下降沿或上升输出，CPHA=1，格式 B，如图 15-4(b)和图 15-4(d)所示。

SPI是串行通信，串行通信程序对时序有较严格的要求，要根据数据传输特点，在SPI口控制寄存器SPCONn中进行正确设置，保证数据正确传输。

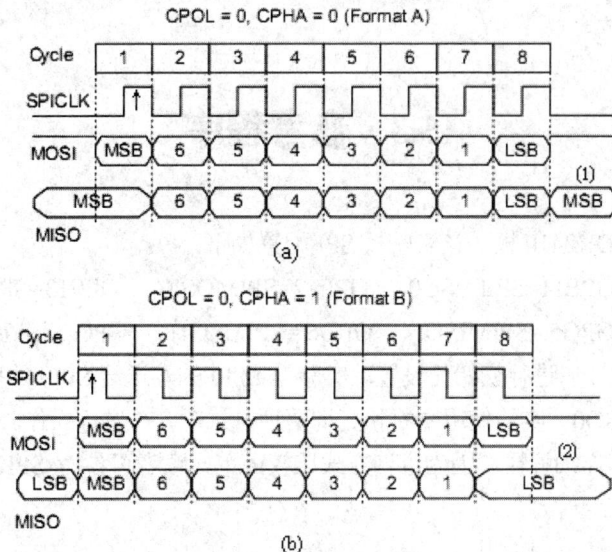

图 15-4　SPI 数据传输格式

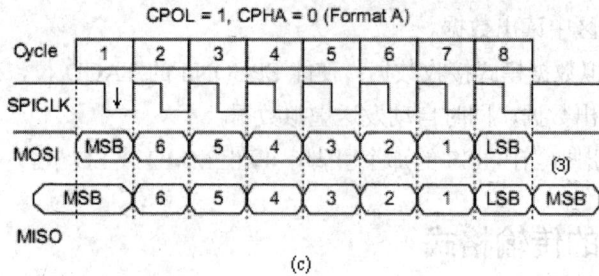

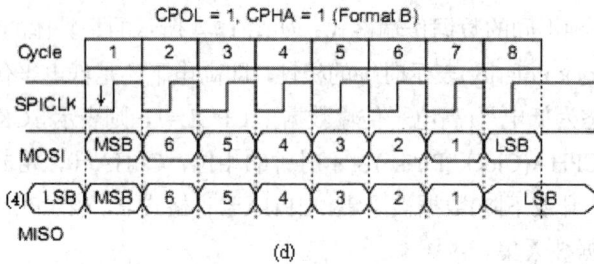

图 15-4　（续）

图 15-4 中，注(1)是刚收到的字符 MSB；注(2)是前一个字符的 LSB；注(3)是刚收到的字符 MSB；注(4)是前一个字符的 LSB。

15.2.10　SPI 通信模式

SPI 通信模式有如下 3 种。

- DMA 模式：该模式不能用于从设备 Format B 形式。
- 查询模式：如果接收从设备采用 Format B 形式，DATA_READ 信号应该比 SPICLK 延迟一个相位。
- 中断模式：如果接收从设备采用 Format B 形式，DATA_READ 信号应该比 SPICLK 延迟一个相位。

15.3　参考程序

本实验使用 SMDK2410 板，该实验板 SPI 配置如下。

GPG2=nSS0，　GPE11=SPIMISO0，　GPE12=SPIMOSI0，　GPE13=SPICLK0。

GPG3=nSS1，　GPG5 =SPIMISO1，　GPG6 =SPIMOSI1，　GPG7 =SPICLK1。

程序中要对 G、E 口进行初始化设置。实验是 SPI0 的发送给 SPI0 的接收，所以要连接 SPIMOSI0 和 SPIMISO0。实验使用中断和查询两种方式对 SPI 进行操作。

中断方式程序有详细解释，因为查询方式比较简单，读者可参考 SPICON0 和 SPSTA0 自行分析。

```
//-------------------------------------------------------------------------------
//     头文件，定义函数
//-------------------------------------------------------------------------------
#ifndef __SPI_H__
#define __SPI_H__
void Test_Spi_MS_int(void);
void Test_Spi_MS_poll(void);
#endif /*__SPI_H__*/
//-------------------------------------------------------------------------------
//     函数声明和引入头文件
//-------------------------------------------------------------------------------
#include <string.h>
#include "2410addr.h"
#include "2410lib.h"
#include "spi.h"
#include "def.h"
#define spi_count 0x80                                  //发送和接收字串长度
#define SPI_BUFFER   (unsigned char *)0x31000000;//实验使用的缓冲区地址
void __irq Spi_Int(void);
volatile char *spiTxStr,*spiRxStr;                      //定义发送和接收字串指针
volatile int endSpiTx;                                  //定义发送(中断)结束标志
unsigned int spi_rGPECON,spi_rGPEDAT,spi_rGPEUP;        //定义变量,保留实验使用的端口原状态
unsigned int spi_rGPGCON,spi_rGPGDAT,spi_rGPGUP;
//-------------------------------------------------------------------------------
//     端口初始化，保留 SPI 实验使用的端口原状态
//-------------------------------------------------------------------------------
void SPI_Port_Init(int MASorSLV)              //MASorSLV 主从设备标志, =1 主 =0 从
{
    spi_rGPECON=rGPECON;
    spi_rGPEDAT=rGPEDAT;
    spi_rGPEUP=rGPEUP;
    rGPEUP&=~(0x3800);
    rGPEUP|=0x2000;
    rGPECON=((rGPECON&0xf03fffff)|0xa800000);
    // GPE11=SPIMISO0(输入), GPE12=SPIMOSI0(输出), GPE13=SPICLK0(输出)
    spi_rGPGCON=rGPGCON;                       //保留 SPI 实验使用的端口原状态
    spi_rGPGDAT=rGPGDAT;
    spi_rGPGUP=rGPGUP;
    rGPGUP|=0x4;                               //GP2 做 SS0, 上拉禁止
    if(MASorSLV==1)                            //主设备设置
    {
        rGPGCON=((rGPGCON&0xffffffcf)|0x10);   // Master(GPIO_Output)
        rGPGDAT|=0x4;                          // Activate  nSS
    }
```

```
    else
        rGPGCON=((rGPGCON&0xffffffcf)|0x30);        // Slave(nSS)
}
//------------------------------------------------------------------------------------------------
//    恢复 SPI 实验使用的端口原状态
//------------------------------------------------------------------------------------------------
void SPI_Port_Return(void)
{
    rGPECON=spi_rGPECON;
    rGPEDAT=spi_rGPEDAT;
    rGPEUP=spi_rGPEUP;
    rGPGCON=spi_rGPGCON;
    rGPGDAT=spi_rGPGDAT;
    rGPGUP=spi_rGPGUP;
}
//------------------------------------------------------------------------------------------------
//    SPI0 中断方式发送/接收实验
//------------------------------------------------------------------------------------------------
void Test_Spi_MS_int(void)                       //主设备 SPI 中断方式发送/接收实验
{
    char *txStr,*rxStr;
    SPI_Port_Init(0);
    Uart_Printf("[SPI0 Interrupt Tx/Rx Test]\n");
    Uart_Printf("Connect SPIMOSI0 into SPIMISO0.\n");
    //连接 SPI0 的发送端口和 SPI0 的接收端口
    pISR_SPI0=(unsigned)Spi_Int;                 //置 SPI0 中断向量
    endSpiTx=0;                                   //中断结束标志
    spiTxStr="0123456789ABCDEFGHIJKLMNOPQRSTUVWXYZ";//发送的字串
    spiRxStr=(char *) SPI_BUFFER;                 //接收缓冲区指针
    txStr=(char *)spiTxStr;                       //发送串指针
    rxStr=(char *)spiRxStr;                       //接收串指针
    rSPPRE0=0x0;                                  //if PCLK=50Mhz,SPICLK=25Mhz
    rSPCON0=(1<<5)|(1<<4)|(1<<3)|(1<<2)|(0<<1)|(0<<0);//int,en-SCK,master,low,A,normal
    rSPPIN0=(0<<2)|(1<<1)|(0<<0);//dis-ENMUL,SBO,release
    rINTMSK=~(BIT_SPI0); //开中断，1 字节(字符)发送结束，允许中断
    while(endSpiTx==0);        //中断入口，全部发送结束后，endSpiTx=1，跳出
    //中断结束，重新设定 SPI0 控制寄存器 Poll,dis-SCK,master,low,A,normal
    rSPCON0=(0<<5)|(0<<4)|(1<<3)|(1<<2)|(0<<1)|(0<<0);// Poll,dis-SCK,master,low,A,normal
    *spiRxStr='\0';                               //接收字串最后加'\0'，作为字串结束标志
    Uart_Printf("Tx Strings:%s\n",txStr);
    Uart_Printf("Rx Strings:%s :",rxStr+1);        //去掉接收的第 1 个无用字符
    if(strcmp(rxStr+1,txStr)==0)                   //接收字串和发送字串比较，相同打印 O.K
        Uart_Printf("O.K.\n");
    else
```

```
                Uart_Printf("ERROR!!!\n");
        SPI_Port_Return();                      //恢复 I/O 口原状态
}
//-------------------------------------------------------------------------------------------------
//  中断服务程序
//-------------------------------------------------------------------------------------------------
void __irq Spi_Int(void)
{
        unsigned int status;
        ClearPending(BIT_SPI0);         //清 SPI0 中断挂起
        status=rSPSTA0;                 //保存 SPI0 状态寄存器
        if(rSPSTA0&0x6)                 //检查数据是否冲突
        Uart_Printf("Data Collision or Multi Master Error(0x%x)!!!\n", status);
        while(!(rSPSTA0&0x1));          //检查数据传输完成标志
        *spiRxStr++=rSPRDAT0;           //取发来的数据
        if(*spiTxStr!='\0')             //检查是否为发送字串的尾部
            rSPTDAT0=*spiTxStr++;       //如果发送字符不是'\0'，继续发送
        else
        {
        rINTMSK|=BIT_SPI0;              //否则屏蔽 SPI0 中断，停止发送
        endSpiTx=1                      //发送中断结束标志置 1，主程序从等中断状态中跳出
        }
}
//-------------------------------------------------------------------------------------------------
//  查询方式发送/接收实验
//-------------------------------------------------------------------------------------------------
void Test_Spi_MS_poll(void)
{
        int i;
        char *txStr,*rxStr;
        SPI_Port_Init(0);
        Uart_Printf("[SPI Polling Tx/Rx Test]\n");
        Uart_Printf("Connect SPIMOSI0 into SPIMISO0.\n");
        endSpiTx=0;
        spiTxStr="ABCDEFGHIJKLMNOPQRSTUVWXYZ0123456789";
        spiRxStr=(char *) SPI_BUFFER;
        txStr=(char *)spiTxStr;
        rxStr=(char *)spiRxStr;
        rSPPRE0=0x0;        //if PCLK=50Mhz,SPICLK=25Mhz
        rSPCON0=(0<<5)|(1<<4)|(1<<3)|(1<<2)|(0<<1)|(0<<0);//Polling,en-SCK,master,low,A,normal
        rSPPIN0=(0<<2)|(1<<1)|(0<<0);//dis-ENMUL,SBO,release
        while(endSpiTx==0)
        {
            if(rSPSTA0&0x1)     //Check Tx ready state
```

```
            {
            if(*spiTxStr!='\0')
                        rSPTDAT0=*spiTxStr++;
            else
                        endSpiTx=1;
            while(!(rSPSTA0&0x1));      //Check Rx ready state
                *spiRxStr++=rSPRDAT0;
            }
        }
        rSPCON0=(0<<5)|(0<<4)|(1<<3)|(1<<2)|(0<<1)|(0<<0);//Polling,dis-SCK,master,low,A,normal
        *(spiRxStr-1)='\0';//remove last dummy data & attach End of String(Null)
        Uart_Printf("Tx Strings:%s\n",txStr);
        Uart_Printf("Rx Strings:%s :",rxStr);
        if(strcmp(rxStr,txStr)==0)
            Uart_Printf("O.K.\n");
        else
            Uart_Printf("ERROR!!!\n");
        SPI_Port_Return();
}
//-------------------------------------------------------------------------------------
// 主程序
//-------------------------------------------------------------------------------------
void main()void
{
        //sys_init();          // Initial s3c2410's Clock, MMU, Interrupt,Port and UART
        Test_Spi_MS_int() ;
        for(;;);

}
```

15.4 习　题

1. 什么是 SPI 接口？它和 I^2C 接口有什么相同点和不同点？
2. SPI 接口有哪些特性？
3. 简述 SPI 接口操作和编程的步骤。
4. S3C2410 SPI 支持的数据传输格式有几种？各有什么特点？
5. 简述 SPI 控制寄存器 SPCONn 各位的定义和使用。
6. 简述 SPI 状态寄存器 SPSTAn 各位的定义和使用。
7. SPI 如何选择数据传输的波特率？
8. SPI 发送数据寄存器和接收数据寄存器是什么？如何使用？
9. 学习并熟悉例子程序，在开发系统上用中断和查询方式实现 SPI 通信实验。

第16章　S3C2410的人机界面设计

嵌入式控制系统人机界面设计是非常重要的课题之一，本章从最基础的汉字和字符显示原理开始，逐步介绍字模提取、建立小字库以及利用"打点"原理显示汉字和曲线的方法，使读者能够轻松掌握人机界面设计方法。

16.1　英文字符存储与显示原理

16.1.1　ASCII 码

英文字符、数字和计算机中用的控制符号在计算机中是用 ASCII 码来表示的。ASCII 码(American Standard Code for Information Interchange)是美国国家信息交换标准码，现已成为国际通用的信息交换标准代码。

ASCII 码共有 128 个元素，其中通用字符 32 个、十进制数字 10 个、52 个英文大小写字母和 34 个专用符号。这 128 个元素用 1 字节二进制数表示，因为 7 位二进制数就可表示 128 个元素，该字节多余的最高位取 0，如表 16-1 所示的就是 7 位 ASCII 码表。

表 16-1　7 位 ASCII 码表

D3D2D1D0	D6 D5 D4							
	000	001	0010	0011	0100	0101	0110	0111
0000	NUL	DEL	SP	0	@	P	、	p
0001	SOH	DC1	!	1	A	Q	a	q
0010	STX	DC2	"	2	B	R	b	r
0011	ETX	DC3	#	3	C	S	c	s
0100	EOT	DC4	$	4	D	T	d	t
0101	ENQ	NAK	%	5	E	U	e	u
0110	ACK	SYN	&	6	F	V	f	v
0111	BEL	ETB	,	7	G	W	g	w
1000	BS	CAN	(	8	H	X	h	x
1001	HT	EM	)	9	I	Y	i	y
1010	LF	SUB	*	:	J	Z	j	z
1011	VF	ESC	+	;	K	[	k	{

(续表)

D3D2D1D0	D6 D5 D4							
	000	001	0010	0011	0100	0101	0110	0111
1100	FF	FS	`	<	L	\	l	|
1101	CR	GS	-	=	M	]	m	}
1110	SD	RS	.	>	N	^	n	~
1111	SI	US	/	?	O		o	DEL

16.1.2　英文字符的显示

在 16.1.1 节已经介绍，英文字符在计算机中是以 ASCII 码形式存储的，那么它是如何显示的呢？

众所周知，无论是 CRT 显示器还是液晶显示器(LCD)，它们的分辨率都是以像素为单位的，一个像素就是屏幕上的一个可以显示的最小单位，也就是常说的"点"。因此，要在屏幕上显示一个英文字符也必须用点来表式，这些表示某种图形或英文字符的点的集合就是人们所说的点阵。

常用的英文字符有 8×8 点阵和 8×16 点阵，如大写 A 的 8×8 点阵如图 16-1 所示。

8×8 点阵共有 8 行，每行 8 个点；每行的 8 个点组成二进制的一字节，字节的最高位 D7 在最左边，最低位 D0 在最右边。字节中打点的位(bit)值等于 1，没有点的位(bit)值等于 0。这样，每行的一字节都有一个十六进制数的值，例如第一行的值是 0x30，第二行的值是 0x78……8 行 8 字节数据是：0x30，0x78，0xCC，0xCC，0xFC，0xCC，0xCC，0x00。

我们把这 8 字节数据叫字符 A 的 8×8 点阵字模。存储全部英文字符 8×8 点阵字模的存储单元叫英文字符 8×8 点阵字库。字库是按 ASCII 码顺序存放的，显示时，按存放规律将要显示的字符的字模取出，按图 16-1 所示的顺序把字节数据输出到屏幕上即可。bit 值等于 1 的点显示时在屏幕上该 bit 位置"打"点，bit 值等于 0 的点显示时在屏幕上该 bit 位置"打"空白。

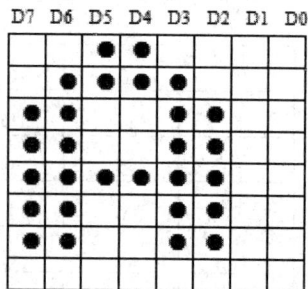

图 16-1　大写 A 的 8×8 点阵

8×16 点阵显示原理同 8×8 点阵，8×8 点阵一个字模占 8 字节，8×16 点阵一个字模占 16 字节。大写 A 的 8×16 点阵如图 16-2 所示。

A 的 8×16 点阵字模：0x00，0x00，0x38，0x6C，0xC6，0xC6，0xC6，0xFE，
0xC6，0xC6，0xC6，0xC6，0x00，0x00，0x00，0x00

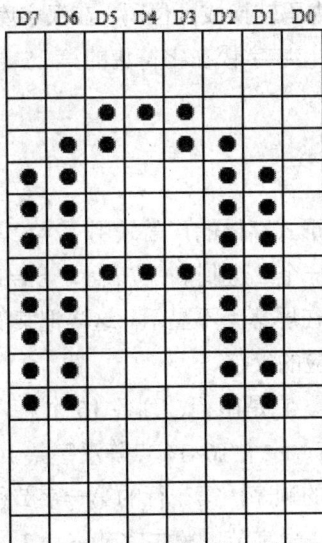

图 16-2　大写 A 的 8×16 点阵

16.2　汉字在计算机中的表示和显示

16.2.1　汉字的内码和区位码

在计算机中，英文字符用一字节的 ASCII 码表示，该字节最高位一般置 0 或用作奇偶校
验，故实际是用 7 位码来代表 128 个字符的。但对于众多的汉字，只有用两字节才能代表。
这样用两字节代表一个汉字的代码体制，国家制定了统一标准，称为国标码。

国标码规定，组成两字节代码的最高位为 0，即每字节仅只使用 7 位。这样在机器内使
用时，由于英文的 ASCII 码也在使用，可能将国标码看成两个 ASCII 码。因而规定用国标码
在机内表示汉字时，将每字节的最高位置 1，以表示该码表示的是汉字。这些国标码两字节最
高位加 1 后的代码称为机器内的汉字代码，简称内码。

我国 1981 年公布了《信息交换用汉字编码字符集(基本集)》GB2312-1980 方案，把高频
字、常用字和次常用字集合成汉字基本字符(共 6763 个)。在该集中按汉字使用的频度，又将
其分成一级汉字 3755 个(按拼音排序)、二级汉字 3008 个(按部首排序)，再加上西文字母、数
字、图形符号等 700 个。

国家标准的汉字字符集(GB2312-80)是以汉字库的形式提供的。汉字库结构作了统一规
定，即将字库分成 94 个区，每个区有 94 个汉字(以位做区别)，每一个汉字在汉字库中有确
定的区和位编号(用两字节)，就是所谓的区位码。区位码的第一字节表示区号，第二字节表

示位号。只要知道了区位码，就可知道该汉字在字库中的地址。

当用某种输入设备(如键盘)将汉字输入计算机时，管理模块将自动把输入的汉字转换为内码。当要显示该汉字时，再由内码转换成区位码，在汉字库找到该汉字，进行显示。例如，“哈”的区位码为2594，它表示该字字模在字符集的第 25 个区的第 94 个位置。

16.2.2　汉字的显示

每个汉字在字库中是以点阵形式存储的，常采用 12×12、16×16、24×24、48×48 点阵形式。同英文字模一样，每个点用一个二进制 bit 位表示。bit=1 的点，当显示时，就可以在屏幕上显示一个点，bit=0 的点，则在屏幕上不显示。这样把某汉字的点阵信息直接用来在显示器上按上述原则显示，将出现对应的汉字。

最常用的汉字是 16×16 点阵。它是由行、列各 16 个点，共 256 个点组成的点阵图案。每行的 16 个点在内存中占二字节，一个 16×16 点阵汉字共 16 行，在内存中占 32 字节。

根据这些字节在字模中存放的顺序，第一行的第一字节称为 0 号字节，第二字节称为 1 号字节；第二行的第一字节称为 2 号字节，第二字节称为 3 号字节。依此类推，最后一行的第一字节称为 30 号字节，第二字节称为 31 号字节，每字节高位在前、低位在后，即 D7 在一字节的最左侧，D0 在最右侧，具体如图 16-3 所示。

D7D6D5D4D3D2D1D0	D7D6D5D4D3D2D1D0
0字节	1字节
2字节	3字节
⋮	⋮
30字节	31字节

图 16-3　16×16 点阵汉字在字模中的排列

不同的汉字各字节数据不同，如图 16-4 所示的是仿宋体“哈”字的 16×16 点阵字模。在点阵中，每一个小方格代表字节中的一位(bit)，黑色的点 bit 值等于 1，白色的点 bit 值等于 0，如仿宋体“哈”字的 16×16 点阵字模的 32 字节数据如下。

0x00，0x40，0x00，0x40，0x00，0xa0，0x78，0xa0，0x49，0x10，0x49，0x18，0x4a，0x0e，0x4d，0xf4，

0x48，0x00，0x7b，0xf8，0x4a，0x08，0x02，　0x08，0x02，0x08，0x03，0xf8，0x02，0x08，0x00，0x00

点阵排列如图 16-4 所示。

如要在屏幕的 x 行 y 列位置显示上面的“哈”字，则可以从点(x，y)开始将 0 号字节和 1 号字节的内容输出到屏幕上；然后行加 1，列再回到 y，输出 2 号字节和 3 号字节，依此类推 16 个循环即可完成一个汉字的显示。

输出一字节时，该字节中“位”(bit)为 1 时在该“位”位置打点，为 0 时在该“位”位置打空白。

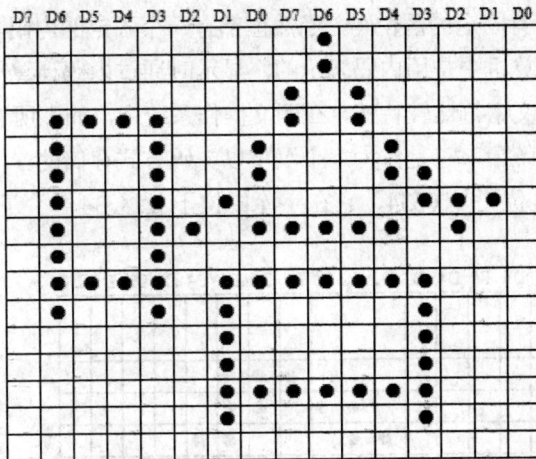

图 16-4　仿宋体 "哈" 字的 16×16 点阵

此外常用的汉字还有 24×24 点阵,它是由行列各 24 个点组成的点阵图案,它每列的 24 个点在内存中占 3 字节,一个 24×24 点阵汉字共 24 列,在内存中占 72 字节;48×48 点阵,行×列为 48×48,一个汉字占内存 288 字节。12×12 点阵(为方便编程把列 12 点扩展为 16 点,即 2 字节),行×列为 12×16,一个汉字占内存 24 字节。

由于常用的 24 针打印机的打印头是 24 针纵向排列的,一次垂直打印 24 点,即 3 字节,然后再打印下一列 24 点,依次打 24 次,就完成了一个 24×24 点阵汉字打印,所以为方便打印机使用,24×24 点阵汉字字模的排列是与 16×16 不同的,具体如表 16-2 所示。

0 号、1 号、2 号 3 字节排在第 1 列;3 号、4 号、5 号 3 字节排在第 2 列,依此类推,最后一列是 69 号、70 号、71 号字节,所有的字节都是高位在上、低位在下,这样打字机从左到右扫描,不用换行就可完成一个 24×24 点阵汉字打印。

表 16-2　24×24 点阵汉字在字模中的排列

0 字节	3 字节	…	66 字节	69 字节
1 字节	4 字节	…	67 字节	70 字节
2 字节	5 字节	…	68 字节	71 字节

16.2.3　其他西文字符在计算机中的存储和显示

人们在工作中除英文字符和汉字外,还会遇到拉丁文数字、一般符号、序号、日文平假名、希腊字母、俄罗斯文、汉语拼音符号和汉语注音字母等,这些符号在计算机中是如何存储和显示的呢?

我国在 1981 年公布的《信息交换用汉字编码字符集(基本集)》GB2312-1980 中,94 个区中除 6763 个汉字外,第 3~7 区给这些符号留下了位置,如第 3 区为英文大小写符号、第 4 区为日文平假名、第 5 区为日文片假名、第 6 区为大小写希腊字母、第 7 区为大小写俄罗斯字母,等等。

这些字符每一个都有固定的区位码,当然也都有一个固定的内码。当用某种输入法输入一个西文字符时,在计算机中是用内码表示的,显示时通过内码计算出区位码,找到该字符字模进行显示。其中英文字符比较特殊,在西文操作系统中,如上所述,它是以 ASCII 码存储的,而在汉字操作系统中,它是作为一个汉字以内码方式存储的。

如希腊字母 β 的区位码是 0634,它在字库中位于 6 区 34 位,它的显示效果如图 16-5 所示。

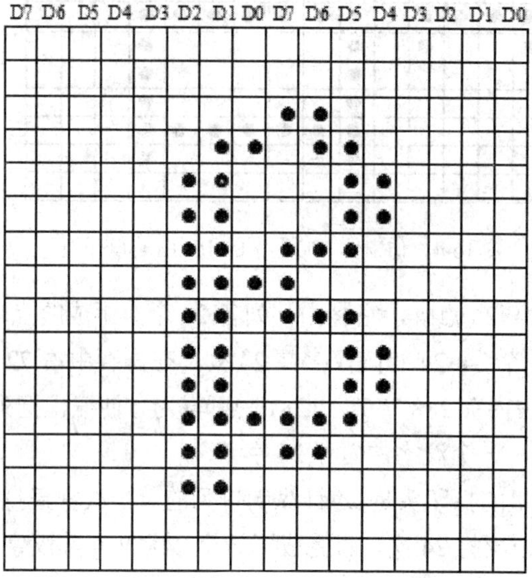

图 16-5　希腊字母 β 的 16×16 点阵图案

16.2.4　屏幕上"打点"

从上面叙述可知,无论使用 CRT 还是 LCD 做显示设备,能在屏幕上"打点"是显示英文字符和汉字的最基本要求。假如使用 IBM_PC 机或兼容机,CRT 做显示设备,在系统软件中就有一个厂家提供的"打点"子程序(也叫"打点"系统调用),用户只要把显示坐标、显示颜色作为参数输入程序,调用"打点"子程序就可以在屏幕上打点。

如果使用 LCD 做显示设备,每种 LCD 都有一套指令系统,该指令系统一般都有在屏幕上打点的指令,使用该指令也可以实现在 LCD 屏上"打点"。

如果使用的某种 LCD 设备没有打点的指令,也要编写一个"打点"程序,完成英文字符和汉字的显示。

16.2.5　字模提取与建立小字库概述

从 16.2.2 节叙述可知,汉字占用内存量是非常大的。

一般控制系统汉字界面可能有几种不同的字体,可能还有西文字符,不可能将所涉及的字库都引入程序。最现实的办法就是将系统中用到的汉字从大字库中提取出来,重新建立一个小字库，这样就解决了使用数量少、种类多的汉字显示问题。

这种提取字模的程序非常多，笔者研制了一个通用字模提取程序，免费下载给本书读者。

它功能强大、使用方便，可以提取 12×12、16×16、24×24、48×48 宋体或仿宋体汉字；同时还可以提取国标上有的拉丁文数字、一般符号、序号、日文片假名、希腊字母、英文、俄罗斯文、汉语拼音符号、汉语注音字母等字模。图 16-10 是利用小字库显示各种字体汉字和西文字符的实例。

16.3　字模提取与建立小字库

本节将介绍几种从大字库中提取字模和建立小字库的方法，并给出一个功能强大、使用方便的通用字模提取程序，免费提供给读者使用，该程序可同随书资料一起在清华大学出版社的网站上下载。

上面提到，汉字占用内存是非常大的，如常用的一个 16×16 点阵汉字占 32 字节，一个仿宋体 16×16 点阵汉字库有 6763 个汉字，共占内存 32×6763 字节；一个 24×24 点阵汉字占 72 字节，一个仿宋体 24×24 点阵汉字库有 6763 个汉字，共占内存 72×6763 字节；一个 48×48 点阵汉字占 288 字节，一个仿宋体 48×48 点阵汉字库有 6763 个汉字，共占内存 288×6763 字节；此外，汉字还有宋体、楷体、黑体、新宋体、篆书等，每一种都要占和仿宋体一样的内存。

嵌入式控制系统的界面大多有几种不同的字体，但每一种字体使用可能不是很多。如果把所使用的几种不同的字体的字库全部引入系统，那是不可能的。最现实的方法就是：将在界面设计需要的个别汉字从大字库中提取出来，重新建立一个小字库，这个小字库内只有所需要的个别汉字，占内存也就很小了，小字库可以以数组的形式引入程序中，显示也非常方便。

所以，在嵌入式控制系统中显示汉字必须解决字模问题，根据上一节的叙述已经知道了汉字显示原理，现在可以用任何一种编程语言来提取字模与建立小字库。

16.3.1　用 C 语言提取字模和建立小字库

如果应用程序是使用 C 语言编制或开发人员对 C 语言比较熟悉，那么使用 C 语言来提取字模和建立小字库比较方便。C 语言的汉字提取程序较多，用程序 Selchn16.c 来提取 16×16 点阵汉字。汉字输入是采用区位码，同时生成的小字库是 C 语言的数据形式，可直接复制到用户程序中运行，还可以在 LCD 屏幕上显示小字库内容。

如下程序分 5 段给出，每段都给出了详细的解释。

```
//Selchn16.c
#include<io. h>
#include<fcntl.h>
#include<sys\types.h>
#include<sys\stat.h>
#include<stdio. h>
#include<process.h>
```

```
#include<conio.h>
#include<graphics. h>
#include<stdlib.h>
#include "qwcode.h"                                        //这是用户定义的头文件
```

1. qwcode.h 头文件

头文件 qwcode.h 包含界面设计需要的 5 个汉字的区位码，QU_WE[]={24，86，29，73，20，51，34，56，29，81}；是随机找的 5 个汉字"个"、"介"、"从"、"仑"、"今"的区位码；CHNNUMBER(汉字个数)=5。

本程序的特点是不用输入汉字，直接输入区位码就可以得到字模，同时还可以得到国标上有的拉丁文数字、一般符号、序号、日文片假名、希腊字母、英文、俄罗斯文、汉语拼音符号和汉语注音字母等字模，建立包括这些内容的小字库，显示界面就更丰富多彩了。

具体汉字的区位码请参见中华人民共和国国家标准《信息交换用汉字编码字符集基本集》(GB 2312-80)，它可以从网站 http://www.gb168.cn 购买。

```
#define DISP-POX-X      16                              //显示开始点坐标
#define DISP-POX-Y      16
char *buffw= {"0x00000,0x00000,0x00000,0x00000,0x00000,0x00000,0x00000,0x00000,\n"};
                                                        //小汉字库 C 语言数据格式
void bintasc (char binbyte,char h1,int n0 );            //Bit 置位程序
```

2. char *buffw 数组

char *buffw 数组中事先存储了小汉字库中 C 语言一行字模的存储格式，一个 16×16 点阵汉字占 32 字节，程序将字模排成两行，一行 8 字(16 字节)，改为 C 语言数据格式后，每个数前面加 0x0，数与数之间用逗号(,)分隔，再加上每行前面的 14 个空格，一行是 76 字节。

```
int     main(void)
{
    unsigned char    tstch;
    unsigned char    bufch[32];
    unsigned char    bufchar[72];
    char             acharl,achar2;
    long             location;
    int              gdriver =   DETECT, gm0de, errorCODE;
    int              fdr,fdw;
    int              x=DISP-POX_X, y=DISP-POX_Y, color=3, startchn= 1;
    int              i, j, k, n;
    initgraph(&gdriver,&gmode,"");
        fdr = open("HZK16",O_RDONLY|O_BINARY );          //打开大字库
        fdw = creat("CHN1616.INC",S_IWRITE|S_IREAD );    //建立小字库
    for ( j=0;j< CHNNUMBER;j++ )                          //区位码个数
```

```
        {
```

3. 计算偏移量，移指针

根据区位码计算偏移量使用公式 Location $=(94×(qh-1)+(wh-1)) ×32$，然后将文件指针移到该位置，从该位置读 32 字节放入缓冲区，同时在 LCD 屏幕显示该汉字。

```
Location=((long)((qu_we[j*2]-l)*94l)+(long)qu_we[j*2+1]-1)*32l;

lseek( fdr,location,0 );                                  //计算偏移量，移指针
read( fdr, bufch, 32 );                                   //读 32 字节进 bufch
for( i=0; i<16;++i)                                       //显示汉字
{
    tstch=0x80;
    for ( k=0; k<8; ++k)                                  //testch 每次右移一位
      {
         if( bufch[i*2] & testch )                        //测试第一字节各位
            putpixel(x+16*startchn+k, y+i, color);        //该位为 1 打点
            if( bufcn[i*2+1]&   testch)                   //测试第二字节各位
            putpixel(x+16*startchn+k+8, y+i, color);      //该位为 1 打点
            testch=testch>>1;

      }                                                   //字测试完成显示
    }                                                     //一个汉字测试打印
if( ++startchn ==16 )                                     //打印每行 16 个汉字
{
      x= DISP-POX-X;
      y +=20;
      startchn=0;
}
```

4. 将读入的字模转换为 C 语言形式

从字库读出的字模是二进制形式，现转换为 C 语言形式。转换后，每个 16×16 汉字字模排成两行，每行 8 个字，即 16 个字节。

转换时先转换第一个字节高 4 位，再转换第一个字节低 4 位；然后转换第二个字节高 4 位，最后转换第二个字节低 4 位。

```
for ( k=0; k<2; ++k )                                     //汉字的字模变 C 语言
{
     for ( i=0;   i<8;   ++i )                            //2 行，每行 8 个字
     {
bintasc(bufch[k*16+i*2+0],1,i*8+14+0)                     //第一字节高 4 位
bintasc(bufch[ k*16+i*2+0],0,1*8+14+1)                    //第一字节低 4 位
bintasc( bufch[ k*16+i*2+1],1,i*8+14+2 )                  //第二字节高 4 位
bintasc( bufch[ k*16+i*2+1],0,1*8+14+3)                   //第二字节低 4 位
```

```
            }
            wrile(fdw, buffw,76 );                    //76 字节写入文件
        }
    }
    getch();                                          //回车后关闭各文件
    close(fdr);
    close(fdw);
    closegraph();
    return 0;
}
```

5. 按位转换程序

因为每 4 个二进制数可以用一个十六进制数表示，而要转换的 C 语言形式是十六进制数，所以把一字节的高 4 位和低 4 位分别取出，将其数值加上 30H，即变为相应的 ASCII 码，然后存储。

建成的小汉字库是以 C 语言的数据格式存放在数组 CHN1616.INC 中。

```
void bintasc(char binby,char h1,int  n0)              //按位整理字模
{
    switch   ( h1 )
        {
            case 0:
                binby= binby&0x0f;                    //低位
                break;
            case 1:
                binby= (binby>>4)&0x0f;               //高位
                break;
            defult:
                break;
        }
        if binby>9
            binby=binby+0x37;                         //字符 ASCII 码
        else
            binby=binby+0x30;                         //数字变 ASCII 码
        buffw[n0]= binby;                             //放入相应位

}
// 小字库 CHN1616.INC
CHN1616.INC []={
0x00800,0x00804,0x017FE,0x01444,0x03444,0x037FC,0x05444,0x09444,
0x015F4,0x01514,0x01514,0x015F4,0x01514,0x01404,0x017FC,0x01404,
// "个" 字的 16×16 点阵字模
0x00100,0x00100,0x00280,0x00440,0x00820,0x01010,0x0244E,0x0C444,
0x00440,0x00440,0x00440,0x00840,0x00840,0x00840,0x01040,0x02040,
// "介" 字的 16×16 点阵字模
```

```
0x00910,0x00910,0x01110,0x01118,0x022A4,0x04A42,0x09440,0x01048,
0x0307C,0x05240,0x09240,0x01640,0x015C0,0x01470,0x0181E,0x01000,
//"从"字的 16×16 点阵字模
0x00100,0x00100,0x00280,0x00280,0x00440,0x00830,0x037DE,0x0C024,
0x03FF8,0x02488,0x02488,0x03FF8,0x02488,0x02488,0x024A8,0x02010,
//"仑"字的 16×16 点阵字模
0x00100,0x00100,0x00280,0x00440,0x00820,0x01210,0x0218E,0x0C084,
0x00000,0x01FF0,0x00010,0x00020,0x00020,0x00040,0x00080,0x00100}
//"今"字的 16×16 点阵字模
```

点阵字模不用修改，可以直接复制到程序中使用，简单方便。

16.3.2　用 Delphi 提取字模和建立小字库

下面介绍用面向对象的可视化编程语言 Delphi 来提取字模。由于 Delphi 功能强大，因此笔者在实现以下程序时也尽量使其功能齐全、使用方便。所要实现的程序可以提取汇编语言和 C 语言两种形式的字模，以方便使用不同语言的应用程序。

该程序可以提取的字模点阵有：16×16点阵宋体汉字，16×16点阵仿宋体汉字，24×24点阵宋体汉字，24×24点阵仿宋体汉字，48×48点阵宋体汉字；采用搜狗软键盘还可以提取国标上的拉丁文数字、一般符号、序号、日文片假名、希腊字母、英文、俄罗斯文、汉语拼音符号、汉语注音字母等字模。

首先，在窗体上添加两个 Memo 控件，Memo1 用来输入汉字，Memo 2 显示转换后的字模；添加两个 ComboBox 控件，ComboBox1 作语言选择，它决定转换后的字模数据是 C 语言格式还是汇编语言格式，ComboBox 2 用来选择点阵字库；再添加两个 Edit 控件，分别输入密码和输入小字库存放路径；添加两个 BitBtn 按钮，分别为输入转换和关闭命令。

为了装饰，加了两个小动画控件 WebBroser1、WebBroser 2 和两个 DateTimePicker 控件，用来显示日期和时间，还有几个 Label 控件作标签。

程序名称为 MinFonBase，由于程序较长，因此按结构分成 8 部分给出并解释。

首先，定义变量和声明函数如下。

```
unit MinFonBase;
interface
uses
    Windos,Messages,SysUtils,Variants,Classes,Graphics,Controls,Forms,
    Dialogs,StdCtrls,Buttons,OleCtrls,SHDocVw,ExtCtrls,ComCtrls;
type
    TForm1 = class(TForm)
        Memo1: TMemo;
        ComboBox1: TComboBox;
        ComboBox2: TComboBox;
        BitBtn1: TBitBtn;
        BitBtn2: TBitBtn;
```

```
        Memo2: TMemo;
        Label1: TLabel;
        Label2: TLabel;
        Label3: TLabel;
        Label4: TLabel;
        WebBroser1: TWebBroser;
        WebBroser2: TWebBroser;
        DateTimePicker1: TDateTimePicker;
        DateTimePicker2: TDateTimePicker;
        Timer1: TTimer;
        Edit1: TEdit;
        Label6: TLabel;
        Edit2: TEdit;
        Label5: TLabel;
        Procedure FormCreate(Sender: Tobject);              //初始化
        Procedure BitBtn1Click(Sender: Tobject);            //转换
        Procedure BitBtn2Click(Sender: Tobject);            //关闭
        Procedure Bintasc(binby:byte;hi:byte;n0:integer);   //按位整理字模
        Procedure COUNT_1616;                               //16×16 点阵处理
        Procedure COUNT_2424;                               //24×24 点阵处理
Procedure COUNT_4848;                                       //48×48 点阵处理
        Procedure Timer1Timer(Sender: Tobject);             //定时器
            private
        { Private declarations }
            public
        { Public declarations }
        end;
    var
      Form1: TForm1;
      verstr:string;
      dirstr2:string;                                       //当前路径
      dirstr1:string;                                       //小字库路径
    implementation
    var
```

1. 各种字模存储格式

以下 6 个数组是 16×16、24×24、48×48 汉字点阵的汇编语言和 C 语言每一行字模的存储格式。

```
    c51buf16:string='0x00000,0x00000,0x00000,0x00000,0x00000,0x00000,0x00000,0x00000,';
      a51buf16:string='dw    00000h,00000h,00000h,00000h,00000h,00000h,00000h,00000h ';
c51buf24:string='0x000,0x000,0x000,0x000,0x000,0x000,0x000,0x000,0x000,0x000,0x000,0x000,0x000,0x00
0,0x000,0x000,0x000,0x000,0x000,';
      a51buf24:string='db    000h,000h,000h,000h,000h,000h,000h,000h,000h,000h,000h,000h,000h,000h,
```

```
000h,000h,000h ';
    c51buf48:string='0x000,0x000,0x000,0x000,0x000,0x000,0x000,0x000,0x000,0x000,0x000,0x000,0x000,
0x000,0x000,0x000,0x000,0x000,';
    a51buf48:string='db
000h,000h,000h,000h,000h,000h,000h,000h,000h,000h,000h,000h,000h,000h,000h,000h,000h ';
    qh,wh:integer;                                              //区位码变量定义
    location: Longint;                                          //以下为各种变量定义
    sf:file of byte;
    a51c51Flag:integer;
    dzkFlag:integer;
    c51buf161:string;
    a51buf161:string;
    c51buf241:string;
    a51buf241:string;
    c51buf481:string;
    a51buf481:string;
    bufch16:array[0..31] of byte;
    bufch24:array[0..71] of byte;
    bufch48:array[0..287] of byte;
    x:integer;
 {$R *.dfm}
 //--------------------------------------------------------------------------------------------------------------------
 //初始化
 //--------------------------------------------------------------------------------------------------------------------
 Procedure TForm1.FormCreate(Sender: Tobject);
 begin
 dirstr2:=GetCurrentDir;                                        //取当前路径
 dirstr2:=IncludeTrailingPathDelimiter(dirstr2);                //规范当前路径
 self.WebBroser1.Navigate(dirstr2+'44a[1].gif');                //引入两个小动画
 self.WebBroser2.Navigate(dirstr2+'6a[1].gif');
 Memo1.Clear;                                                   // Memo 清 0
 Memo2.Clear;
 x:=0;
```

2. 字模形式选择

ComboBox1 用于选择提取字模是 C 语言形式还是汇编语言形式，代码如下。

```
ComboBox1.Items.Add('C51 形式');                                // ComboBox1 初始化
ComboBox1.Items.Add('A51 形式');
ComboBox1.ItemIndex:=0;
```

3. 点阵形式选择

ComboBox 2 用于选择提取字模的点阵形式，代码如下。

```
ComboBox2.Items.Add('8*8  点阵西文字库');
ComboBox2.Items.Add('8*16 点阵西文字库');
ComboBox2.Items.Add('16*16 点阵图标库');
ComboBox2.Items.Add('16*29 点阵中等数字库');
ComboBox2.Items.Add('32*49 点阵大数字库');.
ComboBox2.Items.Add('16*16 点阵宋体汉字库');
ComboBox2.Items.Add('16*16 点阵仿宋体汉字库');
ComboBox2.Items.Add('24*24 点阵宋体汉字库');
ComboBox2.Items.Add('24*24 点阵仿宋体汉字库');
ComboBox2.Items.Add('48*48 点阵宋体汉字库');
ComboBox2.ItemIndex:=0;
edit1.Text:=";                                        //路径框清 0
end;
//----------------------------------------------------------------------
// 关闭
//----------------------------------------------------------------------
Procedure TForm1.BitBtn1Click(Sender: Tobject);
begin
close;
end;
```

4. 核对密码、选字库

以下程序实现的功能包括：核对密码，根据 ComboBox 2 内容选字库，作标记和调用相应提取字模程序，转换结果并存储。

```
//----------------------------------------------------------------------
// 转换
//----------------------------------------------------------------------
Procedure TForm1.BitBtn2Click(Sender: Tobject);
var
i,j: integer;
wsstr:string;
xzkfilename:string;                                    //小字库名
dazkfilename:string;                                   //大字库名
begin
    if edit2.text<>'194512125019' then                //密码错
    begin
    showmessage('密码错,请与作者联系:houdianyou456@sina.com');
    exit;
    end;
    if edit1.text=" then
    begin
    showmessage('小字库路径错！');
    exit;
```

```
      end
    else
  dirstr1:=edit1.Text;                                    //取路径
  dirstr1:=IncludeTrailingPathDelimiter(dirstr1);         //确保路径后有定界符 "\"
      if not DirectoryExists( dirstr1) then               //如路径不存在，就建一个
      CreateDir(dirstr1);
      if ComboBox1.Text='C51 形式' then   a51c51Flag:=1    //设标志
      else   a51c51Flag:=0;
      if (ComboBox2.Text='8*8 点阵西文字库') or (ComboBox2.Text='8*16 点阵西文字库')or
      (ComboBox2.Text='16*16 点阵图标库') or (ComboBox2.Text='16*29 点阵中等数字库') or
(ComboBox2.Text='32*49 点阵大数字库')
      then
          begin
          showmessage('字库已存在，文件在'+dirstr2+'文件夹中');
          xzkfilename:='';
          end;
      if (ComboBox2.Text='16*16 点阵宋体汉字库') then begin
          dazkfilename:=dirstr2+'HZK16';
          xzkfilename:=dirstr1+'XHZK16';
          dzkFlag:=1;
          end;
      if (ComboBox2.Text='16*16 点阵仿宋体汉字库') then begin
          dazkfilename:=dirstr2+'HZK16F';
          xzkfilename:=dirstr1+'XHZK16F';
          dzkFlag:=1;
          end;
      if (ComboBox2.Text='24*24 点阵宋体汉字库') then begin
          dazkfilename:=dirstr2+'HZK24S';
          xzkfilename:=dirstr1+'XHZK24S';
          dzkFlag:=2;
          end;
      if (ComboBox2.Text='24*24 点阵仿宋体汉字库') then begin
          dazkfilename:=dirstr2+'HZK24F';
          xzkfilename:=dirstr1+'XHZK24F';
          dzkFlag:=2;
          end;
      if (ComboBox2.Text='48*48 点阵宋体汉字库') then begin
          dazkfilename:=dirstr2+'HZK48S';
          xzkfilename:=dirstr1+'XHZK48S';
          dzkFlag:=3;
          end;
      AssignFile(sf,dazkfilename);                        //关联大字库文件逻辑文件
      Reset(sf);                                          //为读/写文件做准备
  for i:=0 to Memo1.Lines.count-1 do                      //遍历 Memo1
```

```
    begin
        wsstr:= Memo1.Lines.Strings[i];                    // 逐串处理输入汉字
          for j:  =1 to Length( wsstr) do                  //处理一串中的各个汉字
              begin
                if    ord(WSStr[j])<=127 then begin        //不是汉字退出
                    showmessage('输入错，重新输入!');
                    xzkfilename:=";
                    end
                else
                  if((j mod 2)= 1) then
                    begin
                        qh:=ord( wsstr[j])-160;            //区码
                        wh:=ord( wsstr[j+1])-160;          //位码
                         case dzkFlag of                   //处理各种点阵
                          1: COUNT_1616;
                          2:COUNT_2424;
                          3:COUNT_4848
                          else
                            exit;
                            end;
                    end;
              end;
          end;
          if xzkfilename <>"then begin                     //小字库名如果不空
          xzkfilename:=xzkfilename+'.txt';
          Memo2.Lines.SaveToFile(xzkfilename);             //小汉字库存为.txt 文件
          showmessage('小字库已建立,字模存'+xzkfilename+'文件中');
          end;
    end;
```

5. 转换和存储

TForm1.Bintasc()根据 ComboBox1 的内容,分别按 C 语言格式或汇编语言格式逐位转换,并将结果存放到相应格式数组中。代码如下。

```
//-------------------------------------------------------------------
//   按位转换
//-------------------------------------------------------------------
Procedure TForm1.Bintasc(binby:byte;hi:byte;n0:integer);    //按位转换
begin
   case hi of
   0: binby:=binby and $of;
   1: binby:=( binby shr 4) and $of;
   else
   Exit;
```

```
    end;
    if(binby>9)then
    binby:=binby+$37
    else
     binby:=binby+$30;
    if   a51c51Flag=1 then
     begin
           case dzkFlag of
           1: c51buf16[n0]:=chr(binby);
           2: c51buf24[n0]:=chr(binby);
           3: c51buf48[n0]:=chr(binby)
           else
           exit;
           end;
      end
     else begin
           case dzkFlag of
           1: a51buf16[n0]:=chr(binby);
           2: a51buf24[n0]:=chr(binby);
           3: a51buf48[n0]:=chr(binby)
           else
           exit;
           end;
       end;
end;


//-------------------------------------------------------------------------
//     1ms 定时
//-------------------------------------------------------------------------
 {
Procedure TForm1.Timer1Timer(Sender: Tobject);          //更新时钟
begin
   DateTimePicker1.Date:=Now;
   DateTimePicker2.Time:=Now;
end;
 }
```

6. 16×16 点阵转换

16×16 点阵一次转换两字节，每字节先转换低 4 位，再转换高 4 位。转换后 32 字节排成两行，每行按 8 个字(16 字节)存储。代码如下。

```
//--------------------------------------------------------------------------
//16×16 点阵字模提取
//--------------------------------------------------------------------------
Procedure TForm1.COUNT_1616;                             //16×16 点阵字模提取
```

```
var
k,l:integer;
begin
location:=( (qh-1)*94+(wh-1))*32;                  //计算偏移量
                    Seek(sf,0);
                    Seek(sf,location);               //移指针
                    BlockRead(sf,bufch16,32);         //读 32 字节给 bufch16
                    c51buf161:=c51buf16;
                    a51buf161:=a51buf16;
                    for k:=0 to 1 do                  //修改数据为 C 或汇编形式
                    begin
                        for l:=0 to 7 do             //排两行，一行 8 个字
                          begin
                          //c51
                          if   a51c51Flag=1 then begin
            bintasc(bufch16[k*16+l*2+0],1,l*8+4+0);//第一字节高位
            bintasc(bufch16[k*16+l*2+0],0,l*8+4+1);//第一字节低位
            bintasc(bufch16[k*16+l*2+1],1,l*8+4+2);//第二字节高位
            bintasc(bufch16[k*16+l*2+1],0,l*8+4+3);//第二字节低位
                          end
                          else
                            begin
                            //a51
            bintasc(bufch16[k*16+l*2+0],1,l*7+6+0);
            bintasc(bufch16[k*16+l*2+0],0,l*7+6+1);
            bintasc(bufch16[k*16+l*2+1],1,l*7+6+2);
            bintasc(bufch16[k*16+l*2+1],0,l*7+6+3);
                            end;
                              end;
                        if   a51c51Flag=1 then
                        Memo2.Lines.add(c51buf16)
                          else
                            Memo2.Lines.add(a51buf16);
                        c51buf16:= c51buf161;
                        a51buf16:= a51buf161;
                    end;
                x:=x+1;
                if   a51c51Flag=1 then
                Memo2.Lines.add('// '+chr(160+qh)+chr(160+wh)+'    查询索引号:'+inttostr(x-1))
                  else
                Memo2.Lines.add('; '+chr(160+qh)+chr(160+wh)+'    查询索引号:'+inttostr(x-1));
        end;
```

7. 24×24 点阵汉字转换

根据区位码移动指针，读 72 字节给 bufch24。24×24 点阵汉字 72 字节，排成 4 行，一行 18 字节。代码如下。

```
//-------------------------------------------------------------------------------------------------
// 24×24 点阵字模提取
//-------------------------------------------------------------------------------------------------
Procedure TForm1.COUNT_2424;                                    //24×24 点阵字模提取
var
k,l:integer;
begin
location:=( (qh-16)*94+(wh-1))*72;                              //根据区位码移动指针
                Seek(sf,0);
                Seek(sf,location);
                BlockRead(sf,bufch24,72);                       //读 72 字节给 bufch24
                c51buf241:= c51buf24;
                a51buf241:= a51buf24;
                for k:=0 to 3 do
                begin
                    for l:=0 to 17 do
                      begin
                          //c51
                          if   a51c51Flag=1 then begin
                          bintasc(bufch24[k*18+l],1,l*6+4+0);
                          bintasc(bufch24[k*18+l],0,l*6+4+1);
                            end
                            else
                              begin
                              /a51
                              bintasc(bufch24[k*18+l],1,l*5+6+0);
                              bintasc(bufch24[k*18+l],0,l*5+6+1);
                              end;
                        end; //l end
                    if   a51c51Flag=1 then
                    Memo2.Lines.add(c51buf24)
                     else
                     Memo2.Lines.add(a51buf24);
                     c51buf24:= c51buf241;
                     a51buf24:= a51buf241;
                  end;
                // Memo2.Lines.add('');
                // Memo2.Lines.add('//'+chr(160+qh)+chr(160+wh));
              x:=x+1;
                if   a51c51Flag=1 then
```

```
                Memo2.Lines.add('// '+chr(160+qh)+chr(160+wh)+'    查询索引号: '+inttostr(x-1))
            else
                Memo2.Lines.add('; '+chr(160+qh)+chr(160+wh)+'    查询索引号:'+inttostr(x-1));
    end;
```

8. 48×48 点阵汉字转换

根据区位码移动指针,读 288 字节给 bufch48。48×48 点阵汉字 288 字节,排成 16 行,一行 18 字节。代码如下。

```
//-------------------------------------------------------------------------------------------------
//      48×48 点阵字模提取
//-------------------------------------------------------------------------------------------------
Procedure TForm1.COUNT_4848;                        //48×48 点阵字模提取
var
k,l:integer;
begin
location:=( (qh-16)*94+(wh-1))*288;                 //根据区位码移指针
            Seek(sf,0);
            Seek(sf,location);
            BlockRead(sf,bufch48,288);              //读 288 字节给 bufch48
            c51buf481:= c51buf48;
            a51buf481:= a51buf48;
            for k:=0 to 15 do
            begin
                for l:=0 to 17 do
                  begin
                    //c51
                      if  a51c51Flag=1 then begin
                    bintasc(bufch48[k*18+l],1,l*6+4+0);
                    bintasc(bufch48[k*18+l],0,l*6+4+1);
                      end
                      else
                        begin
                    //a51
                        bintasc(bufch48[k*18+l],1,l*5+6+0);
                        bintasc(bufch48[k*18+l],0,l*5+6+1);
                        end;
                  end; //l end
                if  a51c51Flag=1 then
                Memo2.Lines.add(c51buf48)
                  else
                    Memo2.Lines.add(a51buf48);
                c51buf48:= c51buf481;
                a51buf48:= a51buf481;
```

```
                        end;
                // Memo2.Lines.add('//'+chr(160+qh)+chr(160+wh));
                    x:=x+1;
            if    a51c51Flag=1 then
            Memo2.Lines.add('// '+chr(160+qh)+chr(160+wh)+'      查询索引号:'+inttostr(x-1))
              else
            Memo2.Lines.add('; '+chr(160+qh)+chr(160+wh)+'      查询索引号:'+inttostr(x-1));
    end;
//----------------------------------------------------------------------------------
// 1ms 定时
//----------------------------------------------------------------------------------
Procedure TForm1.Timer1Timer(Sender: Tobject);//更新时间和日期
Begin
  DateTimePicker1.Date:=now;
  DateTimePicker2.Time:=now;
end;
end.
```

通用字模提取程序的界面如图 16-6 所示。

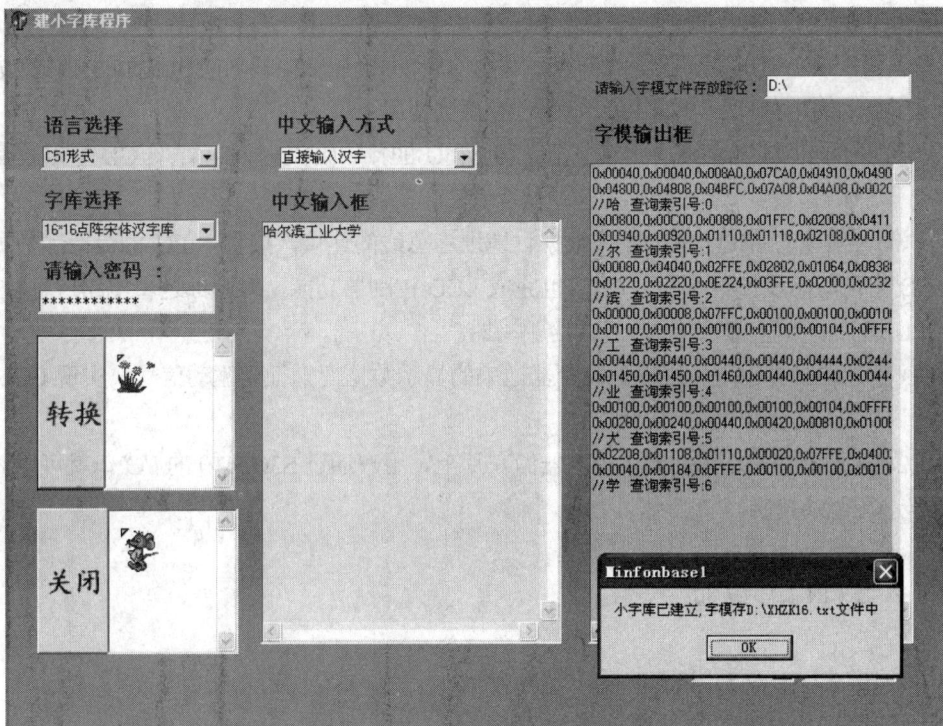

图 16-6　通用字模提取程序的界面

16.3.3　通用字模提取程序 MinFonBase 使用说明

通用字模提取程序 MinFonBase 是用 Delphi 编写的，如果读者对 Delphi 不熟，不用看程序的源代码，直接使用其可执行文件即可。

程序使用非常方便，在随书下载软件包中选择 MinFonBase1.exe 并双击，出现如图 16-7 所示的界面，然后按图中的提示操作就可以完成字模提取工作。

在语言选择框中选择要提取的字模形式是汇编语言形式还是 C 语言形式，然后选择字库。可以选择的字库有 16×16 点阵宋体汉字库、16×16 点阵仿宋体汉字库、24×24 点阵宋体汉字库、24×24 点阵仿宋体汉字库、48×48 点阵宋体汉字库。

如果选择搜狗软键盘输入，则可以提取国标上的拉丁文数字、一般符号、序号、日文片假名、希腊字母、英文、俄罗斯文、汉语拼音符号、汉语注音字母等字模。

接着输入密码：194512125019，之后将光标移到中文输入框，用任一种中文输入法输入中文，将小字库存放的盘符输入到选择框。例如，D:\，单击"转换"按钮，则转换好的字模会在"字模输出框"中显示，同时在 D 盘中会建立一个名为 xhzk16.txt 的文件(假定提取的字模是 16×16 点阵)，将文件打开，将字模最后一个，去掉，复制到一个数组中就可以在程序中使用了。

16.4　S3C2410 显示控制特点

本节学习 S3C2410 显示控制的特点，利用 S3C2410 显示控制功能和上面的知识完成人机界面设计。本节的知识了解即可，编程时不直接使用。

一个完整的 LCD 显示模块应该包括：与 MPU 的接口(LCD 控制器)、LCD 驱动器和液晶屏。

接口部分实现与 MPU 的控制、数据、地址三总线的连接，接收 MPU 的命令和数据，并把 LCD 内部状态反馈给 MPU。接口也完成 LCD 控制器功能，对内部逻辑电路进行控制，并把 MPU 送来的数据或命令按时序送给驱动器。

LCD 驱动器和显示屏相连，把控制器送来的显示数据变为行列驱动信号，实现 LCD 屏显示。

S3C2410 把 MPU 接口、LCD 控制器做在片上，用户通过 S3C2410 的 I/O 口就可以对多种显示器进行驱动控制。

16.4.1　STN LCD 显示器

S3C2410 支持 3 种 STN LCD 板。

(1) 支持单色，4 灰度级，16 灰度级。

(2) 支持 256 色，4096 色的彩色 STN LCD。

(3) 支持多种不同尺寸的 LCD 屏，如 640×480、320×240、160×160 等，支持现行 256 色模式彩屏的最大尺寸，如 4096×1024、2048×2048、1024×4096 等。

16.4.2　TFT LCD 显示器

S3C2410 支持 1、2、4、8 比特/每像素 TFT LCD 彩色显示器。支持 16 比特/像素的真彩色显示器。支持 24 比特/每像素的真彩色显示器。支持最大为 16MB、24 比特/像素的模式。支持多种不同尺寸的 TFT LCD 屏，如典型的 LCD 屏尺寸 640×480、320×240、160×160，最大 TFT LCD 屏尺寸 2048×1024 等。

16.4.3　LCD 控制器特点

S3C2410 LCD 控制器有一个专门的数据存储器，它从内存视频缓冲器中获取数据图像资料，同时还具有以下特点。

- 专用中断功能(INT_FrSyn 和 INT_FiCnt)。
- 系统内存用作显示器内存。
- 支持各种现行的 LCD 屏(支持水平或立轴式的硬件)。
- 通过编程可实现各种显示器件的时序控制。
- 支持小型字节类型的数据或 WinCE 数据格式。

16.5　S3C2410 的 LCD 控制信号和外部引脚

本节将介绍 S3C2410 的 LCD 控制信号和外部引脚，这些知识读者掌握即可，这些内部信号编程时有的用不到，虽然 LCD 控制寄存器的设置和 LCD 屏幕"打点"程序比较复杂，但系统会根据使用的 LCD 型号和屏幕分辨率自动完成。

S3C2410 的 LCD 控制框图如图 16-7 所示。

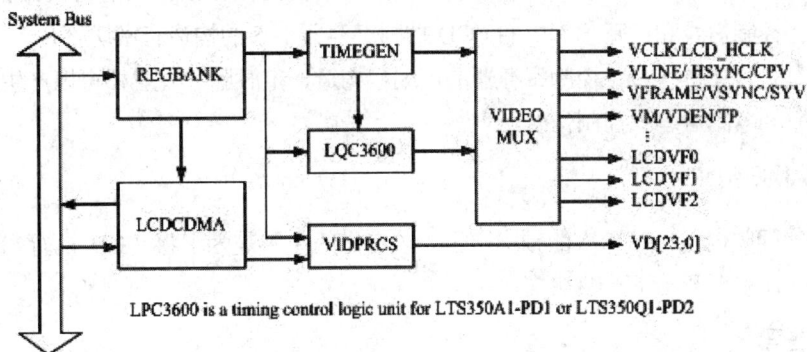

图 16-7　LCD 控制框图

S3C2410 的 LCD 控制器引脚如下。

- VFRAME/VSYNC/SYV：帧同步信号(STN)/垂直同步信号(TFT)/SEC TFT 信号。
- VLINE/HSYNC/CPV：行同步脉冲信号(STN)/垂直同步信号(TFT)。

- VCLK/LCD_HCLK：像素时钟信号(SEC/TFT)/ SEC TFT 信号。
- VD[23：0]: LCD 像素数据输出端口(STN/TFT/SEC TFT)。
- VM/VDEN/TP：LCD 驱动器交流偏置信号(STN)/数据允许信号(TFT)/SEC TFT 信号。
- LEND/STH：行结束信号(TFT)/SEC TFT 信号。
- LCD_PWREN：LCD 控制允许信号。
- LCDVF0：SEC TFT 信号允许。
- LCDVF1：SEC TFT 信号 REV。
- LCDVF2：SEC TFT 信号 REVB。

LCD 控制器引脚总计有 33 个输出口，其中包含 24 个数据位和 9 个控制位。

REGBANK 有 17 个可编程的寄存器和 256×16 个用于构造 LCD 控制器的调色板存储器。

LCD CDMA 是一个专用的数据存储器，它能自动将帧存储器中的视频数据传到 LCD 驱动器。当 VIDPRCS 接收到从 LCD CDMA 传来的视频数据之后，首先将其转换为适合的数据格式，然后通过 VD[23:0]再传送给 LCD 驱动器。

这些数据格式包括 4/8 比特的单扫描或 4 位双扫描的显示模式。LCD CDMA 采用先进先出算法。当存储区是空的或是部分空闲的时候，采用快速传输模式，LCD CDMA 从帧存储器中取数据，每个请求连续取 4 个字(8 字节)的数据。

当传输请求被总线仲裁接受之后，4 个字的数据从内存传送到外部先进先出栈，该栈的大小为 28 个字，分别包括 12 个字的低位字和 16 个字的高位字。S3C2410 拥有两个先进先出栈来支持双向扫描模式。当为单向扫描模式时，只允许高位字使用。

TIMEGEN 包含可编程的逻辑功能，它支持各种不同 LCD 驱动器所共有的时序和速率要求。

TIMEGEN 模块能产生 VFRAME、VLINE、VCLK、VM 等信号，具体介绍如下。

1. 定时脉冲发生器

该定时脉冲发生器产生 LCD 驱动器的控制信号，如 VFRAME、VLINE、VCLK 和 VM 等信号，这些控制信号和三基色库中的 LCD 控制寄存器 1~5 的构造有密切联系。

利用三基色库中的 LCD 控制寄存器的可编程构造，定时脉冲发生器可以产生适合于各种不同型号驱动器的可编程控制信号。

2. VFRAME 脉冲

在一行的间隔内以每帧一次的频率产生。该信号的作用是为了将 LCD 的行指针移到显示的开始，以便重新开始下一帧扫描。

3. VM 信号

VM 信号使得 LCD 驱动器调整行和列电压的极性，用于像素的通断。该信号的速率取决于 LCD 控制寄存器 1 的 MMODE 位和 LCD 控制寄存器 4 的 MVAL 位。如果 MMODE 位为 0，则 VM 信号用于标定每一帧；如果为 1，则用于标定 MVAL[7:0]中 VLINE 信号的下降沿。

16.5.1　LCD 专用控制寄存器

S3C2410 在 REGBANK 有 17 个可编程的寄存器, 其中有几个编程时要经常用到。现在介绍如下。

1. LCD 控制寄存器

LCD 控制寄存器共有 5 个, 它们的使用分别如表 16-3~表 16-7 所示。

表 16-3　LCD 控制寄存器 1 (LCDCON1)

LCDCON1	说　　明
LINECNT(只读)	[27:18] 反映行计数值, 初始值为 0x00000000
CLKVAL	[17:8] 确定 VCLK 和 CLKVAL 的频率 STN: VCLK=HCLK/(CLKVALx2)　(CLKVAL>=2); TFT: VCLK=HCLK/[(CLKVAL+1)x2]　(CLKVAL>=0)初始值为 0x00000000
MMODE	[7] 确定 VM 的改变速度 0=每一帧, 1=由 MVAL 定义
PNRMODE	[6:5]　选择显示模式 00=4 位双扫描(STN); 01=4 位单扫描(STN); 10=8 位单扫描(STN) 11=TFT LCD 屏
BPPMODE	[4:1]　选择 BPP 模式(位/每点) 0000=1bpp for STN, 黑白模式 0001=2bpp for STN　4 级灰度 0010=4bpp for STN　16 级灰度 0011=8bpp for STN　彩色模式 0100=12bpp for STN 彩色模式 1000=1bpp for TFT 1001=2bpp for TFT 1010=4bpp for TFT 1011=8bpp for TFT 1100=16bpp for TFT 1101=24bpp for TFT
ENVID	[0] LCD 图像输出和逻辑使能 0=禁止视频和 LCD 控制输出 1=允许视频和 LCD 控制输出

表 16-4　LCD 控制寄存器 2 (LCDCON2)

控　制　功　能	控制位和描述
VBPD	[31:24] TFT: 当一帧开始时行线的数量 SNT:　这些比特可以在 SNT LCD 中设置为 0
LINEVAL	[23:14] 确定 LCD 面板的垂直尺寸

(续表)

控 制 功 能	控制位和描述
VFPD	[]13:6] TFT： 当一帧结束时行线的数量 SNT： SNT LCD 中设置为 0
VSPW	[5:0]TFT：确定 VSYNC SNT：SNT LCD 中设置为 0

表 16-5　LCD 控制寄存器 3 (LCDCON3)

控 制 功 能	控制位和描述
HBPD(TFT)/ WDLY(STN)	[25:19](HBPD) TFT：HSYNC 下降沿到有效的数据之间，VCLK 周期的数量 WDLY(STN)：确定 VLINE 到 VCLK 的延时
HOZVAL	[18:8] 确定 LCD 面板的水平宽度，HOZVAL 必须是 4 的倍数
HFPD(TFT)/ LINEBLANK(STN)	[7:0] TFT：行前沿开始，现行的数据开始到 HSYNC 上升沿之间，VCLK 周期的数量 STN：行扫描的空闲时间

表 16-6　LCD 控制寄存器 4 (LCDCON4)

控 制 功 能	控制位和描述
MVAL	[15:8] 如果 MMODE 被设置成 1 时 VM 信号的速率
HSPW(TFT)/WLH(STN)	[7:0] TFT：水平同步脉冲宽度 STN：HCLK 的数量

表 16-7　LCD 控制寄存器 5 (LCDCON5)

控 制 功 能	控制位和描述
Reserved	[31:17]保留并且为 0
VSTATUS	[16:15] TFT：垂直状态(只读) 00=VSYNC　01=BACK Porch 10=ACTIVE　11=FRONT Porch
HSTATUS	[14:13] TFT：水平状态(只读) 00=HSYNC　01=BACK Porch 10=ACTIVE　11=FRONT Porch
BPP24BL	[12] 确定 24BPP 图像存储器的顺序
FRM565	[11] 选择 16BPP 输出图像数据的格式 0=5:5:5:1 格式　　　1=5:6:5 格式
INVVCLK	[10] STN/TFT： 控制 VCLK 边缘的极性 0=下降沿　1=上升沿
INVVLINE	[9] STN/TFT： 控制 VLINE/HSYNC 脉冲极性 0=正常　　1=反向
INVVFRAME	[8] STN/TFT：控制 VFRAME/VSYNC 脉冲极性 0=正常　　1=反向
INVVD	[7] STN/TFT：控制 VD(图像数据)脉冲极性 0=正常　　1=反向

(续表)

控 制 功 能	控制位和描述
INVVDEN	[6] TFT：控制 VDEN 信号的极性 0=正常　　1=反向
INVPWREN	[5] STN/TFT：控制 PWREN 信号极性 0=正常　　1=反向
INVLEND	[4]TFT：控制 LEND 信号的极性 0=正常　　1=反向
PWREN	[3] STN/TFT：LCD_PWREN 输出信号使能 0=禁止　　1=允许
ENLEND	[2] TFT：LEND 输出信号使能 0=禁止　　1=允许
BSWP	[1] STN/TFT：字节交换控制位 0=禁止　　1=允许
HWSWP	[0] STN/TFT：半字交换控制位 0=禁止　　1=允许

2. 缓存起始地址寄存器

在编写 LCD 驱动程序时，除了用到上述 5 个控制寄存器之外，还要用到如表 16-8 和表 16-9 所示的 3 个帧缓存器起始地址寄存器。

表 16-8　缓存器起始地址寄存器 1(LCDSADDR1)

控 制 功 能	控制位和描述
LCDBANK	[29:21] 指出在系统存储器中视频缓冲器 A[30:22]的位置。LCDBANK 的值不能改变，包括移动图像窗口时
LCDBASEU	[20:0] 双重扫描 LCD：地址计数器中的开始地址 A[21:1] 单扫描 LCD：LCD 结构缓存器的开始地址 A[21:1]

表 16-9　缓存器起始地址寄存器 2 (LCDSADDR2)

控 制 功 能	控制位和描述
LCDBASEL	[20:0] 双重扫描 LCD：低帧存储区的开始地址 A[21:1] 计算公式：LCDSEL=LCDBASEU+(PAGEWIDTH+OFFSET) ×(LINEVAL)

注意：当 LCD 控制器打开时，为了滚动，用户可以改变 LCDBASEU 和 LCDBASEL 的值。但是，用户绝不能通过 LCDCON1 寄存器中的 LINECNT 位来改变 LCDBASEU 和 LCDBASEL 寄存器中的值，因为 LCD 的先进先出栈在改变帧数据之前要先提取下一帧数据。

如果用户改变了帧，那么先提取的数据就会丢失，LCD 此时显示的也是错误的信息。为了核对 LINECNT,中断应该关闭。如果在读取了 LINECNT 的值之后有任何中断被响应,则 LINECNT 的值将会被丢弃。

表 16-10 缓存器起始地址寄存器 3 (LCDSADDR3)

控 制 功 能	控制位和描述
LCDSADDR3	实际 LCD 屏的地址
OFFSIZE	[21:11] 实际 LCD 屏的偏移尺寸(半字的数量) 该值说明了先前的 LCD 中,最后的半字显示的地址与第一个半字的地址之间的差别 可以显示在新的 LCD 线
PAGEWIDTH	[10:0] 实际 LCD 屏的宽,图像窗口宽度

3. 查表寄存器

查表寄存器有 3 个,分别如表 16-11~表 16-13 所示。

表 16-11 红色查找表寄存器

REDLUT	红色查找表寄存器
REDVAL	[31:0] 16 级灰度梯度中,红色组选择 000=REDVAL[3:0] 001=REDVAL[7:4] 010=REDVAL[11:8] 011=REDVAL[15:12] 100=REDVAL[19:16] 101=REDVAL[23:20] 110=REDVAL[27:24] 111=REDVAL[31:28]

表 16-12 绿色查找表寄存器

GREENLUT	绿色查找表寄存器
GREENVAL	[31:0] 16 级灰度梯度中,绿色组选择 000=GREENVAL[3:0] 001=GREENVAL[7:4] 010=GREENVAL[11:8] 011=GREENVAL[15:12] 100=GREENVAL[19:16] 101=GREENVAL[23:20] 110=GREENVAL[27:24] 111=GREENVAL[31:28]

表 16-13 蓝色查找表寄存器

BLUELUT	蓝色查找表寄存器
BLUEVAL	[15:0] 16 级灰度梯度中,蓝色组选择 00=BLUEVAL[3:0] 01=BLUVAL[7:4] 10=BLUEVAL[11:8] 11=BLUVAL[15:12]

4. 临时调色板寄存器

临时调色板寄存器如表 16-14 所示。

表 16-14　临时调色板寄存器

Temp Paletter register	临时调色板寄存器
TPALEN	[24]临时的调色板寄存器使能位 0=禁止　　　1=允许
TPALVAL	临时的调色板寄存器值 TPAVAL[23:16]：红 TPAVAL[15:8]：绿 TPAVAL[7:0]：蓝

5. 抖动模式寄存器

抖动模式寄存器如表 16-15 所示，这个寄存器复位值是 0x00000，用户可以改变成 0x12210。

表 16-15　抖动模式寄存器

DITHMODE	抖动模式寄存器
DITHMODE	[18:0]LCD 使用的值：0x00000 或者 0x12210

6. 中断寄存器

中断寄存器包括 LCD 中断状态寄存器、LCD 中断源状态寄存器和 LCD 中断屏蔽寄存器，分别如表 16-16~表 16-18 所示。

表 16-16　LCD 中断状态寄存器

LCDINTPND	LCD 中断状态寄存器
INT_FrSyn	[1] LCD 中断状态位标志 0=没有中断请求 1=有中断请求
INT_FiCnt	[0] LCD FIFO 中断状态位标志 0=没有中断请求 1=有 FIFO 中断请求

表 16-17　LCD 中断源寄存器

LCDSRCPND	LCD 中断源状态寄存器
INT_FrSyn	[1] LCD 中断源状态寄存器 0=没有中断请求 1=有中断请求
INT_FiCnt	[0] LCD FIFO 中断源挂起寄存器位 0=没有中断请求 1=有 FIFO 中断请求

表 16-18 LCD 中断屏蔽寄存器

LCDINTMSK	LCD 中断屏蔽寄存器
FIWSEL	[2] 确定 LCD FIFO 的字节数 0=4 字(WORD)　　　1=8 字(WORD)
INT_FrSyn	[1] 屏蔽 LCD 中断 0=可响应中断　　　　1=屏蔽中断
INT_FiCnt	[0] 屏蔽 LCD FIFO 中断 0=可响应中断　　　　1=屏蔽中断

16.5.2　LCD 专用控制寄存器的设置

通过 16.5.1 节介绍可知，S3C2410 LCD 专用控制寄存器比较多，而且每一个控制寄存器的设置项目也比较复杂，给界面设计带来很大困难，但在系统提供的 lcd.mcp 项目中有 1 个 Lcd_Init(int type)程序，只要把使用的 LCD 类型(屏幕颜色、分辨率)作为实参调用该程序，就会自动设置好这些专用控制寄存器。

Lcd_Init(int type)程序中，只要给出 LCD 类型(STN 或 TFT)、屏幕大小(横向像素数×纵向像素数)、BPP 即可。

注意：BPP 是彩色指数，指屏上 1 点在显示内存用多少 bit 描述，单位是比特/像素。例如，1 BPP 是单色；8BPP=256 色；16BPP=65536 是高彩色；24BPP=16777216 是真彩色。

Lcd_Init(int type)程序的部分代码如下。

```
void Lcd_Init(int type)
{
    switch(type)
    {
        case MODE_STN_1BIT:                                    //STN LCD，单色显示
            frameBuffer1Bit=(U32 (*)[SCR_XSIZE_STN/32])LCDFRAMEBUFFER;
        rLCDCON1=(CLKVAL_STN_MONO<<8)|(MVAL_USED<<7)|(1<<5)|(0<<1)|0;
            // 4-bit single scan,1bpp STN,ENVID=off
        rLCDCON2=(0<<24)|(LINEVAL_STN<<14)|(0<<6)|(0<<0);        // It is not TFT LCD. So,.....
        rLCDCON3=(WDLY_STN<<19)|(HOZVAL_STN<<8)|(LINEBLANK_MONO<<0);
        rLCDCON4=(MVAL<<8)|(WLH_STN<<0);
        rLCDCON5=0;
//BPP24BL:x,FRM565:x,INVVCLK:x,INVVLINE:x,INVVFRAME:x,INVVD:x,
//INVVDEN:x,INVPWREN:x,INVLEND:x,PWREN:x,ENLEND:x,BSWP:x,HWSWP:x
        rLCDSADDR1=(((U32)frameBuffer1Bit>>22)<<21)|M5D((U32)frameBuffer1Bit>>1);
        rLCDSADDR2=M5D( ((U32)frameBuffer1Bit+(SCR_XSIZE_STN*LCD_YSIZE_STN/8))>>1 );
        rLCDSADDR3=(((SCR_XSIZE_STN-LCD_XSIZE_STN)/16)<<11)|(LCD_XSIZE_STN/16);
        break;
//···
        case MODE_TFT_8BIT_240320:                             //TFT ，240×320，8BPP
```

```
frameBuffer8BitTft240320=(U32 (*)[SCR_XSIZE_TFT_240320/4])LCDFRAMEBUFFER;
rLCDCON1=(CLKVAL_TFT_240320<<8)|(MVAL_USED<<7)|(3<<5)|(11<<1)|0;
    // TFT LCD panel,8bpp TFT,ENVID=off
rLCDCON2=(VBPD_240320<<24)|(LINEVAL_TFT_240320<<14)|(VFPD_240320<<6)|(VSPW
                                                                _240320);
rLCDCON3=(HBPD_240320<<19)|(HOZVAL_TFT_240320<<8)|(HFPD_240320);
rLCDCON4=(MVAL<<8)|(HSPW_240320);
rLCDCON5=(1<<11)|(1<<9)|(1<<8);         //FRM5:6:5,HSYNC and VSYNC are inverted
rLCDSADDR1=(((U32)frameBuffer8BitTft240320>>22)<<21)|M5D((U32)
                                        frameBuffer8BitTft240320>>1);
rLCDSADDR2=M5D( ((U32)frameBuffer8BitTft240320+(SCR_XSIZE_TFT_240320*LCD_
                                        YSIZE_TFT_240320/1))>>1 );
rLCDSADDR3=(((SCR_XSIZE_TFT_240320-LCD_XSIZE_TFT_240320)/2)<<11)|(LCD_
                                        XSIZE_TFT_240320/2);
rLCDINTMSK|=(3); // MASK LCD Sub Interrupt
rLPCSEL&=(~7); // Disable LPC3600
rTPAL=0; // Disable Temp Palette
    break;


    case MODE_TFT_16BIT_240320:                         // TFT , 240×320 , 16BPP
frameBuffer16BitTft240320=(U32 (*)[SCR_XSIZE_TFT_240320/2])LCDFRAMEBUFFER;
rLCDCON1=(CLKVAL_TFT_240320<<8)|(MVAL_USED<<7)|(3<<5)|(12<<1)|0;
    // TFT LCD panel,12bpp TFT,ENVID=off
rLCDCON2=(VBPD_240320<<24)|(LINEVAL_TFT_240320<<14)|(VFPD_240320<<6)|(VSPW
                                                                _240320);
rLCDCON3=(HBPD_240320<<19)|(HOZVAL_TFT_240320<<8)|(HFPD_240320);
rLCDCON4=(MVAL<<8)|(HSPW_240320);
rLCDCON5=(1<<11)|(1<<9)|(1<<8);         //FRM5:6:5,HSYNC and VSYNC are inverted
rLCDSADDR1=(((U32)frameBuffer16BitTft240320>>22)<<21)|M5D((U32)
                                        frameBuffer16BitTft240320>>1);
rLCDSADDR2=M5D( ((U32)frameBuffer16BitTft240320+(SCR_XSIZE_TFT_240320*LCD_
                                        YSIZE_TFT_240320*2))>>1 );
rLCDSADDR3=(((SCR_XSIZE_TFT_240320-LCD_XSIZE_TFT_240320)/1)<<11)|(LCD_
                                        XSIZE_TFT_240320/1);
rLCDINTMSK|=(3); // MASK LCD Sub Interrupt
rLPCSEL&=(~7); // Disable LPC3600
rTPAL=0; // Disable Temp Palette
    break;
//…
    case MODE_TFT_16BIT_640480:                         // TFT , 640×480 , 16BPP
        frameBuffer16BitTft640480=(U32 (*)[SCR_XSIZE_TFT_640480/2])LCDFRAMEBUFFER;
rLCDCON1=(CLKVAL_TFT_640480<<8)|(MVAL_USED<<7)|(3<<5)|(12<<1)|0;
    // TFT LCD panel,16bpp TFT,ENVID=off
rLCDCON2=(VBPD_640480<<24)|(LINEVAL_TFT_640480<<14)|(VFPD_640480<<6)|
```

```
                                                                    (VSPW_640480);
    rLCDCON3=(HBPD_640480<<19)|(HOZVAL_TFT_640480<<8)|(HFPD_640480);
    rLCDCON4=(MVAL<<8)|(HSPW_640480);
    rLCDCON5=(1<<11)|(1<<9)|(1<<8);        //FRM5:6:5,HSYNC and VSYNC are inverted
    rLCDSADDR1=(((U32)frameBuffer16BitTft640480>>22)<<21)|M5D((U32)
                                             frameBuffer16BitTft640480>>1);
    rLCDSADDR2=M5D( ((U32)frameBuffer16BitTft640480+(SCR_XSIZE_TFT_640480*LCD_
                                 YSIZE_TFT_640480*2))>>1 );
    rLCDSADDR3=(((SCR_XSIZE_TFT_640480-LCD_XSIZE_TFT_640480)/1)<<11)|
                                       (LCD_XSIZE_TFT_640480/1);
    rLCDINTMSK|=(3); // MASK LCD Sub Interrupt
    rLPCSEL&=(~7); // Disable LPC3600
    rTPAL=0; // Disable Temp Palette
       break;
//…
       case MODE_TFT_16BIT_800600:                        // TFT ，800×600, 16BPP
    frameBuffer16BitTft800600=(U32 (*)[SCR_XSIZE_TFT_800600/2])LCDFRAMEBUFFER;
       rLCDCON1=(CLKVAL_TFT_800600<<8)|(MVAL_USED<<7)|(3<<5)|(12<<1)|0;
          // TFT LCD panel,16bpp TFT,ENVID=off
    rLCDCON2=(VBPD_800600<<24)|(LINEVAL_TFT_800600<<14)|(VFPD_800600<<6)|
                                                   (VSPW_800600);
    rLCDCON3=(HBPD_800600<<19)|(HOZVAL_TFT_800600<<8)|(HFPD_800600);
    rLCDCON4=(MVAL<<8)|(HSPW_800600);
    rLCDCON5=(1<<11)|(1<<10)|(1<<9)|(1<<8);
//BPP24BL:x,FRM565:o,INVVCLK:x,INVVLINE:o,INVVFRAME:o,INVVD:x,
//INVVDEN:x,INVPWREN:x,INVLEND:x,PWREN:x,ENLEND:x,BSWP:x,HWSWP:x
    rLCDSADDR1=(((U32)frameBuffer16BitTft800600>>22)<<21)|M5D((U32)
                                             frameBuffer16BitTft800600>>1);
    rLCDSADDR2=M5D( ((U32)frameBuffer16BitTft800600+(SCR_XSIZE_TFT_800600*LCD_
                                 YSIZE_TFT_800600*2))>>1 );
    rLCDSADDR3=(((SCR_XSIZE_TFT_800600-LCD_XSIZE_TFT_800600)/1)<<11)|
                                       (LCD_XSIZE_TFT_800600/1);
    rLCDINTMSK|=(3); // MASK LCD Sub Interrupt
    rLPCSEL&=(~7); // Disable LPC3600
    rTPAL=0; // Disable Temp Palette
       break;
       default:
       break;
       }
}
```

16.5.3　LCD 屏幕"打点"程序

16.5.2 节介绍了 LCD 专用控制寄存器的设置，解决了使用 S3C2410 制作界面的硬件支持。但只掌握了这些知识还不够，还要解决在屏幕上画图的问题。

在 16.1.2 节已经介绍过，要在 LCD 屏上显示一个汉字或图形就必须将汉字或图形用点来表式，这些表示某种图形的点的集合就是所说的点阵。因此，只要解决了在屏幕上"打点"的问题，在屏幕上显示汉字和曲线的问题也就迎刃而解了。

屏幕上"打点"和屏幕分辨率、"打点"位置、彩色 BPP 有关。系统提供的 lcd.mcp 项目中也有一个 Glib_Init 程序可供借鉴使用。

"打点"是对显示内存数据进行操作，是直接写屏，显示速度最快，技术也最先进。

Glib_Init"打点"程序的代码如下。

```
void (*PutPixel)(U32,U32,U32);//先定义一个打点函数的指针
//-------------------------------------------------------------------------------------------
// 给函数的指针赋值，即给出打点函数的入口地址
//-------------------------------------------------------------------------------------------
void Glib_Init(int type)   /*根据使用 LCD 的分辨率(屏幕 x×y 阵点大小)和 BPP 给函数的指针赋值，
即给出打点函数的入口地址*/
{
 switch(type)
    {
    case MODE_STN_1BIT:
      PutPixel=_PutStn1Bit;
      break;
    case MODE_STN_2BIT:
      PutPixel=_PutStn2Bit;
      break;
    case MODE_STN_4BIT:
      PutPixel=_PutStn4Bit;
      break;
    case MODE_CSTN_8BIT:
      PutPixel=_PutCstn8Bit;
      break;
    case MODE_CSTN_12BIT:
      PutPixel=_PutCstn12Bit;
      break;
    case MODE_TFT_8BIT_240320:
      PutPixel=_PutTft8Bit_240320;
      break;
    case MODE_TFT_16BIT_240320:
```

```
            PutPixel=_PutTft16Bit_240320;
            break;
        case MODE_TFT_1BIT_640480:
            PutPixel=_PutTft1Bit_640480;
            break;
        case MODE_TFT_8BIT_640480:
            PutPixel=_PutTft8Bit_640480;
            break;
        case MODE_TFT_16BIT_640480:
            PutPixel=_PutTft16Bit_640480;
            break;
        case MODE_TFT_24BIT_640480:
            PutPixel=_PutTft24Bit_640480;
            break;
//…
        default:
            break;
        }
}
//----------------------------------------------------------------------------------
//   Stn1Bit 打点函数
//----------------------------------------------------------------------------------
void _PutStn1Bit(U32 x,U32 y,U32 c)
{   if(x<SCR_XSIZE_STN&& y<SCR_YSIZE_STN)
    frameBuffer1Bit[(y)][(x)/32]=( frameBuffer1Bit[(y)][(x)/32]          //该点在显示缓冲区 y 列 x/32 行
    & ~(0x80000000>>((x)%32)*1) )|( (c&0x00000001)<<((32-1-((x)%32))*1) );
    //先把(x,y)点清 0，然后将 C 值写到该位置，因 BPP=1，C 只能是 0 或 1，以下程序与此同
}
//----------------------------------------------------------------------------------
//   Stn2Bit 打点函数
//----------------------------------------------------------------------------------
void _PutStn2Bit(U32 x,U32 y,U32 c)
{   if(x<SCR_XSIZE_STN&& y<SCR_YSIZE_STN)
        frameBuffer2Bit[(y)][(x)/16]=( frameBuffer2Bit[(y)][x/16]
    & ~(0xc0000000>>((x)%16)*2) )|( (c&0x00000003)<<((16-1-((x)%16))*2) );
}
//----------------------------------------------------------------------------------
//   Tft8Bit_240320 打点函数
//----------------------------------------------------------------------------------
void _PutTft8Bit_240320(U32 x,U32 y,U32 c)
{   if(x<SCR_XSIZE_TFT_240320 && y<SCR_YSIZE_TFT_240320)
```

```
        frameBuffer8BitTft240320[(y)][(x)/4]=( frameBuffer8BitTft240320[(y)][x/4]
        & ~(0xff000000>>((x)%4)*8) )|( (c&0x000000ff)<<((4-1-((x)%4))*8) );
}
//----------------------------------------------------------------------------
//    Tft16Bit_240320 打点函数
//----------------------------------------------------------------------------
void _PutTft16Bit_240320(U32 x,U32 y,U32 c)
{   if(x<SCR_XSIZE_TFT_240320 && y<SCR_YSIZE_TFT_240320)
        frameBuffer16BitTft240320[(y)][(x)/2]=( frameBuffer16BitTft240320[(y)][x/2]
        & ~(0xffff0000>>((x)%2)*16) )|( (c&0x0000ffff)<<((2-1-((x)%2))*16) );
}
//----------------------------------------------------------------------------
//    Tft1Bit_6404800 打点函数
//----------------------------------------------------------------------------
void _PutTft1Bit_640480(U32 x,U32 y,U32 c)
{   if(x<SCR_XSIZE_TFT_640480 && y<SCR_YSIZE_TFT_640480)
        frameBuffer1BitTft640480[(y)][(x)/32]=( frameBuffer1BitTft640480[(y)][x/32]
    & ~(0x80000000>>((x)%32)*1) )|( (c&0x00000001)<< ((32-1-((x)%32))*1) );
}
//----------------------------------------------------------------------------
//    Tft8Bit_6404800 打点函数
//----------------------------------------------------------------------------
void _PutTft8Bit_640480(U32 x,U32 y,U32 c)
{   if(x<SCR_XSIZE_TFT_640480 && y<SCR_YSIZE_TFT_640480)
        frameBuffer8BitTft640480[(y)][(x)/4]=( frameBuffer8BitTft640480[(y)][x/4]
        & ~(0xff000000>>((x)%4)*8) )|( (c&0x000000ff)<<((4-1-((x)%4))*8) );
}
//----------------------------------------------------------------------------
//    Tft16Bit_6404800 打点函数
//----------------------------------------------------------------------------
void _PutTft16Bit_640480(U32 x,U32 y,U32 c)
{
    if(x<SCR_XSIZE_TFT_640480 && y<SCR_YSIZE_TFT_640480)
        frameBuffer16BitTft640480[(y)][(x)/2]=( frameBuffer16BitTft640480[(y)][x/2]
        & ~(0xffff0000>>((x)%2)*16) )|( (c&0x0000ffff)<<((2-1-((x)%2))*16) );
}
//----------------------------------------------------------------------------
//    Tft24Bit_640480 打点函数
//----------------------------------------------------------------------------
void _PutTft24Bit_640480(U32 x,U32 y,U32 c)
{
```

```
        if(x<SCR_XSIZE_TFT_640480 && y<SCR_YSIZE_TFT_640480)
            frameBuffer24BitTft640480[(y)][(x)]=( frameBuffer24BitTft640480[(y)][(x)]
            & (0x0) | ( c&0xffffff00)); // | ( c&0x00ffffff)); LSB
    }
//------------------------------------------------------------------------------------------
//    Tft1Bit_800600 打点函数
//------------------------------------------------------------------------------------------
void _PutTft1Bit_800600(U32 x,U32 y,U32 c)
{
        if(x<SCR_XSIZE_TFT_800600 && y<SCR_YSIZE_TFT_800600)
            frameBuffer1BitTft800600[(y)][(x)/32]=( frameBuffer1BitTft800600[(y)][x/32]
    & ~(0x80000000>>((x)%32)*1) ) | ( (c&0x00000001)<< ((32-1-((x)%32))*1) );
    }
//------------------------------------------------------------------------------------------
//    Tft8Bit_800600 打点函数
//------------------------------------------------------------------------------------------
void _PutTft8Bit_800600(U32 x,U32 y,U32 c)
{
        if(x<SCR_XSIZE_TFT_800600 && y<SCR_YSIZE_TFT_800600)
            frameBuffer8BitTft800600[(y)][(x)/4]=( frameBuffer8BitTft800600[(y)][x/4]
            & ~(0xff000000>>((x)%4)*8) ) | ( (c&0x000000ff)<<((4-1-((x)%4))*8) );
    }
//------------------------------------------------------------------------------------------
//    Tft16Bit_800600 打点函数
//------------------------------------------------------------------------------------------
void _PutTft16Bit_800600(U32 x,U32 y,U32 c)
{
        if(x<SCR_XSIZE_TFT_800600 && y<SCR_YSIZE_TFT_800600)
        frameBuffer16BitTft800600[(y)][(x)/2]=( frameBuffer16BitTft800600[(y)][x/2]
        & ~(0xffff0000>>((x)%2)*16) ) | ( (c&0x0000ffff)<<((2-1-((x)%2))*16) );
    }
```

16.6　S3C2410 的 LCD 驱动程序

　　本节将前面学习的知识和系统提供的软硬件资源结合起来，并参考实例程序完成 LCD 驱动程序的编写。其中，系统提供的 LCD 控制寄存器初始化程序和打点程序、参考实例程序的系统初始化和仿真器设置程序、利用"打点"显示汉字和西文字符、字模提取和建立小字库的这些知识缺一不可。

16.6.1　S3C2410 的 LCD 驱动程序编写步骤

1. 提取字模

利用随书赠送的通用字模提取程序，把界面设计所用到的各种汉字从大字库中提取出来，去掉最后一个，号，放到数组中，每个数组放一种字体的汉字。如果界面需要显示拉丁文数字、一般符号、序号、日文片假名、希腊字母、英文、俄罗斯文、汉语拼音符号、汉语注音字母等，也可以用通用字模提取程序把它们的字模提取出来，原文输入时可采用区位码或搜狗软键盘，这些字体大库中一般只有 16×16 点阵，所以可按 16×16 点阵汉字提取。然后，每个数组去掉最后 1 个，号，分别放在各自的数组中。每种数组都要有一个名字，以便显示时调用。新建一个头文件，把所有数组包含进去。

2. 建立显示项目

接下来建立一个项目，项目中要包括上面的字模数组，还要包括 LCD 初始化程序和"打点"程序。

3. 项目初始化程序和仿真器设置

项目初始化程序和仿真器设置在第 2 章就已经介绍过，这是初学者最难掌握的内容之一。简单实用的方法是打开一个相近的例子项目。通常在这些项目中初始化程序和仿真器设置都是调好的，不用修改即可直接使用，可达到事半功倍的效果。

4. 项目实例

在随书下载的英蓓特教学实验系统中有两个项目：lcd_test 和 lcd_test3，其中，lcd_test 是原实验系统带的，lcd_test3 则是根据需要修改的。lcd_test3 项目的结构如图 16-8 所示。

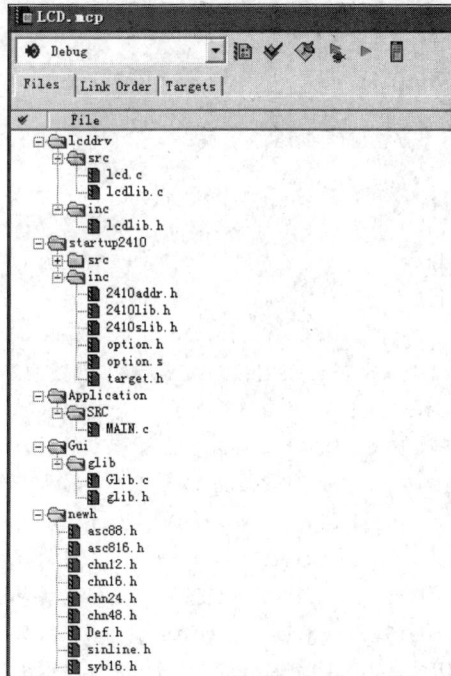

图 16-9　lcd_test3 项目的结构

乍一看，项目很复杂，但是里面的内容和结构都是原项目有的。其中，lcdlib.c 中包含了控制寄存器的设置，glib.c 中包含了打点程序。这里只是加了一个文件夹：newh，里面是界面设计需要显示的几种字库。

16.6.2　利用 S3C2410 显示汉字与曲线

汉字与曲线的显示使用"打点"的方法，屏幕使用 TFT_16BIT_640480，原英蓓特教学实验系统中使用的是 TFT_8BIT_320240，所以要修改 lcdlib.c 和 glib.c 中的调用参数。

Main.c 是主程序模块，其中包括主函数、显示汉字、显示图形、显示 ASCII 字符共 4 部分。显示汉字和图形的原理可参见第 16.1 节和第 16.2 节汉字和字符显示原理。

代码如下。

```
//---------------------------------------------------------------------------
//Main.c
//---------------------------------------------------------------------------
#include "glib.h"
#include "lcdlib.h"
#include "target.h"
#include "2410LIB.h"
#include "2410addr.h"
#include "math.h"
#include "stdio.h"
#include "asc88.h"
#include "asc816.h"
#include "chn16.h"
#include "chn24.h"
#include "chn12.h"
#include "syb16.h"
#include "chn48.h"
#include "sinline.h"
void ShowSinWave(void);                              //显示实时正弦曲线
void ShowSinWave1(void);                             //显示正弦曲线
void disdelay(void);                                 //延时
void DrawOneChn1212( U16 x, U16 y, U8 chnCODE);      //显示 12×12 汉字
void DrawOneChn2424(U16 x, U16 y, U8 chnCODE);       //显示 24×24 汉字
void DrawChnString2424(U16 x, U16 y, U8 *str, U8 s); //显示 24×24 汉字串 S 串长
void DrawOneChn4848(U16 x, U16 y, U8 chncode);       //显示 48×48 汉字
void DrawChnString4848(U16 x, U16 y, U8 *str, U8 s); //显示 48×48 汉字串
void DrawOneSyb1616(U16 x, U16 y, U8 chnCODE);       //显示 16×16 标号
void DrawOneChn1616( U16 x, U16 y, U8 chnCODE);      //显示 16×16 汉字
void DrawChnString1616(U16 x, U16 y, U8 *str, U8 s); //显示 16×16 汉字串 S 串长
void DrawOneAsc816(U16 x,U16 y,U8 charCODE);         //显示 8×16ASCII 字符
void DrawAscString816(U16 x, U16 y, U8 *str, U8 s);  //显示 8×16ASCII 字符串
```

```
void DrawOneAsc88(U16 x, U16 y, U8 charCODE);          //显示 8×8ASCII 字符
void DrawAscString88(U16 x, U16 y, U8 *str, U8 s);      //显示 8×8ASCII 字符串
U8 ascstring88[]="123456asdasdABC";
U8 ascstring816[]="123asdABC";
U8 stringp[]={0,1,2,3,4,5,6,7,8,9,10};
```

1. 三个变量数组介绍

(1) 把要显示的 16×16 或 24×24 汉字距小字库首地址的偏移量放入数组 stringp[]中，数组 stringp[]中每一个数字代表一个汉字距小字库首地址的偏移量，然后调用 DrawChnString1616() 或 DrawChnString2424()显示即可。现在，数组中的数字是要显示从小字库首地址开始的 11 个汉字的例子：

```
U8 stringp[]={0,1,2,3,4,5,6,7,8,9,10};
```

(2) 把要显示的 8×16ASCII 字串直接放入数组 ascstring816[]中，然后调用 Draw AscString816()显示，现在数组中的字符是要显示 8×16 点阵 123asdABC 字串的例子：

```
U8 ascstring816[]="123asdABC";
```

(3) 把要显示的 8×8 字串直接放入数组 ascstring88[]中，然后调用 Draw AscString88()显示即可。现在数组中的字符是要显示 8×8 点阵 123456asdasdABC 字串的例子：

```
U8 ascstring88[]="123456asdasdABC";
```

程序代码如下。

```
extern LCD_COLOR;                              //定义字体颜色
extern U16 LCD_BKCOLOR;                        //定义背景色
//------------------------------------------------------------------------------------
//  主程序
//------------------------------------------------------------------------------------
void main(void){
  Target_Init();                               //项目初始化，见 2410LIB.C
  Test_Lcd_Tft_16Bit_640480();                 //调 LCD 初始化，见 LCD.C
  Set_Color(GUI_WHITE);                        //设字体颜色为白色
  Set_BkColor(GUI_BLUE);                       //设背景颜色为蓝色
  Draw_HLine  (300,0,639);                     //画水平线
  Draw_VLine  (50,50,479);                     //画垂直线
  Draw_Line   (639,0,0,479);                   //画斜线
  Fill_Circle (80,180,40);                     //画实心圆
  Draw_Circle(300,150,100);                    //画圆
  DrawOneChn2424(70,350,0x02);                 //在(70，350)显示 24×24 点阵汉字
  DrawOneChn2424(100,350,0x03);
  DrawAscString816(110,60,ascstring816,6)      //在(110，60)显示 8×16 字串
  DrawAscString88(120,100,ascstring88,10);     //在(120，100)显示 8×8 字串
```

```
    DrawOneSyb1616(210,3,0x01);                    //在(210，3)显示 16×16 警钟
    DrawOneSyb1616(230,3,0x0);                     //在(230，3)显示 16×16 喇叭
    DrawOneChn1616(325,380,0x01);                  //显示 16×16 点阵汉字
    DrawOneAsc816(350,400,0x31);                   //显示 8×16 点阵英文字符
    DrawOneAsc88(370,420,0x41);                    //显示 8×8 点阵英文字符
    DrawChnString1616(10,75,stringp,3);            //显示 16×16 点阵汉字串
    DrawChnString2424(150,200,stringp,6);          //显示 24×24 点阵汉字串
    DrawChnString4848(150,250,stringp,5);          //显示 48×48 点阵汉字串
    ShowSinWave();                                 //显示实时正弦曲线
    while(1);
}
```

2. 显示曲线

使用"打点"方法显示一条正弦曲线。代码如下。

```
//------------------------------------------------------------------------
//    显示一条正弦曲线
//------------------------------------------------------------------------
  void   ShowSinWave(void)
  {
      U16 x,j0,k0;
      double y,a,b;
      j0=0;
      k0=0;
      Set_Color(GUI_RED);                          //设颜色为红色
      for (x=0;x<639;x++)                          //X 轴从 0~639 逐点变化
      {
      a=((float)x/638)*4*3.14;                     //求每点的弧度值
      y=sin(a);                                    //求每点的正弦值
      b=(1-y)*240;                                 //量化，使曲线满屏
       PutPixel((U16)x,(U16)b, LCD_COLOR);         //打点画线
      disdelay();                                  //调整延时，使曲线变化清晰
      }
}
```

3. 显示汉字

本程序和下面的显示汉字程序都是使用"打点"函数。代码如下。

```
//------------------------------------------------------------------------
//    显示一个 24×24 汉字
//------------------------------------------------------------------------
void DrawOneChn2424(U16 x，U16 y，U8   chnCODE)
{
   U16 i,j,k,tstch;
```

```
    U8 *p;
    p=chn2424+72*(chnCODE);                          //字模在 Chn24.h 中
    for (i=0;i<24;i++)                               //24 列
      {
          for(j=0;j<=2;j++)                          //每列 3 字节
            {
               tstch=0x80;
                  for (k=0;k<8;k++)                  //判每字节的 8 位
                  {
                  if(*(p+3*i+j)&tstch)
                  PutPixel(x+i,y+j*8+k,LCD_COLOR);    //位值等于 1，该位打点
                  tstch=tstch>>1;
                  }
            }
      }
 }
//-------------------------------------------------------------------------------------
//     显示 24×24 汉字串
//-------------------------------------------------------------------------------------
void DrawChnString2424(U16 x,U16 y,U8 *str,U8 s)
{
   U16 i;
   static U16 x0,y0;
   x0=x;
   y0=y;
   for (i=0;i<s;i++)
      {
   DrawOneChn2424(x0,y0,(U8)*(str+i));                //调显示一个 24×24 汉字程序
   x0 += 24;                                          //水平串，如垂直串 Y0+24
   }
 }
//-------------------------------------------------------------------------------------
//     显示 16×16 标号(报警和音响)
//-------------------------------------------------------------------------------------
void   DrawOneSyb1616(U16 x,U16 y,U8 chnCODE)
{
   int i,k,tstch;
   unsigned int *p;
   p=Syb1616+16*chnCODE;                              //字模在 syb16.h，喇叭警钟点阵
   for (i=0;i<16;i++)                                 //16 行
      {
      tstch=0x80;
          for(k=0;k<8;k++)                            //每行 2 字节，每字节 8 位
            {
```

```
                    if(*p>>8&tstch)                    //先判高 8 位
                    PutPixel(x+k,y+i,LCD_COLOR);        //位值等于 1，该位打点
                    if((*p&0x00ff)&tstch)              //再判低 8 位
                    PutPixel(x+k+8,y+i,LCD_COLOR);      //位值等于 1，该位打点
                tstch=tstch >> 1;
                }
                p+=1;
        }
}
//-------------------------------------------------------------------------------------------------
//   延时
//-------------------------------------------------------------------------------------------------
void disdelay(void)
{
    unsigned long    i,j;
            i=0x45;
            while(i!=0)
                {
                    j=0xffff;
                    while(j!=0)
                    j-=1;
                    i-=1;
                }
    }
//-------------------------------------------------------------------------------------------------
//   显示 16×16 点阵汉字一个
//-------------------------------------------------------------------------------------------------
void DrawOneChn1616(U16 x,U16 y,U8 chnCODE)
{
    U16 i,k,tstch;
    unsigned int *p;
    p=chn1616+16*chnCODE;                              //字模在 Chn16.h 中，可修改
    for (i=0;i<16;i++)                                 //16 行
      {
        tstch=0x80;
          for(k=0;k<8;k++)                             //每行 16 位(2 字节)，每字节 8 位
              {
                    if(*p>>8&tstch)                    //先判高 8 位
                    PutPixel(x+k,y+i,LCD_COLOR);       //位值等于 1，该位打点
                    if((*p&0x00ff)&tstch)             //再判低 8 位
                    PutPixel(x+k+8,y+i,LCD_COLOR);     //位值等于 1，该位打点
                    tstch=tstch>>1;
                }
            p+=1;
```

```
            }
    }
//-----------------------------------------------------------------------------
//   反白显示 16×16 汉字一个
//-----------------------------------------------------------------------------
void ReDrawOneChn1616(U16 x,U16 y,U8 chnCODE)           //原理同上，只是字模数据取反
{
    U16 i,k,tstch;
    unsigned int *p;
    p=chn1616+16*chnCODE;
    for (i=0;i<16;i++)
      {
        tstch=0x80;
            for(k=0;k<8;k++)
                {
                    if( ((*p>>8)^0x0ff) &tstch)
                        PutPixel(x+k,y+i,LCD_COLOR);
                    if( ((*p&0x00ff)^0x00ff) &tstch)
                        PutPixel(x+k+8,y+i,LCD_COLOR);
                    tstch=tstch>>1;
                }
            p+=1;
      }
}
//-----------------------------------------------------------------------------
//     显示 16×16 汉字串
//-----------------------------------------------------------------------------
void DrawChnString1616(U16 x,U16 y,U8 *str,U8 s)
{
    U16 i;
    static U16 x0,y0;
    x0=x;
    y0=y;
    for (i=0;i<s;i++)
      {
        DrawOneChn1616(x0,y0,(U8)*(str+i));             //显示一个 16×16 汉字程序
        x0 += 16;                                       //水平串，如垂直串 Y0+16
      }
}
//-----------------------------------------------------------------------------
//     显示一个 48×48 点阵汉字
//-----------------------------------------------------------------------------
void DrawOneChn4848(U16 x,U16 y,U8   chncode)
{
```

```
   U16 i,j,k,tstch;
   U8 *p;
   p=chn4848+288*chncode;                                  //字模在 Chn4848.h 中
   for (i=0;i<48;i++)                                      //48 行
      {
         for(j=0;j<6;j++)                                   //每行 48 位(6 字节)
            {
               tstch=0x80;
                  for (k=0;k<8;k++)                          //每字节 8 位判
                     {
                        if(*(p+6*i+j)&tstch)
                        PutPixel(x+j*8+k,y+i,LCD_COLOR);      //位值等于 1，该位打点
                        tstch=tstch>>1;
                     }
            }
      }
}
//-----------------------------------------------------------------------
//      显示 48×48 汉字串
//-----------------------------------------------------------------------
void DrawChnString4848(U16 x,U16 y,U8   *str,U8 s)
{
   U8 i;
   static U16 x0,y0;
      x0=x;
      y0=y;
      for (i=0;i<s;i++)
         {
            DrawOneChn4848(x0,y0,(U8)*(str+i));
            x0 += 48;                                       //水平串，如垂直串 Y0+48
         }
}
```

4. 显示 ASCII 字符

显示 ASCII 字符的程序也使用"打点"函数。代码如下。

```
//-----------------------------------------------------------------------
//      显示一个 8×16 ASCII 字符
//-----------------------------------------------------------------------
void DrawOneAsc816(U16 x,U16 y,U8 charCODE)
{
   U8 *p;
   U16 i,k;
   int mask[]={0x80,0x40,0x20,0x10,0x08,0x04,0x02,0x01 };
```

```
        p=asc816+charCODE*16;                                    //字模在 asc816.h
          for (i=0;i<16;i++)                                     //16 行，每行 1 字节
            {
                for(k=0;k<8;k++)                                 //判每字节 8 位
                    {
                        if (mask[k%8]&*p)
                        PutPixel(x+k,y+i,LCD_COLOR);             //位值等于 1，该位打点
                        }
                p++;
                }
        }
//-------------------------------------------------------------------------------------
//    显示 8×16 ASCII 字符串
//-------------------------------------------------------------------------------------
void DrawAscString816(U16 x,U16 y,U8 *str,U8 s)
  {
  U16 i;
  static U16 x0,y0;
  x0=x;
  y0=y;
  for (i=0;i<s;i++)
      {
      DrawOneAsc816(x0,y0,(U8)*(str+i));                         //调显示一个 8×16ASCII 码程序
      x0 += 8;                                                   //水平串，如垂直串 Y0+8
      }
  }
//-------------------------------------------------------------------------------------
//    显示一个 8×8 ASCII 字符
//-------------------------------------------------------------------------------------
void DrawOneAsc88(U16 x,U16 y,U8 charCODE)
{
 U8 *p;
 U16 i,k;
int mask[]={0x80,0x40,0x20,0x10,0x08,0x04,0x02,0x01 };
 p=asc88+charCODE*8;                                            //字模在 asc88.h
    for (i=0;i<8;i++)
      {
        for(k=0;k<8;k++)
          {
            if (mask[k%8]&*p)
            PutPixel(x+k,y+i,LCD_COLOR);
          }
          p++;
        }
```

```
    }
//---------------------------------------------------------------------------------------
//     显示 8×8 字符串
//---------------------------------------------------------------------------------------
void DrawAscString88(U16 x,U16 y,U8 *str,U8 s)
{
    U16 i;
  static U16 x0,y0;
    x0=x;
    y0=y;
  for (i=0;i<s;i++)
    {
        DrawOneAsc88(x0,y0,(U8)*(str+i));          //调显示一个 8×8ASCII 码程序
        x0 += 10;                                  //水平串，如垂直串 Y 0+8
    }
}
```

具体程序可参见随书下载资料/界面设计样本。

实验显示效果如图 16-9 所示，图中包括 48×48、24×24、16×16、12×12 点阵汉字，之外还有其他可以显示的汉字、曲线、图形、西文。

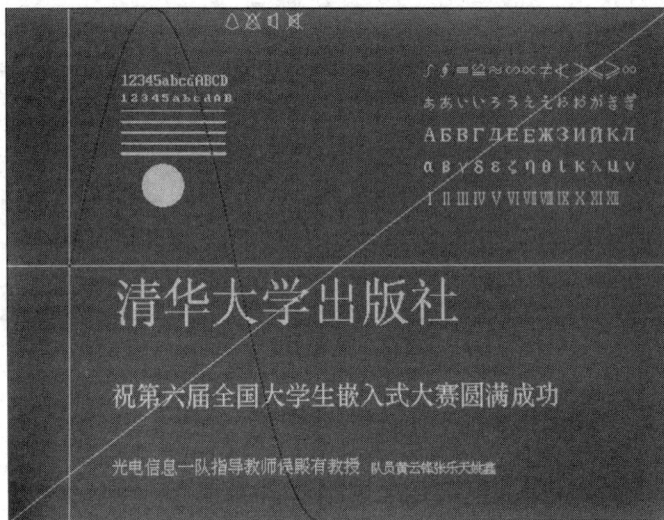

图 16-9　汉字和曲线显示效果图

16.7　S3C2410 在 LCD 驱动方面的其他应用

前面几节介绍了用 ARM9 单片机 S3C2410 驱动 STN 和 TFT 显示器的程序。实际上，也可以像使用其他单片机一样，用 S3C2410 的 I/O 口来驱动 LCD 显示器。本章就来介绍 S3C2410 用 I/O 口驱动 HD66421 的例子。

16.7.1　HD66421 的硬件简介

灰度液晶 HD66421 体积小、价格低廉、编程容易，具有灰度显示等特点，特别是具有较低的工作电压，适合手持设备，所以应用较广。在随书下载资料中有它的 pdf 文件，供读者参考。这里只对编程涉及的内容作一个简单介绍，HD66421 的结构图如图 16-10 所示。

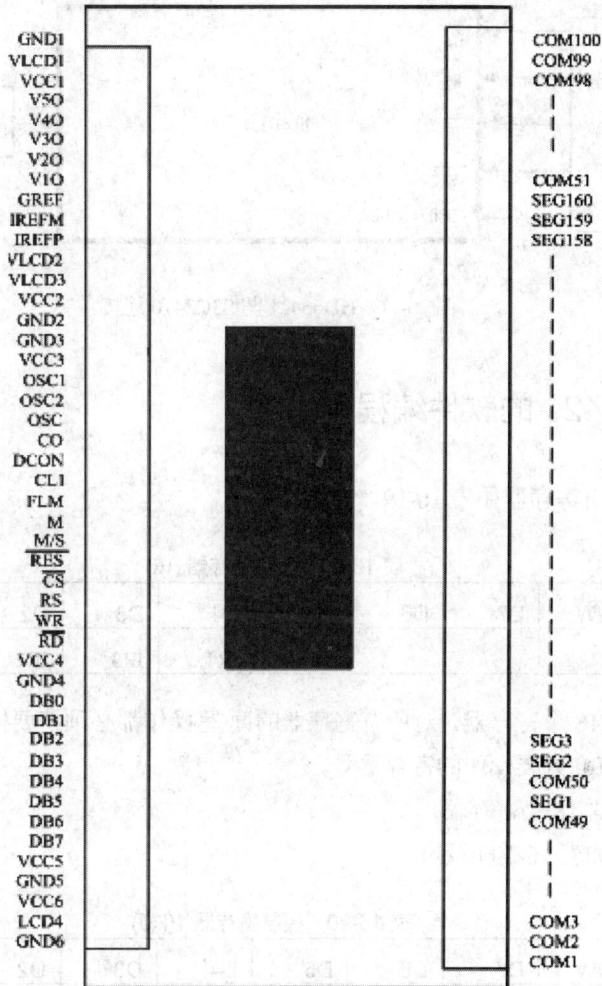

图 16-10　HD66421 的结构图

向 HD66421 写数据时，首先要把目的寄存器号放在索引寄存器中，然后写两字节，读数据时，也要把源寄存器号放在索引寄存器中，然后读两字节。

HD66421 与 S3C2410 连接很简单，如图 16-11 所示，在系统中，硬件连接使用 D 口和 C 口，具体连接如下。

GPD0→RD，GPD1→WR，GPD2→RS，GPD3→CS，GPC8~GPC15→DATA

由于使用了 D 口和 C 口，所以在程序中要对这两个口进行初始化，将它们设置为第一功能，即基本 I/O 口。

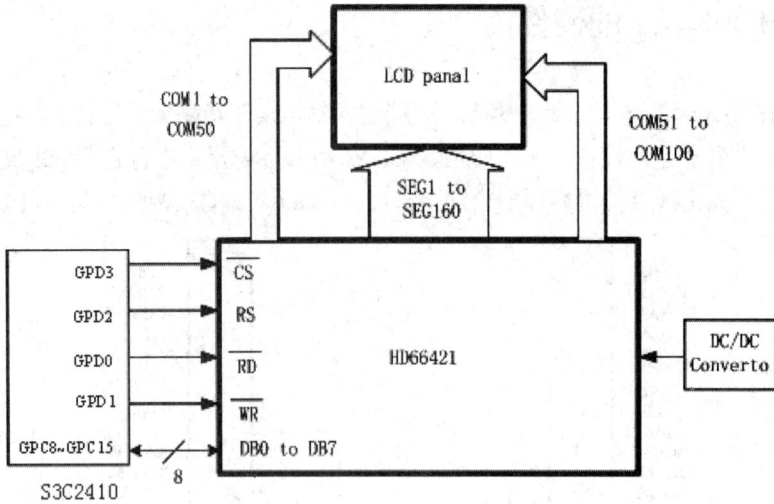

图 16-11　HD66421 与 S3C2410 连接

16.7.2　HD66421 的软件编程

HD66421 的索引寄存器如表 16-19。

表 16-19　索引寄存器(IR)

CS	RS	R/W	D7	D6	D5	D4	D3	D2	D1	D0
0	1	W				IR4	IR3	IR2	IR1	IR0

HD66421 共有 18 个寄存器,对所有寄存器的读/写操作都必须把要操作的寄存器号写入索引寄存器,IR4~IR0 为要操作的寄存器号。

下面分别介绍这 18 个寄存器。

控制寄存器 1 如表 16-20 所示。

表 16-20　控制寄存器 1(R0)

CS	RS	R/W	D7	D6	D5	D4	D3	D2	D1	D0
0	1	W	RMW	DISP	STBY	PWR	AMP	REV	HOLT	ADC

各选项说明如下。

- RMW:读/写方式选择。RMW=1 时,仅在写操作后地址自动加 1;RMW=0 时,读/写操作后地址都自动加 1。
- DISP:显示开关。DISP=1 时,开显示;DISP=0 时,关显示。
- STBY:待机开关。STBY=1 时,进入待机方式;STBY=0 时,普通方式。
- PWR:外部 Vlcd 控制。PWR=1 时,打开;Vlcd=0 时,关闭 Vlcd。
- AMP:内部运放电源开关。AMP=1 时,打开;AMP=0 时,关闭。
- REV:转换显示。REV=1 时,转换;REV=0 时,正常。

- HOLT：挂起。HOLT=1 时，内部操作停止；HOLT=0 时，内部操作开始。
- ADC：左右转换。ADC=1 时，转换；ADC=0 时，正常。

控制寄存器 2 如表 16-21 所示。

表 16-21　控制寄存器 2(R1)

CS	RS	R/W	D7	D6	D5	D4	D3	D2	D1	D0
0	1	W	BIS1	BIS0	WLS	GRAY	DTY1	DTY0	INC	BLK

各选项说明如下。

- BIS1、BIS0：液晶偏置电压选择(1/8 对应较低的 Vlcd，1/11 则对应较高的 Vlcd)。
- WLS：数据宽度。VLS=1 时为 6BIT；VLS=0 时为 8BIT。
- GRAY：灰度选择。GRAY=1 时为 4 级固定灰度；GRAY=0 时，4 个灰度值可从 32 级灰度中选择。
- DTY1、DTY0：显示行数(应该选择 100 行)。DTY1、DTY0=11 时为 8 行；DTY1、DTY0=10 时为 64 行；DTY1、DTY0=01 时为 80 行；DTY1、DTY0=00 时为 100 行。
- INC：自增 1 选择。INC=1 时 X 地址自增 1；INC=0 时 Y 地址自增 1。
- BLK：使用闪烁功能。BLK =1 时打开；BLK=0 时关闭。

x 地址寄存器如表 16-22 所示。

表 16-22　x 地址寄存器(R2)

CS	RS	R/W	D7	D6	D5	D4	D3	D2	D1	D0
0	1	W			xA5	xA4	xA3	xA2	xA1	xA0

显示内存中 x 地址的范围为 0x00~0x27，可以通过软件设定，在 CPU 读/写操作时自动增 1。
Y 地址寄存器如表 16-23 所示。

表 16-23　Y 地址寄存器(R3)

CS	RS	R/W	D7	D6	D5	D4	D3	D2	D1	D0
0	1	W		YA6	YA5	YA4	YA3	YA2	YA1	YA0

显示内存中 Y 地址的范围为 0x00~0x40，可以通过软件设定，在 CPU 读/写操作时自动增 1。
显存控制寄存器如表 16-24 所示。

表 16-24　显存控制寄存器(R4)

CS	RS	R/W	D7	D6	D5	D4	D3	D2	D1	D0
0	1	W	DB7	DB6	DB5	DB4	DB3	DB2	DB1	DB0

控制显示内存的访问。如果是写访问，数据直接写入显示内存；如果是读访问，由于系统结构的关系，必须先空读一次，第二次才能读到真实数据。

显示起始行控制寄存器如表 16-25 所示。

表 16-25　显示起始行控制寄存器(R5)

CS	RS	R/W	D7	D6	D5	D4	D3	D2	D1	D0
0	1	W		ST6	ST5	ST4	ST33	ST2	ST1	ST0

控制显示屏最上面一行的显示从显示内存中哪行开始，该功能主要用于控制滚屏操作。

闪烁起始行控制寄存器如表 16-26 所示。

表 16-26　闪烁起始行控制寄存器(R6)

CS	RS	R/W	D7	D6	D5	D4	D3	D2	D1	D0
0	1	W		BSL6	BSL5	BSL4	BSL3	BSL2	BSL1	BSL0

控制显示 LCD 屏闪烁起始行。

控制显示 LCD 屏闪烁起始行如表 16-27 所示。

表 16-27　闪烁终止控制寄存器(R7)

CS	RS	R/W	D7	D6	D5	D4	D3	D2	D1	D0
0	1	W		BEL6	BEL5	BEL4	BEL3	BEL2	BEL1	BEL0

控制显示 LCD 屏闪烁终止行。

闪烁寄存器 1 如表 16-28 所示。

表 16-28　闪烁寄存器 1(R8)

CS	RS	R/W	D7	D6	D5	D4	D3	D2	D1	D0
0	1	W	BK0	BK1	BK2	BK3	BK4	BK5	BK6	BK7

闪烁寄存器 2 如表 16-29 所示。

表 16-29　闪烁寄存器 2(R9)

CS	RS	R/W	D7	D6	D5	D4	D3	D2	D1	D0
0	1	W	BK8	BK9	BK10	BK11	BK12	BK13	BK14	BK15

闪烁寄存器 3 如表 16-30 所示。

表 16-30　闪烁寄存器 3(R10)

CS	RS	R/W	D7	D6	D5	D4	D3	D2	D1	D0
0	1	W				BK16	BK17	BK18	BK19

闪烁寄存器 R8~R10 每个控制一组(8 位)显示的闪烁，如果全部置 1，则全屏显示均闪烁。

局部显示模块寄存器如表 16-31 所示。

表 16-31　局部显示模块寄存器(R11)

CS	RS	R/W	D7	D6	D5	D4	D3	D2	D1	D0
0	1	W				CLE	PB3	PB2	PB1	PB0

局部显示模块寄存器与显示区域的关系如表 16-32 所示。

表 16-32　局部显示模块寄存器与显示区域的关系

设 定 值	列 号	设 定 值	列 号
0x00	COM1 to COM8	0x06	COM100 to COM93
0x01	COM9 to COM16	0x07	COM92 to COM85
0x02	COM17 to COM24	0x08	COM84 to COM77
0x03	COM25 to COM32	0x09	COM76 to COM69
0x04	COM33 to COM40	0x0A	COM68 to COM61
0x05	COM41 to COM48	0x0B	COM60 to COM53

其中，CLE 是局部显示模块使能开关，正常运行，CLE=1；如果 CLE=0，局部显示模块使能关，时钟输出停，行扫描线和格式信号停，系统休眠。

PB0~PB3 的值对应显示区域的关系如下：=0000，对应 COM1~COM8；=0001，对应 COM9~COM16；=0010，对应 COM17~COM24；…=1111，对应 COM100~COM93。

由于 HD66421 屏幕较小，一般采用全屏显示，此功能很少使用。

灰度调色板 1 如表 16-33 所示。

表 16-33　灰度调色板 1(R12)

CS	RS	R/W	D7	D6	D5	D4	D3	D2	D1	D0
0	1	W				GP14	GP13	GP12	GP11	GP10

灰度调色板 2 如表 16-34 所示。

表 16-34　灰度调色板 2(R13)

CS	RS	R/W	D7	D6	D5	D4	D3	D2	D1	D0
0	1	W				GP24	GP23	GP22	GP21	GP20

灰度调色板 3 如表 16-35 所示。

表 16-35　灰度调色板 3(R14)

CS	RS	R/W	D7	D6	D5	D4	D3	D2	D1	D0
0	1	W				GP34	GP33	GP32	GP31	GP30

灰度调色板 4 如表 16-36 所示。

表 16-36　灰度调色板 4(R15)

	RS	R/W	D7	D6	D5	D4	D3	D2	D1	D0
0	1	W				GP44	GP43	GP42	GP41	GP40

灰度调色板 1~4 中的 GP10~GP44 取值确定了灰度值 1/31~30/31。

对比度控制寄存器如表 16-37 所示。

表 16-37 对比度控制寄存器(R16)

CS	RS	R/W	D7	D6	D5	D4	D3	D2	D1	D0
0	1	W		CM1	CM0	CC	CC	CC	CC	CC

对比度选择和扫描周期的关系如表 16-19 所示。

表 16-38 对比度选择和扫描周期的关系

CM1	CM0	周 期 选 择
0	0	1
0	1	7
1	0	11
1	1	13

屏选择寄存器如表 16-39 所示。

表 16-39 屏选择寄存器(R17)

CS	RS	R/W	D7	D6	D5	D4	D3	D2	D1	D0
0	1	W						MON	DSEL	PSEL

各选项说明如下。

MON：屏色选择。MON=1时，单色显示；MON=0时，4级灰度。

DSEL：屏选择。DESL=1时，选屏1；DESL=0时，选屏2。

PSEL：屏访问。PESL=1时，CPU访问屏1；PESL=0时，CPU访问屏0。

16.7.3 HD66421 与微处理器接口及驱动程序

1. HD66421 与微处理器接口

使用 S3C2410 的 D 口和 C 口的部分管脚和 HD66421 连接，具体如图 16-11 所示。

2. HD66421 软件驱动程序

该程序在随机资料中，并在 ADS1.2 环境调试通过。程序内容分为基本函数、显示汉字、显示曲线、显示 ASCII 字符这 4 部分，每部分都有较详细的解释。

```
//-------------------------------------------------------------------
//   File Name:    HD66421.C
//-------------------------------------------------------------------
#include<stdlib.h>
#include<string.h>
#include<stdio.h>
#include"2410addr.h"
#include"2410lib.h"
```

```
#include"2410lib.c"
#include"def.h"
#include"chn12.h"
#include"chn16.h"
#include"chn24.h"
#include"syb16.h"
#include"asc816.h"
#include "asc88.h"
void Arm9Init(void);
void CLEAR(void);                                              //清屏
void Wdot(U8 x,U8 y);                                          //绘点
void Cdot(U8 x,U8 y);                                          //清点
void DrawOneChnl616_1(U8 x, U8 y, U8 chnCODE);                 //16×16 汉字，按字节显示
void DrawOneChn2424_1(U8 x, U8 y, U8 chnCODE);                 //24×24 汉字，按字节显示
void DrawOneSybl616(U8 x, U8 y, U8 chnCODE);                   //显示一个 16×16 标号
void DrawChnStringl616(U8 x, U8 y, U8 *str, U8 s);             //显示一个 16×16 汉字串
void DrawOneAsc816(U8 x, U8 y, char charCODE);                 //显示一个 8×16ASCII 字符
void DrawAscString816(U8 x, U8 y, char *strptr, U8 s);        //显示 8×16ASCII 字符串
void Wcreg(U8 regnum);                                         //写命令
void Wdreg(U8 regdata);                                        //写数据
U8      Rdreg(void);                                           //读数据
void Line(U16 x1, U16 y1, U16 x2, U16 y2);                     //画线
void clear_Line(U16 x1, U16 y1, U16 x2, U16 y2);              //清线
void FilledRectangle(U16 x1, U16 y1, U16 x2, U16 y2);        //画填充矩形
void Rectangle(U16 x1, U16 y1, U16 x2, U16 y2);              //画矩形
void Clear_Rectangle(U16 xl, U16 y1, U16 x2, U16 y2);        //清矩形
void DrawOneChnl616(U8 x, U8 y, U8 chnCODE);                  //显示一个 16×16 汉字
U16 temp[15];                                                 //临时变量
```

(1) 基本函数

基本函数包括绘点函数、清点函数、ARM 9 初始化、写命令、读/写命令、清屏。每个函数都给出了详细的注释。

```
//-------------------------------------------------------------------------------------------------------
//  绘点函数
//-------------------------------------------------------------------------------------------------------
void Wdot(U8 x,U8 y)
{
  U8 k,dd;
  U8 i,j;
  i= x/8;
  k= x%8;
  Wcreg(0x02);                                                //列地址代码
  Wdreg(2*i);                                                 //写入列地址
  Wcreg(0x03);                                                //行地址代码
```

```
        Wdreg (y);                                      //写入行地址
        Wcreg(0x04);                                    //数据读/写代码
        dd=Rdreg();                                     //空读一次
        dd=Rdreg();                                     //读数据
        Wcreg(0x02);                                    //列地址代码
        Wdreg(2*i);                                     //写入列地址
        Wcreg(0x03);                                    //行地址代码
        Wdreg(y);                                       //写入行地址
        j=0x80>>k;                                      //移位 k=x%8 位
        Wcreg(0x04);                                    //数据读/写代码
        Wdreg(dd|j);                                    //写数据
    }
//-----------------------------------------------------------------------
//    清点函数
//-----------------------------------------------------------------------
    void Cdot(U8 x,U8 y)
    {
    U8 k,dd;
    U8 i,j;
    i= x/8;
    k= x%8;
        Wcreg(0x02);                                    //列地址代码
        Wdreg(2*i);                                     //写入列地址
        Wcreg(0x03);                                    //行地址代码
        Wdreg (y);                                      //写入行地址
        Wcreg(0x04);                                    //数据读/写代码
        dd=Rdreg();                                     //空读一次
        dd=Rdreg();                                     //读数据
        Wcreg(0x02);                                    //列地址代码
        Wdreg(2*i);                                     //写入列地址
        Wcreg(0x03);                                    //行地址代码
        Wdreg(y);                                       //写入行地址
        j=0x00>>k;                                      //移位 k=x%8 位
        Wcreg(0x04);                                    //数据读/写代码
        Wdreg(dd&j);                                    //写数据
    }
```

　　ARM9 2410 和 I/O 口初始化部分主要用于设置系统工作频率、屏蔽外部中断等，详情请参阅 2410test 相关程序。

　　I/O 口初始化是这样安排的：GPD0→RD，GPD1→WR，GPD2→RS，GPD3→CS；GPC8~GPC15→DATA。

　　rGPCCON 是 GPC 口的工作方式控制寄存器，GPC 口是 16 位口，GPCCON 是 32 位口，GPCCON 每 2 位为一个控制组，控制 1 位 GPC 口，控制组控制字为 01，相应 GPC 位为输出；控制组控制字为 00，相应 GPC 位为输入。rGPCCON=0x5555ffff 就是 GPC 高 8 位为输出，低 8 位没使用，I/O 口操作可参见本书第 4 章。

下面的 GPD 口初始化也同 GPC 口初始化一样，HD66421 寄存器操作可以参照第 16.6.2 小节。

```
//-----------------------------------------------------------------
//    ARM9 初始化
//-----------------------------------------------------------------
void Arm9Init(void)
{
    ChangeClockDivider(1,1);                            //时钟比率分配
                                    //hdivn,pdivn FCLK:HCLK:PCLK
                                    // 0,0    1: 1:  1
                                    // 0,1    1: 1:  2
                                    // 1,0    1:  2:  2
                                    // 1,1    1:  2:  4

    ChangeMPllValue(0xa1,0x3,0x1);        //改变 MPll 值，见 2410lib.c
    Port_Init();                          //I/O 口初始化，见 2410lib.c
    rGPCCON=0x5555ffff;                   //高 8 位为输出，低 8 位没用
    rGPDCON=0xffffff55;                   //高 8 位不用，低 8 位输出
    Wcreg(0x00);                          //命令寄存器 0，方式设置
    Wdreg(0x48);                          //开显示，休眠方式关闭
                                          //正常显示，内部操作开

    Wcreg(0x01);                          //方式设置 2
    Wdreg(0x10);                          //8×8 点阵，Y 增加，不用光标
    Wcreg(0x11);                          //寄存器 17 是颜色设置
    Wdreg(0x04);

                                          //单色显示
}
```

要满足 CS=0，RS=0，WR=0，RD=1；命令写给 D 口高 8 位。代码如下。

```
//-----------------------------------------------------------------
//    写命令
//-----------------------------------------------------------------
void Wcreg (U8 regnum)
{
    U16    dd=0;
    dd=(U16)regnum;
    rGPDDAT = (rGPDDAT & 0xff00)|0x01;          //CS=0,RS=0,WR=0,RD=1
    rGPCDAT = (rGPCDAT & 0x00ff)|(dd<<8);       //dd|= rGPCDAT 高 8 位
    rGPDDAT = (rGPDDAT & 0xff00)|0x03;          //RD=1,WR=1
}
```

要满足 CS=0，RS=1，WR=0，RD=1；数据写给 D 口高 8 位。代码如下。

```
//-------------------------------------------------------------------------
//   写数据
//-------------------------------------------------------------------------
void Wdreg (U8 regdata)
{
    U16   dd=0;
    dd=(U16)regdata;
    rGPDDAT = (rGPDDAT & 0xff00)|0x05;          //CS=0,RS=1,WR=0,RD=1
    rGPCDAT = (rGPCDAT & 0x00ff)|(dd <<8);
    rGPDDAT = (rGPDDAT & 0xff00)|0x07;          //CS=0,RS=1,RD=1,WR=1
}
//-------------------------------------------------------------------------
//   读数据
//-------------------------------------------------------------------------
U8 Rdreg (void)                                  //参见写数据
{
    U8 dat,i;
    U16 dat1;
    rGPCCON=0x0000ffff;                          //C 口高 16 位输出，低 16 位输入
    rGPCUP=0xff00;                               // GPC8 GPC15 位上拉禁止
    rGPDDAT=( rGPDDAT & 0xff00)|0x06;
    for(i=0;i<127;i++);                          //延时
    rGPDDAT=( rGPDDAT & 0xff00)|0x07;
    dat=dat1>>8;
    rGPCCON=0x5555ffff;
    rGPCUP=0xff00;
    return dat;
}
//-------------------------------------------------------------------------
//   清屏
//-------------------------------------------------------------------------
void CLEAR (void)
{
    U16 i,count;
    for (count=0;count<39;count++)               //清 40 页
    {
        Wcreg(0x02);
        Wdreg(count);                            //页地址代码
        for(i=0;i<100;i++)                       //一次清 100 列
        {
            Wcreg(0x03);                         //列地址代码
            Wdreg (i);                           //写入列地址
            Wcreg(0x04);                         //数据读/写代码
            Wdreg(0x00);                         //写入数据
```

```
        }
    }
}
```

(2) 显示曲线

代码如下。

```
//----------------------------------------------------------------------------------
//    画矩形
//----------------------------------------------------------------------------------
void Rectangle(U16 x1,U16 y1,U16 x2,U16 y2)
{
    Line(x1,y1,x2,y1);
    Line(x2,y1,x2,y2);
    Line(x1,y2,x2,y2);
    Line(x1,y1,x1,y2);
}
//----------------------------------------------------------------------------------
//    清矩形
//----------------------------------------------------------------------------------
void Clear_Rectangle(U16 x1,U16 y1,U16 x2,U16 y2)
{
    U16 i;
    for(i=y1; i<=y2;i++)
    clear_Line(x1,i,x2,i);
}
//----------------------------------------------------------------------------------
//    画填充矩形
//----------------------------------------------------------------------------------
void FilledRectangle(U16 x1,U16 y1,U16 x2,U16 y2)
{
    U16    i;
    for(i=y1;i<=y2;i++)
    Line(x1,i,x2,i);
}
//----------------------------------------------------------------------------------
//    画直线
//----------------------------------------------------------------------------------
void Line(U16 x1,U16 y1,U16 x2,U16 y2)
{
    U16 i;
    if(x1= =x2)
    {for(i=y1;i<=y2;i++)
        Wdot(x1,i);
    }
```

```
        if(y1= =y2)
        {
        for(i=x1;i<=x2;i++)
        Wdot(i,y1);
        }
}
//-------------------------------------------------------------------------------------------------
//    清直线
//-------------------------------------------------------------------------------------------------
void clear_Line(U16 x1,U16 y1,U16 x2,U16 y2)
{
    U16 i;
    if(x1= =x2)
    {
    for(i=y1;i<=y2;i++)
        Cdot(x1,i);
    }
    if(y1= =y2)
    {
    for(i=x1;i<=x2;i++)
        Cdot(i,y1);
    }
}
```

(3) 显示汉字

显示汉字使用"打点"方法，原理与前面章节介绍的一样，这里不再赘述。代码如下。

```
//-------------------------------------------------------------------------------------------------
//    显示一个 16×16 点阵汉字
//-------------------------------------------------------------------------------------------------
void DrawOneChnl616(U8 x,U8 y,U8 chnCODE)
{
    U8 i,k,tstch;
    unsigned short    *p;
    p=chn1616+16*(chnCODE-1);                    //小字库 chn1616 在 chn16.h 中
    for(i=0;i<16;i++)                            //16 行，每行 2 字节
    {
        tstch=0x80;
        for(k=0; k<8;k++)                        //每字节 8 位
        {
        if( *p>>8&tstch)                         //先判高 8 位，bit 为 1 绘点
        Wdot(x+k,y+i);
        if( (*p&0x00ff)&tstch)                   //后判低 8 位，bit 为 1 绘点
        Wdot(x+k+8,y+i);
        tstch=tstch>>1;
```

```
              }
        p+=1;
        }
    }
//----------------------------------------------------------------
//    显示一个 16×16 点阵符号
//----------------------------------------------------------------
void DrawOneSybl616(U8 x,U8 y,U8 chnCODE)          //解释同上
{
U8 i,k,tstch;
unsigned short *p;
  p=syb1616+16*(chnCODE-1);
  for(i=0;i<16;i++)
    {
       tstch=0x80;
       for(k=0;k<8;k++)
        {
            if(*p>>8&tstch)
          Wdot(x+k,y+i);
            if((*p&0x00ff)&tstch)
          Wdot(x+k+8,y+i);
          tstch=tstch>>1;
        }
      p+=1;
    }
}
//----------------------------------------------------------------
//    显示一个 16×16 点阵汉字串
//----------------------------------------------------------------
void DrawChnStringl616(U8 x,U8 y,U8 *str,U8 s)
{   U8 i;
   for(i=0;i<s;i++)
    { DrawOneChnl616(x,y,(U8)*(str+i));
x+=20;
    }
return;}
```

(4) 显示汉字

不用"打点"函数，一次显示一字节。前面介绍的汉字显示都是基于"打点"程序，把汉字字模按字节取出，然后按位判断，bit=1 时相应位打点；bit=0 时相应位不打点。

那么是否可以把取出的汉字字模不按位判断而直接按字节输出呢？这样速度不更快吗？答案是肯定的，但是，按字节输出在排版上有些限制，不如按"点"输出方便，这里的差别在编制和调试显示程序时就会体会到。建议在速度允许时用"打点"程序。

按字节输出时，24×24 点阵由于是为打印设计的，故显示时还不能把字模按顺序取出来

直接显示，而要把打印字模转换为显示字模，这也是按字节输出时的难点。

24×24 打印字模中的字节在点阵中的排列如图 16-5 所示，以字模左上角为例，如表 16-40 所示为整个字模的 1/9，转换后显示字模左上角应变为如表 16-41 所示。

表 16-40 24×24 点阵打印字模的左上角

0 字节	3 字节	6 字节	9 字节	12 字节	15 字节	18 字节	21 字节
D7	D7	D7	D7	D7	D7	D7	D7
D6	D6	D6	D6	D6	D6	D6	D6
D5	D5	D5	D5	D5	D5	D5	D5
D4	D4	D4	D4	D4	D4	D4	D4
D3	D3	D3	D3	D3	D3	D3	D3
D2	D2	D2	D2	D2	D2	D2	D2
D1	D1	D1	D1	D1	D1	D1	D1
D0	D0	D0	D0	D0	D0	D0	D0

表 16-41 转换后 24×24 点阵显示字模的左上角

0 字节	D7	D6	D5	D4	D3	D2	D1	D0
3 字节	D7	D6	D5	D4	D3	D2	D1	D0
6 字节	D7	D6	D5	D4	D3	D2	D1	D0
9 字节	D7	D6	D5	D4	D3	D2	D1	D0
12 字节	D7	D6	D5	D4	D3	D2	D1	D0
15 字节	D7	D6	D5	D4	D3	D2	D1	D0
18 字节	D7	D6	D5	D4	D3	D2	D1	D0
21 字节	D7	D6	D5	D4	D3	D2	D1	D0

打印字模是一列排 3 字节，如第一列是 0、1、2 三字节，第二列是 3、4、5 三字节……一直到第 24 列是 69、70、71 三字节。

而显示字模是一行三字节，如第一行是 0、1、2 三字节，第二行是 3、4、5 三字节……一直到 24 行是 69、70、71 三字节。

要想把打印字节转换为显示字节，首先要把打印字节的 0、3、6、9、12、15、18、21 各字节的 bit7 取出，依次组装为 0 号显示字节的 bit7、bit6、bit5、bit4、bit3、bit2、bit1、bit0；把打印字节的 24、27、30……45 字节的 bit7 取出组成一号显示字节的 bit7、bit6、bit5、bit4、bit3、bit2、bit1、bit0；将打印字节的 48、51……69 字节的 bit7 取出组成二号显示字节的 bit7、bit6、bit5、bit4、bit3、bit2、bit1、bit0；然后再把打印字节的 0、3、6、9、12、15、18、21 各字节的 bit6 取出，依次组装为 3 号显示字节的 bit7、bit6、bit5、bit4、bit3、bit2、bit1、bit0；将打印字节的 24、27、30……45 字节的 bit6 取出组成 4 号显示字节的 bit7、bit6、bit5、bit4、bit3、bit2、bit1、bit0；依此类推完成字模转换。

程序中用 3 层循环实现，for(c=0；c<=2；c++)是最外层循环，控制完成每列的 3 字节；for(f=0；f<8；f++)中的 f 是字节的屏蔽字，把各字节的相同位屏蔽；for(d=0；d<24；d++)a=*(p+d*3+c)&msk[f]是把打印字节按 0~23 的顺序取出和屏蔽字相与，把相同位取出放到 a 中。

后面的语句就是取出的各 bit 位，并将中间结果放在 b 中。if(((d+1)% 8)= =0) n[g++]=b 是判断一字节是否组装完毕，如果完成就将该字节放到数组 n 中，变量 e 记忆组装的 bit 位，对数组 n 就可以正常显示了。如果用"打点"的办法来显示 24×24 点阵汉字，则不用进行转换。

```
//--------------------------------------------------------------------------------
//  显示一个 24×24 汉字，一次显示一字节
//--------------------------------------------------------------------------------
void DrawOneChn2424_1(U8 x，U8 y，U8 chnCODE)
{
U8 a,b,c,d,e,f,g,i,j,k;
U8 *p;
U8 n[72];
U8 msk[8]={0x80,0x40,0x20,0x10,0x08,0x04,0x02,0x01};
p=chn2424+72*(chnCODE-1);                          //字库在 chn24.h
b=0;
g=0;
e=0;                                               //打印字模转换显示字模
for(c=0;c<=2;c++)
  for(f=0;f<8;f++)
      for(d=0；d<24；d++)
        {
        a=*(p+d*3+c)&msk[f];
          if(e-f>0)
          a=a>>e-f;
          if(e-f<0)
          a=a<<f-e;
          b=b+a;
          e++;
          if(((d+1)%8)==0)
           {
            n[g++]=b;
            e=b=0;
           }
          }
    j=x;
      k=y;
    for(i=0;i<3;i++)
     {
     Wcreg(0x03);                          //选 Y 地址寄存器
     Wdreg(k);                             //写 Y 地址数据
       for(g=0;g<24;g++)
        {
        Wcreg(0x02);                       //选 X 地址寄存器
```

```
        Wdreg(j);                                    //写 X 地址数据
        Wcreg(0x04);                                 //选数据寄存器
        Wdreg(n[3*g+i]);                             //写数据
      }
    j+=2;                                            //显示灰度加 1 级
    }
  }
```

按字节输出 16×16 点阵汉字时，因为 16×16 点阵汉字是按显示字模排列，故不用进行字模转换，直接取出来显示即可。

```
//-------------------------------------------------------------------------
//    显示一个 16×16 汉字，一次显示一字节
//-------------------------------------------------------------------------
void DrawOneChn1616_1(U16 x，U16 y，U8 chnCODE)
{
U8 i,u;
U16 j,k;
unsigned short *p;
p=chn1616+16*(chnCODE-1);
j=x;
k=y;
for(i=0;i<2;i++)
  {
  Wcreg(0x03);                                       //选 Y 地址寄存器
    Wdreg(k);                                        //写 Y 地址数据
    for(u=0;u<16;u++)
      {
      Wcreg(0x02);                                   //选 X 地址寄存器
      Wdreg(j);                                      //写 X 地址数据
      Wcreg(0x04);                                   //选数据寄存器
      if (i==0)                                      //高位字节写数据
      Wdreg((char)(*p>>8));
    Else                                             //低位字节写数据
      Wdreg((char)*p&0x00ff);
    p+=1;
    }
    j+=2;                                            //该店显示灰度 1 级，页地址加 2
    p=chn1616+16*(chnCODE-1);
  }
}
```

(5) 显示 ASCII 字符

使用"打点"函数显示 ASCII 字符比较简单。解释参见前面的章节。

```
//-------------------------------------------------------------------
//  显示一个 8×16 ASCII 字符
//-------------------------------------------------------------------
void DrawOneAsc816(U8 x,U8 y,char charCODE)
{
    U8 *p;
    U8 i,k,tstch;
    p=asc816+charCODE*16;
    tstch=0x80;                                    //字库在 asc816.h
    for(i=0;i<16;i++)
    {
      for(k=0;k<8;k++)
        {
          if(*p&tstch)
          Wdot(x+k,y+i);
          tstch=tstch>>1;
        }
          p++;
      }
}
//-------------------------------------------------------------------
//  显示 8×16 ASCII 字符串
//-------------------------------------------------------------------
void DrawAscString816(U8 x,U8 y,char *strptr,U8 s)
{
U16 i;
for(i=0; i<s; i++)
  {
      DrawOneAsc816(x,y,(char) *(strptr+i) );
    x+=8;
  }
    return;
}
//-------------------------------------------------------------------
//  主程序
//-------------------------------------------------------------------
void main(void)
{
 Arm9Init();                        //ARM9 初始化
 CLEAR();                           //清屏
 DrawOneChnl616(5,21,0x01);         //显示一个 16×16 汉字
 DrawOneChnl616(22,21,0x01);        //显示两个 16×16 图案
 DrawOneSybl616(80,21,0x01);        //02 报警允许  01 报警禁止
 DrawOneSybl616(100,21,0x03);       //04 鸣笛允许  03 鸣笛禁止
```

```
        Rectangle(140,27,150,35);                    //画矩形
        Rectangle(150,30,152,32);
        DrawAscString816(5,39,"ARM9 MPU",19 );        //显示 8×16 英文字串
        DrawAscString816(0,55, "lcd160100 test",20 );
    }
```

16.8   在 LCD 屏上按一定格式显示汉字和曲线

利用 sprintf()函数，也可以在 LCD 屏上按一定格式显示汉字和曲线。

在 C 语言中，有一个输出格式控制函数：printf()，其功能强大，可以控制在 CRT 屏上以各种格式输出运算结果或字符串等。

在前面许多章节的实验程序中，还使用过一个输出控制函数 Uart_Printf()，它实际上和 printf()是一个函数，它控制在"宿主机"的超级终端上以各种格式输出运算结果或字符串等。当程序调试结束时，"宿主机"和"目标"机分离，在"目标"机上该函数就不能使用了。另外，还必须解决在"目标"机的显示设备问题，即 LCD 屏上显示格式控制问题。

在 C 语言中，还有一个和 printf()函数类似的函数 sprintf()。sprintf()函数控制将输出内容以各种格式输出到内存中。现在就可以使用 sprintf()函数和前面介绍的知识解决 LCD 屏上的显示格式控制问题了。

方法是将要输出的字符串按需要的格式用 sprintf()函数复制到一个数组中，然后用"打点"方法将数组输出。具体程序如下。

```
//-----------------------------------------------------------------------------------------
//     按格式 年-月-日 时:分:秒 输出日期和时间
//-----------------------------------------------------------------------------------------
    Void DrawDadeTime()
    {
    char temp[15];
    int year;
    int month,date,hour,min,sec;
    rRTCCON = 0x01;               //不复位，组合 BCD 码，时钟分频 1/32768，RTC 读/写允许
    if(rBCDYEAR==0x99)
            year = 0x1999;
    else
            year     = 0x2000 + rBCDYEAR;
            month    = rBCDMON;
            weekday = rBCDDAY;
            date     = rBCDDATE;
            hour     = rBCDHOUR;
            min      = rBCDMIN;
            sec      = rBCDSEC;
```

```
sprintf(temp, " %4x-%02x-%2x " ,year,month,date);    //按格式将日期写入数组
DrawAscString816(100,20,temp,10);                    //按格式显示日期
sprintf(temp, " %2x:%2x:%2x " ,hour,min,sec);         //按格式将时间写入数组
DrawAscString816(190,20,temp,8);                     //按格式显示时间
}
```

16.9　S3C6410 (ARM11)的汉字和曲线显示实例

通过本节的介绍可知，"打点"的方法是在显示屏上显示汉字和曲线的通用方法，不管显示屏是 CRT 或 LCD，也不管处理器是 ARM9、ARM11 或其他 CPU。

"打点"的方法是修改显示缓存区，也就是直接写屏，显示速度最快，技术先进。

本节先简单扼要地介绍 S3C6410 微处理器的结构和特点，然后介绍 S3C6410 (ARM11)的汉字和曲线显示。

16.9.1　S3C6410 (ARM11)简介

S3C6410X 微处理器的结构如图 16-12 所示。

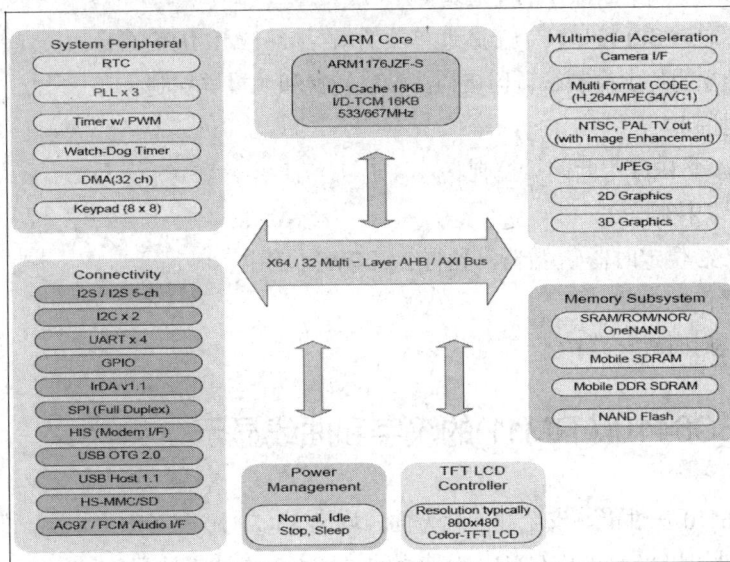

图 16-12　S3C6410X 结构框图

S3C6410X 微处理器在 ARM9 和 ARM10 的基础上，使用 ARM11 内核，在性能、安全和能耗方面，均比 S3C2410 有了很大提高。

- 存储器子系统采用高带宽主板，两种独立的外存储器接口(一个 SROM 口和一个 DRAM 口)，SROM 口的地址空间达到 27bit (128MB)，支持 SLC 和 MLC NAND Flash。
- SDRAM 接口支持高达 2Gb/Bank。

- S3C6410X 微处理器对很多功能提供了加速支持，如数码相机、Multi 格式码(MFC)、多媒体数字信号的编码解码器(JPEG Codec)、二维和三维画图等。
- 在二维和三维画图中增加了图形旋转功能。
- 4 通道 UART、187 个可柔性配置的 GPIO 口，其中除 GPK、GPL、GPM 和 GPN 外支持休眠功能，控制 127 个外部中断。
- 8 通道多元 ADC，最高达 1M/s 采样频率和 10-bit/12-bit 分辨率。
- S3C6410X 支持 SD/MMC 主机管理。
- S3C6410X支持1/2/4/8bpp或16/18/24-bpp黑白和彩色TFT，典型的屏幕尺寸有640×480、320×240、800×480。
- 视频使用增强型图像译码器/编码器。
- 支持 NTSC-M、J / PAL-B、D、G、H、I、M、Nc 视频格式。
- S3C6410X 提供 AC97、PCM 串行音频接口，I^2S 总线接口。
- 支持高速(480Mbps)，全速(12Mbps，仅从机设备)和低速(1.5Mbps，仅主机设备)的 USB 接口。
- 支持 v1.1 协议红外通信(1.152Mbps and 4 Mbps)，支持 FIR(4Mbps)、内部 64-byte Tx/Rx FIFO。
- 支持 2 通道多-主 I^2C 总线。
- 基于 DMA 或中断操作的 4 通道 UART。
- 支持 2 通道 SPI 接口，一个高速单项的串行接口 MIPIHIS。
- 两个独立的片上调制解调器接口，A/D 转换和触摸屏控制。
- DMA 控制。
- 支持 64 个 IRQ 中断向量控制。
- 安全保护控制。
- 5 通道 32 位定时器/计数器，具有 2 路 PWM 输出。
- 16 位看门狗电路。
- RTC(实时时钟电路)。

16.9.2　S3C6410(ARM11)的汉字和曲线显示

虽然 S3C6410 在性能、安全和能耗方面，均比 S3C2410 有了很大提高，但在编写 LCD 驱动程序时依然可以采用在 S3C2410 上使用的"打点"方法来处理。

下面以北京博创公司的 CPU_S3C6410 开发板为例来说明问题。

该开发板带有 Linux 嵌入式操作系统和基于 Framebuffer 的 LCD 驱动内核，比较复杂，初学者不容易掌握。现在绕过 Framebuffer 结构，采用"打点"的方法处理汉字和曲线显示。

在系统提供的 LCD 驱动程序中找到"打点"函数后，其他就简单了。

```
//------------------------------------------------------------------------------
//　LCD 驱动程序头文件，其中定义了一些变量和函数，这里只列出了后面程序要用到的部分
```

```
//-------------------------------------------------------------------------------------------------------
#ifndef __FB_LCD_H
#define __FB_LCD_H
#include <linux/fb.h>
typedef unsigned char      ByteType;
typedef unsigned short     WordType;
typedef unsigned long      DWordType;
// Define color types
typedef unsigned long      ColorType;
#define SYS_BLACK          0x00000000
#define SYS_WHITE          0xffffffff
// Framebuffer device display information
unsigned int fb_bpp;
unsigned int fb_width;
unsigned int fb_height;
unsigned int fb_pixel_size;
unsigned int fb_line_size;
unsigned int fb_buffer_size;
// Define macro of display information
#define BPP                fb_bpp
#define SCREEN_WIDTH          fb_width
#define SCREEN_HEIGHT      fb_height
#define PIXEL_SIZE         fb_pixel_size
#define LINE_SIZE          fb_line_size
#define BUFFER_SIZE        fb_buffer_size
…
#endif  //  __FB_LCD_H
// Framebuffer initialization
// Failed return 0, succeed return 1
int fb_Init(void);
// Put a color pixel on the screen        //打点程序声明
void fb_PutPixel(short x, short y, ColorType color);
…
#endif  //  __FB_LCD_H
//-------------------------------------------------------------------------------------------------------
//      LCD 驱动程序（LCD Device Driver with Framebuffer）
//-------------------------------------------------------------------------------------------------------
#include <unistd.h>
#include <stdlib.h>
#include <stdio.h>
#include <fcntl.h>
#include <sys/stat.h>
#include <fcntl.h>
#include <unistd.h>
```

```c
#include <sys/mman.h>
#include <string.h>
#include <linux/fb.h>
#include <linux/kd.h>
#include <sys/mman.h>
#include <sys/types.h>
#include <sys/stat.h>
#include <termios.h>
#include <sys/time.h>
#include <sys/ioctl.h>
#include "lcd.h"
// Framebuffer device routine
int fb_con = 0;                          /* framebuffer device handle */
void * frame_base = 0;                   /* lcd framebuffer base address */
…
// Put a color pixel on the screen        我们需要的打点函数
void fb_PutPixel(short x, short y, ColorType color )
{
  void * currPoint;
  if (x < 0 || x >= SCREEN_WIDTH ||
      y < 0 || y >= SCREEN_HEIGHT)
  {
#ifdef ERR_DEBUG
      printf("DEBUG_INFO: Pixel out of screen range.\n");
      printf("DEBUG_INFO: x = %d, y = %d\n", x, y);
#endif
      return;
  }
  // Calculate address of specified point
  currPoint = (ByteType *)frame_base + y * LINE_SIZE + x * PIXEL_SIZE;
#ifdef DEBUG
      printf("DEBUG_INFO: x = %d, y= %d, currPoint = 0x%x\n", x, y, currPoint);
#endif
  switch (BPP)
  {
      case 8:
      *((ByteType *)currPoint) = (color & 0xff);
          break;
      case 16:
          *((WordType *)currPoint) = (color & 0xffff);
          break;
  }
  return;
}
```

　　用户程序：这里的程序除了"打点"函数外，基本与第 16.5.2 小节相同，读者可以对照阅读。

```
//--------------------------------------------------------------------------------
//    显示一个 24×24 汉字
//--------------------------------------------------------------------------------
void DrawOneChn2424(U16 x,U16 y,U8    chnCODE)
{
  U16 i,j,k,tstch;
  U8 *p;
  p=chn2424+72*(chnCODE);                          //字模在 Chn24.h 中，用户可修
  for (i=0;i<24;i++)                               //24 列
    {
        for(j=0;j<=2;j++)                          //每列 3 字节
            {
                tstch=0x80;
                    for (k=0;k<8;k++)              //判每字节的 8 位
                    {
                    if(*(p+3*i+j)&tstch)
                        fb_PutPixel (x+i,y+j*8+k,LCD_COLOR); //位值等于 1,该位打点
                    tstch=tstch>>1;
                    }
            }
    }
}
//--------------------------------------------------------------------------------
//    显示 24×24  汉字串
//--------------------------------------------------------------------------------
void DrawChnString2424(U16 x,U16 y,U8 *str,U8 s)
{
  U16 i;
  static U16 x0,y0;
  x0=x;
  y0=y;
  for (i=0;i<s;i++)
    {
  DrawOneChn2424(x0,y0,(U8)*(str+i));              //调显示一个 24×24 汉字程序
  x0 += 24;                                        //水平串,如垂直串 Y0+24
  }
}
//--------------------------------------------------------------------------------
//    显示 16×16 标号(报警和音响)
//--------------------------------------------------------------------------------
void   DrawOneSyb1616(U16 x,U16 y,U8 chnCODE)
{
```

```
    int i,k,tstch;
    unsigned int *p;
    p=Syb1616+16*chnCODE;                          //字模在 syb16.h，喇叭警钟点阵
    for (i=0;i<16;i++)                             //16 行
        {
        tstch=0x80;
            for(k=0;k<8;k++)                       //每行 2 字节，每字节 8 位
                {
                    if(*p>>8&tstch)                //先判高 8 位
                    fb_PutPixel (x+k,y+i,LCD_COLOR);    //位的值等于 1，该位打点
                    if((*p&0x00ff)&tstch)          //再判低 8 位
                    fb_PutPixel (x+k+8,y+i,LCD_COLOR);  //位的值等于 1，该位打点
                    tstch=tstch >> 1;
                    }
                    p+=1;
            }
    }
//-----------------------------------------------------------------------------------------
//    显示 16×16 点阵汉字一个
//-----------------------------------------------------------------------------------------
void DrawOneChn1616(U16 x,U16 y,U8 chnCODE)
{
    U16 i,k,tstch;
    unsigned int *p;
    p=chn1616+16*chnCODE;                          //字模在 Chn16.h 中，可修改
    for (i=0;i<16;i++)                             //16 行
        {
        tstch=0x80;
          for(k=0;k<8;k++)                         //每行 16 位(2 字节)，每字节 8 位
                {
                    if(*p>>8&tstch)                //先判高 8 位
                    fb_PutPixel(x+k,y+i,LCD_COLOR);     //位的值等于 1，该位打点
                    if((*p&0x00ff)&tstch)          //再判低 8 位
                    fb_PutPixel(x+k+8,y+i,LCD_COLOR);   //位的值等于 1，该位打点
                    tstch=tstch>>1;
                    }
              p+=1;
            }
    }
//-----------------------------------------------------------------------------------------
//    显示 16×16 汉字串
//-----------------------------------------------------------------------------------------
void DrawChnString1616(U16 x,U16 y,U8 *str,U8 s)
{
```

```
    U16 i;
    static U16 x0,y0;
    x0=x;
    y0=y;
    for (i=0;i<s;i++)
    {
        DrawOneChn1616(x0,y0,(U8)*(str+i));         //显示一个 16×16 汉字程序
        x0 += 16;                                   //水平串，如垂直串 Y0+16
    }
}
//-------------------------------------------------------------------------------
//      显示一个 48×48 点阵汉字
//-------------------------------------------------------------------------------
void DrawOneChn4848(U16 x,U16 y,U8   chncode)
{
U16 i,j,k,tstch;
U8 *p;
p=chn4848+288*chncode;                              //字模在 Chn4848.h 中
for (i=0;i<48;i++)                                  //48 行
    {
        for(j=0;j<6;j++)                            //每行 48 位(6 字节)
            {
                tstch=0x80;
                    for (k=0;k<8;k++)               //每字节 8 位判
                    {
                        if(*(p+6*i+j)&tstch)

                        fb_PutPixel(x+j*8+k,y+i,LCD_COLOR);     //位的值等于 1，该位打点
                        tstch=tstch>>1;
                    }
            }
    }
}
//-------------------------------------------------------------------------------
//   显示 48×48 汉字串
//-------------------------------------------------------------------------------
void DrawChnString4848(U16 x,U16 y,U8   *str,U8 s)
{
  U8 i;
  static U16 x0,y0;
        x0=x;
        y0=y;
        for (i=0;i<s;i++)
        {
```

```
                DrawOneChn4848(x0,y0,(U8)*(str+i));
            x0 += 48;                                      //水平串，如垂直串 Y0+48
            }
}
```
//---
//   显示一个 8×16 ASCII 字符
//---

```
void DrawOneAsc816(U16 x,U16 y,U8 charCODE)

{
    U8 *p;
    U16 i,k;
    int mask[]={0x80,0x40,0x20,0x10,0x08,0x04,0x02,0x01 };
    p=asc816+charCODE*16;                                  //字模在 asc816.h
      for (i=0;i<16;i++)                                   //16 行，每行 1 字节
        {
            for(k=0;k<8;k++)                               //判断每字节为 8 位
                {
                    if (mask[k%8]&*p)
                    fb_PutPixel(x+k,y+i,LCD_COLOR);        //位值等于 1，该位打点
                    }
                p++;
            }
    }
```
//---
//   显示 8×16 ASCII 字符串
//---
```
void DrawAscString816(U16 x,U16 y,U8 *str,U8 s)
    {
    U16 i;
    static U16 x0,y0;
    x0=x;
    y0=y;
    for (i=0;i<s;i++)
        {
        DrawOneAsc816(x0,y0,(U8)*(str+i));                 //调显示一个 8×16ASCII 码程序
        x0 += 8;                                           //水平串，如垂直串 Y0+8
        }
    }
```
//---
//   显示一个 8×8 ASCII 字符
//---
```
void DrawOneAsc88(U16 x,U16 y,U8 charCODE)
```

```
{
  U8 *p;
  U16 i,k;
  int mask[]={0x80,0x40,0x20,0x10,0x08,0x04,0x02,0x01 };
  p=asc88+charCODE*8;                               //字模在 asc88.h
    for (i=0;i<8;i++)
    {
        for(k=0;k<8;k++)
        {
            if (mask[k%8]&*p)
            fb_PutPixel (x+k,y+i,LCD_COLOR);
        }
        p++;
    }
}
//-------------------------------------------------------------------------------------
//      显示 8×8 字符串
//-------------------------------------------------------------------------------------
void DrawAscString88(U16 x,U16 y,U8 *str,U8 s)
{
    U16 i;
  static U16 x0,y0;
    x0=x;
    y0=y;
  for (i=0;i<s;i++)
    {
        DrawOneAsc88(x0,y0,(U8)*(str+i));           //调显示一个 8×8ASCII 码程序
        x0 += 10;                                    /水平串,如垂直串 Y0+8
    }
}
```

使用"打点"方法在 S3C6410 界面上显示汉字和曲线实例,如图 16-13 所示。

"打点"方法显示汉字有以下 3 个特点。

● 是最原始的方法,是对显示内存的直接操作,因此最直接,速度最快。

● 该方法不依赖操作系统,也就是说是跨平台的,笔者在IBM_PC机、51单片机、S3C2410、S3C6410上使用多种编程语言用打点方法显示汉字,都非常方便。

● 打点方法根据所使用的软硬件系统、CRT、LCD 不同会有所差别。例如,在 IBM_PC 机上有打点的系统调用,用户只要输入打点的坐标、颜色就可以调用该函数在 CRT 上打点。嵌入式系统大多使用 LCD 做显示器,许多 LCD 都有"位"操作指令,用户可以使用这些操作指令在 LCD 屏上打点。

在 S3C2410、S3C6410 随书资料中也有这方面的函数,读者可参考本书例子学习。

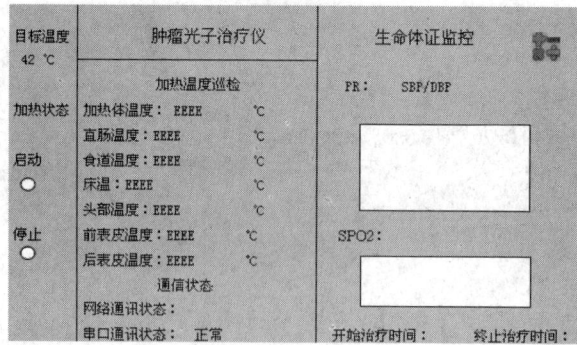

图 16-13　在 S3C6410 界面上显示汉字和曲线实例

16.10　习　　题

1. 什么叫像素？什么叫点阵？

2. 什么是汉字的内码？什么是汉字的区位码？内码如何转换为区位码？

3. 16×16 点阵汉字和 24×24 点阵汉字字模排列有什么不同？

4. 在嵌入式控制系统中，为什么要建立小字库？

5. 在清华大学出版社网站上下载随书软件包，运行其中的提字模程序，分别用区位码和直接输入汉字的方法提取 12×12、16×16、24×24、48×48 汉字字模；提取数学符号、日文假名、希腊文、罗马文、俄罗斯文，学会使用提字模程序。

6. 如何简化 LCD 驱动程序的初始化和仿真器设置？

7. 如何简化 LCD 驱动程序中控制寄存器的设置工作？

8. 如何简化 LCD 驱动程序中的"打点"程序？

9. 如何在 ARM11 上用"打点"方法显示汉字和 ASCII 码？

10. 如何用 ARM9 的 I/O 口来驱动液晶显示模块？

11. 如何在 LCD 屏上按一定格式输出 ASCII 字符串？

第17章　程序的调试、运行和烧写

在所有计算机系统中都有一个 BIOS(Basic Input/Output System，即：基本输入/输出系统)软件，它集成在主板上的一个 ROM 芯片中，其中保存有计算机系统最重要的基本输入/输出程序、系统信息设置、开机上电自检程序和系统启动自举程序。

系统上电或复位，首先执行 BIOS，进行系统信息设置、开机上电自检、硬件系统初始化，之后将控制交给操作系统。

在 S3C2410 系统中，经常使用由韩国 Mizi 公司开发的 VIVI 软件作为系统的"自举"程序。本章首先介绍 VIVI 软件的使用和安装，然后详细介绍程序的调试、运行和烧写。

17.1　VIVI 软件的运行和使用

17.1.1　VIVI 软件的运行

由于 Nor Flash 较 Nand Flash 写入和擦除速度慢很多，VIVI 软件一般固化在系统 Nand Flash 中(关于 VIVI 软件的安装稍后介绍)，同时可以把 S3C2410 的引脚 OM[1：0]接 00，系统上电或复位，S3C2410 就工作在自动启动(Auto Boot Mode)模式。首先 S3C2410 将 VIVI 中前 4K 程序映射到 SDRAM 中一个特定区域(steppingstong)中运行，steppingstong 意思是跳板，它是协助 MCU 从无法执行程序的 NAND FLASH 执行启动程序的一种方法。

VIVI 的运行可分为两个阶段，首先，VIVI 对 S3C2410 的硬件进行初始化，配置串口，然后将自身和应用程序复制到 SDRAM 中运行。在第二阶段 VIVI 继续初始化系统硬件，时钟初始化、I/O 口设置、内存映射初始化等，在超级终端上建立人机界面，并等待用户输入命令，如果收到用户非回车键则进入下载模式，在此模式下用户可以进行程序的调试；否则进入自动运行状态，运行用户程序，自动运行模式也是用户程序调试好并烧写完毕后，系统的正常运行模式。

为提高执行效率，VIVI 程序第一阶段用汇编语言编写，第二阶段用 C 语言编写，VIVI 代码是公开的，在许多文献上都有介绍，这里不再赘述。

17.1.2　VIVI 的几个常用命令

VIVI 除了正确引导系统的运行外，还有一套功能完善的命令集，可对系统的软硬件资源进行合理的配置和管理。因此用户可以根据自身的需求来使用这些命令。

VIVI 的几个常用命令如下。

1. LOAD 命令

该命令功能是加载一个二进制文件到 Flash 或 RAM 中。命令格式如下：

```
LOAD < media_type> [<partname>|<addr><size>]<x|y|z>
```

其中<media_type>只能是 Flash 或 RAM，[<partname>|<addr><size>]参数确定二进制文件加载的位置，可以使用 Flash 分区的名字或指定位置和文件的大小。

<x|y|z>参数确定文件传输的协议，VIVI 现在只使用 xmodem，所以这里写"x"。

例如，开发者经常使用 VIVI 将应用程序下载到 Flash，命令格式如下：

```
VIVI>load flash kernel x
```

2. 分区命令

VIVI 有个 mtd (memory technology device，即：内存技术设备，其用于访问 Memory 设备 ROM、Flash的 Linux 的子系统。mtd 的主要目的是使新的 Memory 设备的驱动更加简单，为此它在硬件和上层之间提供了一个抽象的接口)分区命令，VIVI 使用这个命令可以装载二进制文件、启动 Linux 内核、擦除 Flash 等。

显示 mtd 分区命令：

```
part show
```

增加一个新的 mtd 分区命令：

```
part add <name><offset><size><flag>
```

其中，<name> 是新 mtd 分区名字 ，<offset>是 mtd 设备的偏移位置，<size>是 mtd 设备分区大小，<flag>是设备分区的标志。

删除 mtd 分区命令：

```
part del <partname>
```

复位 mtd 分区到默认值：

```
part   reset
```

3. boot 命令

执行该命令，VIVI 先将本身和存储在 FLASH 中的应用程序复制到 SDRAM 中，并在 SDRAM 中运行。

4. 帮助命令 Help

执行该命令，可以查看 VIVI 命令集和某条命令的用法。

VIVI 有一套功能完善的命令集，但了解这几条命令就足够开发者使用了。

17.2 VIVI 软件的安装

开发者在学习 MCS-51 单片机时，经常可以自己组装一台 51 单片机最小系统，但 S3C2410 有 272 个引脚，组装工艺复杂，所以采购一台国内厂家开发的小实验系统使用比较方便。

这些小开发板一般都带有 VIVI 和 Linux 等软件，如果没带就要自己下载并安装。

(1) 安装好 J-LINK 仿真器驱动。

(2) 将 SJF 文件夹复制到 D 盘中，后面的操作都以 D 盘的路径为例。

(3) 单击"开始"|"所有程序"|"运行"选项，如图 17-1 所示。

图 17-1 单击"运行"菜单

(4) 在命令提示行里输入 cmd，单击"确定"按钮，如图 17-2 所示，即可进入 DOS 界面。

图 17-2 输入 cmd，单击"确定"按钮

(5) 进入 D 盘，cd SJF 进入 D 盘的 SJF 文件夹，用 dir 看 SJF 目录，如图 17-3 所示。

(6) 用串口线将目标板 UART0 与 PCCOM1 连好。

(7) 打开 PC 超级终端，设置为 COM1 口、通信速率 115200，8 位数据、1 位停止位、无校验、无硬件流控制。

(8) 将所要烧写的 VIVI.o 文件放到 D:\SJF 里，输入 sjf2410.exe/f:vivi，如图 17-4 所示，出现烧 VIVI 的界面。

图 17-3　用 dir 看 SJF 目录

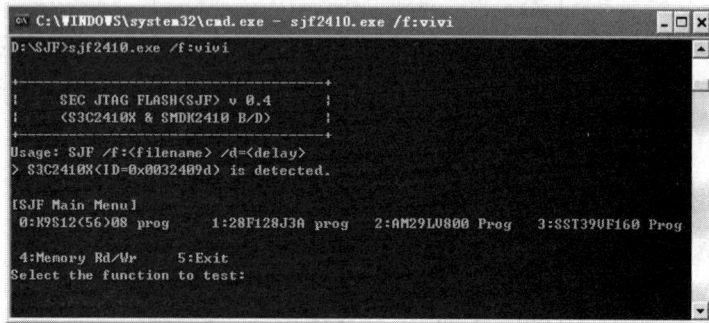

图 17-4　出现烧 VIVI 的界面

(9) 选 Flash 设备，输入 0，然后再按回车键；紧接着选择 target block number 再输入 0，按回车键；选择 start block number 再输入 0，按回车键；如图 17-5 所示。

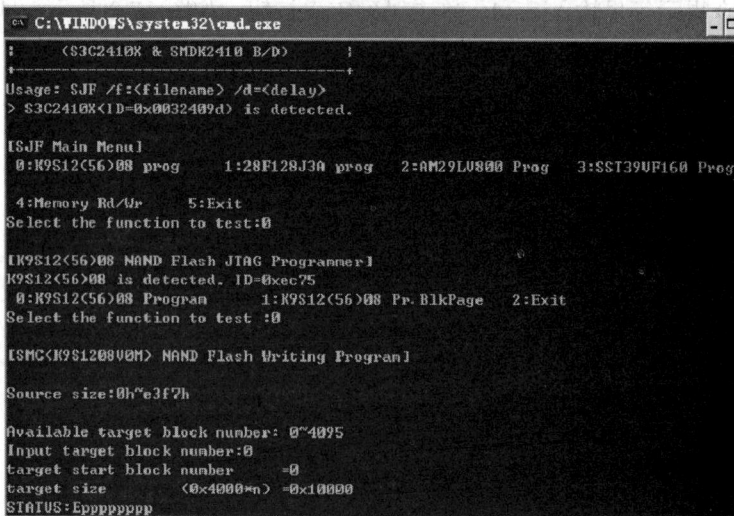

图 17-5　选择 target block number 和 start block number

(10) 开始烧写，烧写结束，出现 Select the function to test 菜单，输入 2 退出，如图 17-6 所示。

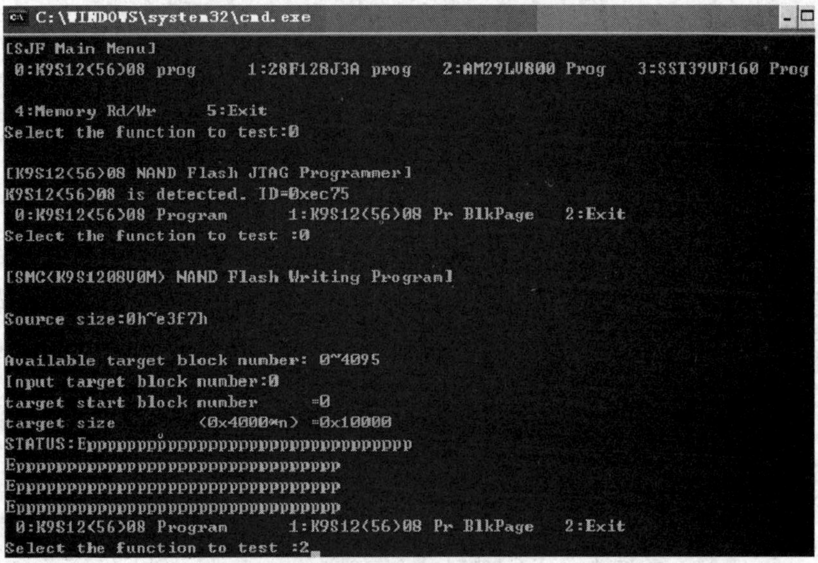

图 17-6 输入 2 退出

至此便将 VIVI 文件烧录到 Flash 里了，以后上电在终端里就能看到信息了。

17.3 程序的调试运行

在 PC 上打开 XP 自带的超级终端，选择 COM1 口，通信速率选择 115200、8 位数据位、1 位停止位、无校验、无硬件流控制，用串口线连接目标机 UART1 和 PC 的 COM1 口，连好 J-LINK 和 PC 的 USB 口，安装好 J-LINK 驱动程序。

同时按住目标板的复位键和 PC 的空格键，然后松开目标板的复位键，即可进入 VIVI 下载状态，如图 17-7 所示。

图 17-7 进入 VIVI 下载状态

VIVI 有两种工作状态，一种是下载状态，用户可以在此状态下调试应用程序；另一种是自动运行状态，在这种状态下，程序调试结束，烧写到 Flash 后，上电或复位，VIVI 将自身和应用程序复制到 SDRAM 中,并在 SDRAM 中运行,这种状态下也是 VIVI 正常工作状态。

出现图 17-7 后,回到宿主机(上位机),双击桌面上 ADS 快捷键图标,打开 ADS,如图 17-8 所示。

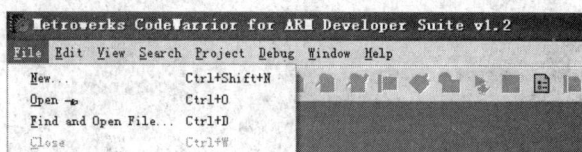

图 17-8　打开 ADS

然后单击 Open 选项,打开"打开"对话框,在"查找范围"中找到要调试的项目,这里是找到 D 盘的项目文件 qinghua-LCD,显示清华大学出版社的界面显示程序,如图 17-9 所示。

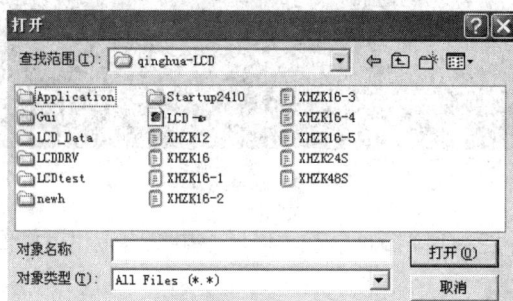

图 17-9　找到要调试的项目

单击项目图标 LCD,打开该项目,如图 17-10 所示。

在图 17-10 中,显示项目由 5 个文件夹组成,如果打开某个文件夹,里面又含有若干文件,在此界面上开发者可以对其中任何一个文件进行修改。

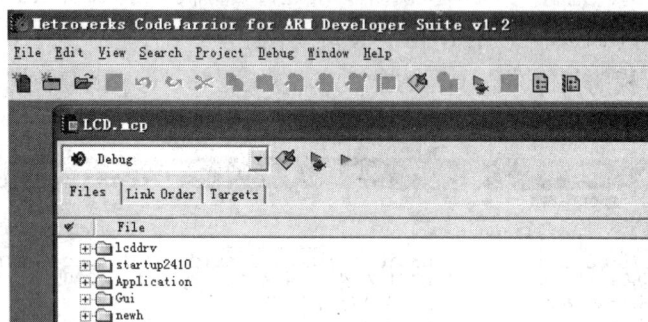

图 17-10　打开 LCD.mcp 项目

假如文件已修改好,就要进行编译。编译之前要对项目的 Debug 版本进行参数设置。单击 Debug Settings 图标,如图 17-11 所示。

出现 Debug Settings 对话框,如图 17-12 所示。在图 17-12 中,选中 ARM C Compiler 选项,在 Architecture or Processor 选项中选中 ARM920T,在 Byte Order 选项组中选择 Little Endi。

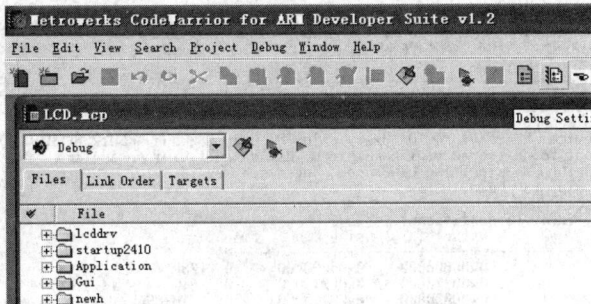

图 17-11 单击 Debug Settings 图标

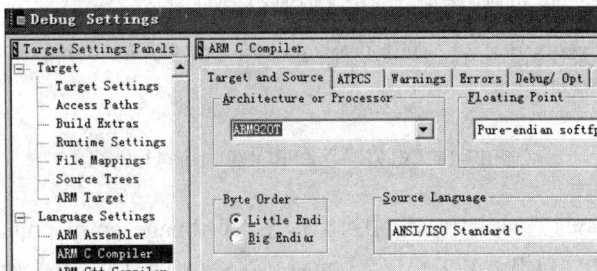

图 17-12 ARM C Compiler 设置

在图 17-13 中，选中 ARM Linker 选项，在 Output 选项卡中，Linktype 选项组中选择 Simple，表示要生成简单的 ELF 格式文件；在 RO Base 中填写 0x30008000，RO Base 是只读的程序代码存放的首地址，0x30008000 是系统 SDRAM 中 BANK 6 的地址。可以知道，应用程序代码是固化在 Flash 中的。在 EL-ARM-830 实验系统中，Flash 使用 32M K9F5608 芯片，地址是 0x00000000~0x01ffffff，占用 BANK0 地址空间。当系统上电或复位，VIVI 会将自身和应用程序复制到 SDRAM 中并在 SDRAM 中运行，而应用程序从 0x00030000 复制到 SDRAM 中的一个 VIVI 默认地址 0x30008000。

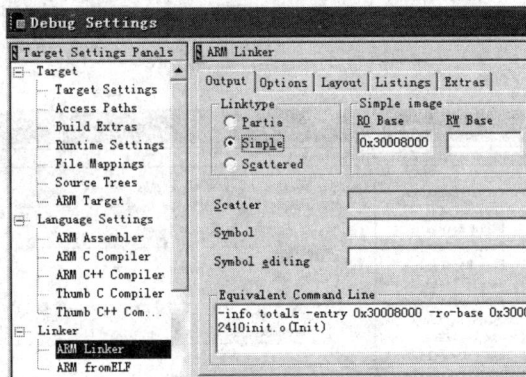

图 17-13 Output 设置

VIVI 有一个显示分区命令，可以用这个命令看一下实验系统 Flash 分区。并用 BOOT 命令看程序从 Flash 复制到 SDRAM 中的地址情况，具体如图 17-14 所示。

BOOT 将 0x00030000 Kernel 程序复制到 0x30008000。所以在这里可以将 RO 设置为 0x30008000，RW 是数据段首地址，开发者不用设置，由系统自动设置。

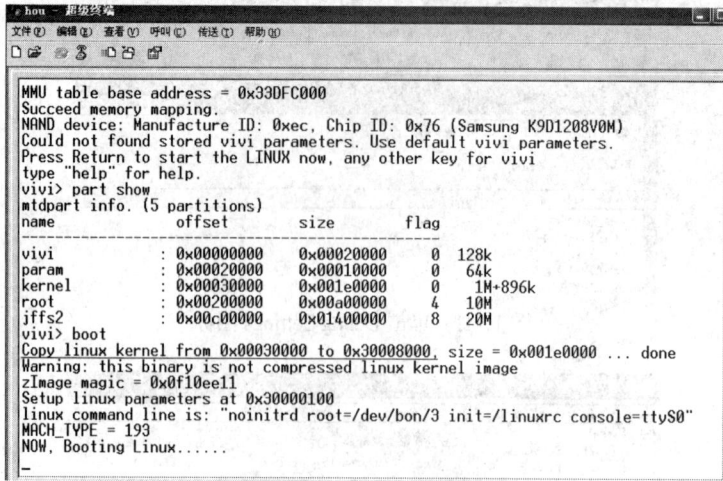

图 17-14　VIVI 分区和 BOOT 命令执行情况

在图 17-15 Options 选项卡中，选中目标程序入口 Image entry point 为 0x30008000。在 Layout 选项卡中选目标程序中的入口函数 Objct/Symbol 为 2410init.o，如图 17-16 所示。

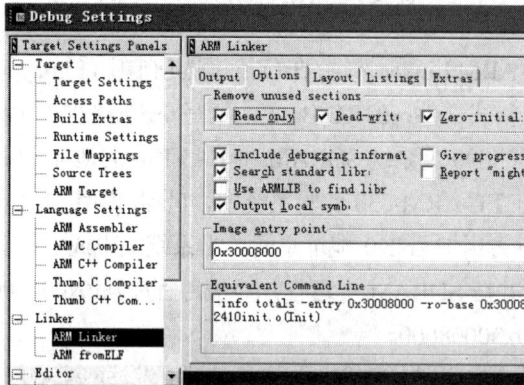

图 17-15　选择目标程序入口

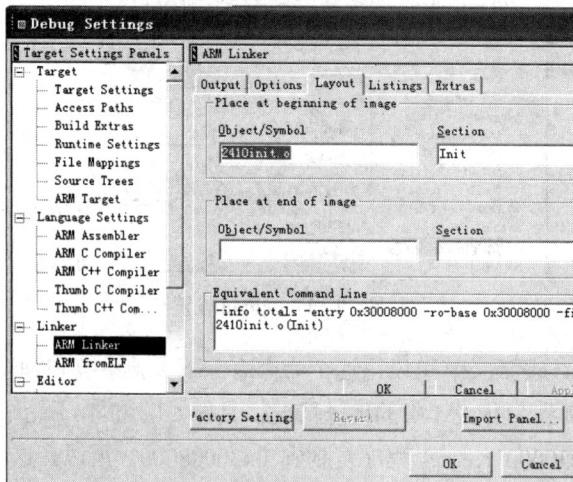

图 17-16　选择目标程序中的入口函数

在图 17-17 中，选中 ARM fromELF 项，Output format 选择 Plain binary 项，二进制格式也是目标文件烧写到 Flash 的格式。

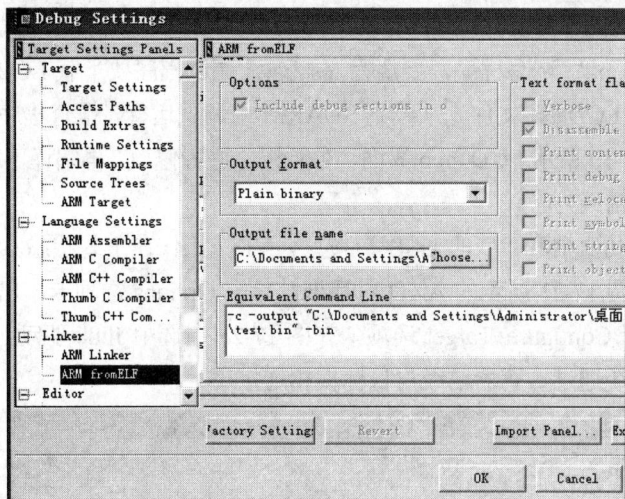

图 17-17 选择输出文件名字和存放地址

在 Output file name 项，将 file name 设定为 test.bin，并存放在桌面上。

至此，Debug 版本参数设置基本完成，以上各项设置都不能缺少。

接着就可以对项目进行编译了。

选中各文件夹，单击 Make 按钮，如图 17-18，就会出现如图 17-19 所示项目编译结果界面，从图 17-19 看出，项目编译没有错误，警告提示不影响程序运行。在桌面上确实生成了 **test.bin** 文件，这就是要下载到 Flash 中的目标码文件。

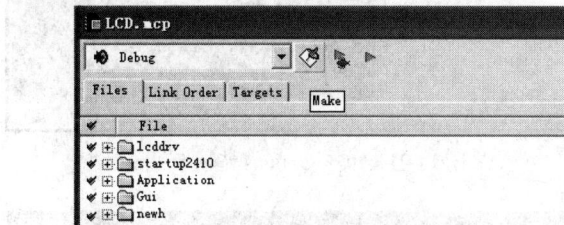

图 17-18 项目进行编译

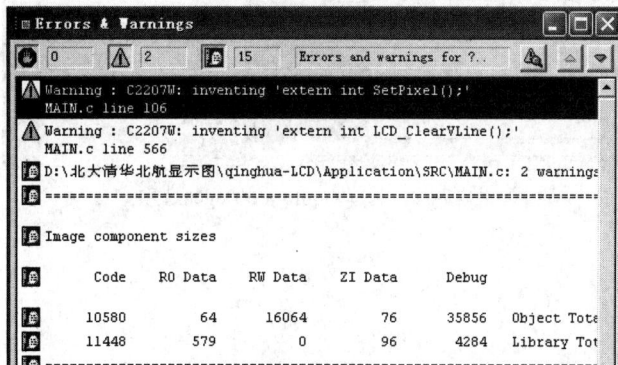

图 17-19 项目编译结果界面

其中，有以下注意事项。

虽然 test.bin 文件是可以直接执行的二进制文件，但是它没有任何调试信息。为了能调试程序，系统还在 D:\qinghua-LCD\LCD-Data\Debug 文件夹下生成了带调试信息的 LCD ARM executable fine LCD.axf，烧写程序，要烧写 test.bin，调试程序要下载 LCD.axf。

下面就可以将 LCD.axf 文件先下载到 SDARM 中调试运行，检查程序是否有错误，如有错误就要回到图 17-10 所示 LCD.mcp 界面，对源程序进行修改，再编译下载到 SDARM 中调试运行，直到没有错误为止。

目标板上电，仿真器和 PC 的 USB 口接好，VIVI 工作在下载状态。单击图 17-20 中的 Debug 按钮，出现图 17-21 所示的 AXD 对话框。单击 Options 选项卡，出现图 17-22 所示的 Options 选项。选择 Configure Target 选项，在图 17-23 中选中 Jlink 驱动，就会出现图 17-24 所示界面，表示系统通过仿真器已经与目标板相连接。

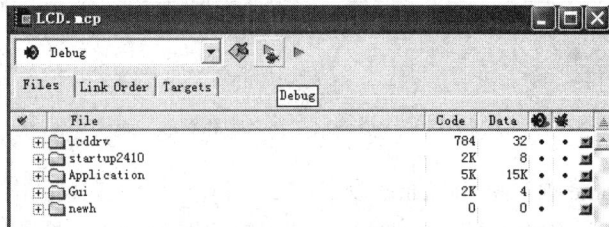

图 17-20 单击 Debug 按钮

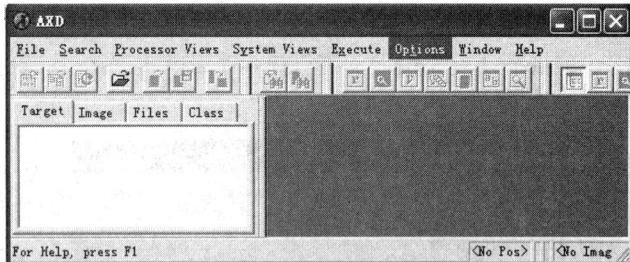

图 17-21 单击 Options 选项卡

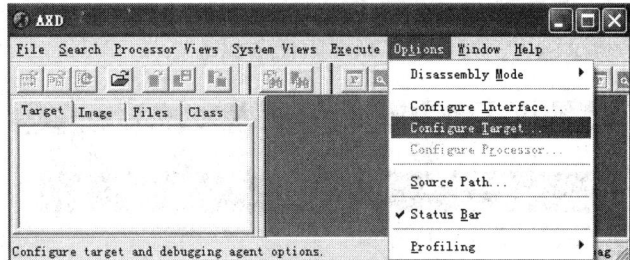

图 17-22 选择 Configure Target 选项

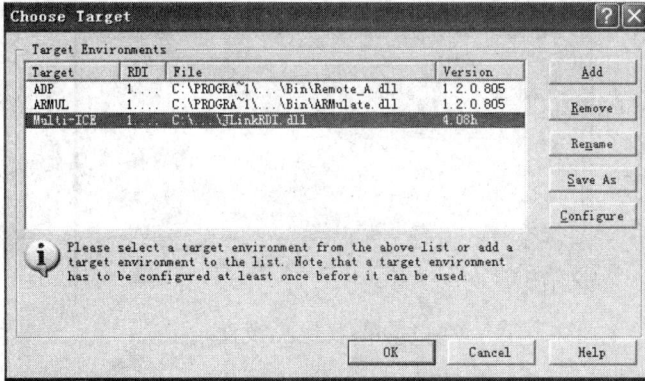

图 17-23 选中 Jlink 驱动

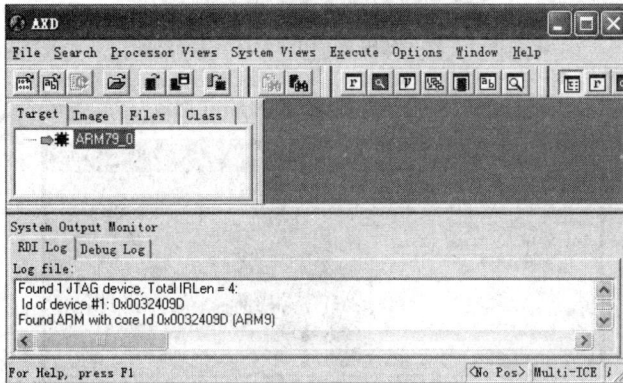

图 17-24 已连接目标板

在图 17-25 中选择 Files | Load Image 选项，在图 17-26 中找到 D:qinghua-LCD/LCD-Data/ Debug LCd.axf 文件并打开。

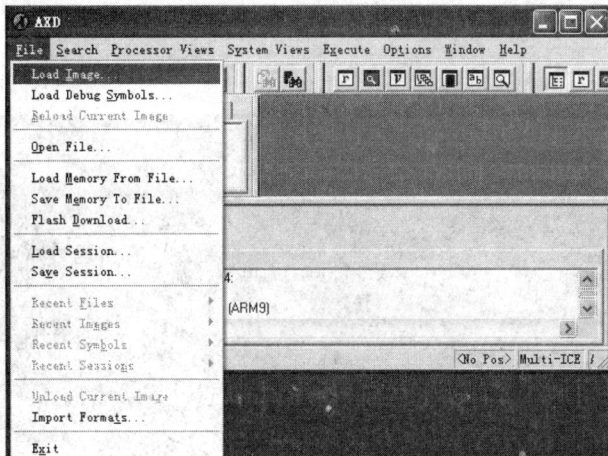

图 17-25 选择 Load Image 选项

程序下载后，可利用调试工具进行调试，一般开发者会利用 Go 功能先全速运行一次，这时系统会在 main 语句前加一断点，取消断点后单击 Go 按钮，如图 17-27 所示。

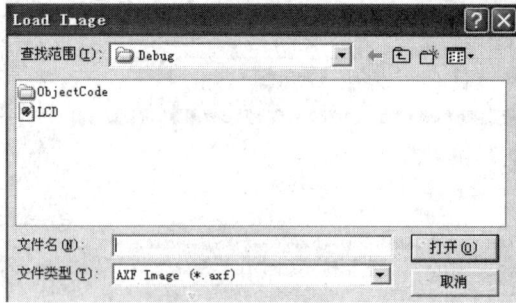

图 17-26　找到 axf 文件

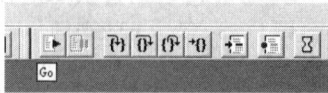

图 17-27　利用 Go 功能全速运行程序

程序开始全速运行，如图 17-28 所示，显示 Running Image。

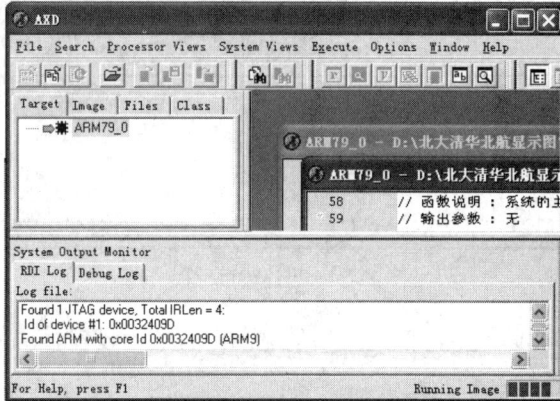

图 17-28　运行程序

目标板上显示运行结果，如图 17-29 所示。

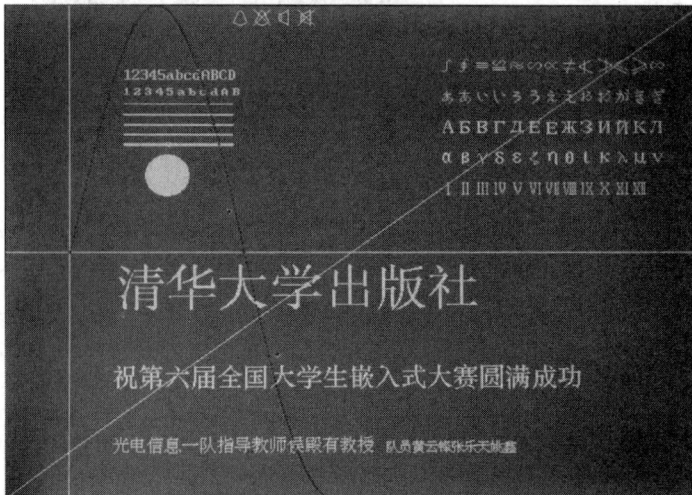

图 17-29　程序运行结果

17.4　程序的烧写

程序调试结束，现在要把它烧写到 Flash 中长期保存。

将 VIVI 调到下载状态后输入 Load 命令，如图 17-30 所示。

图 17-30　Load 烧写命令

输入 Load 命令后，系统出现提示：准备下载，使用 xmodem 格式。§是等待输入进一步命令提示符，如图 17-31 所示。

图 17-31　准备下载，使用 xmodem 格式

在"传送"菜单中选择"发送文件"命令，如图 17-32 所示。

图 17-32　选择"发送文件"命令

出现图 17-33 所示对话框。

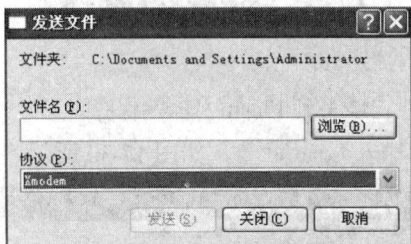

图 17-33　通过浏览找到要传送的文件

在图 17-33 对话框上，找到要传送的文件 test，文件是系统自动生成的，没有后缀，如图 17-34 所示，单击"打开"按钮。

图 17-34　找到要传送的文件 test.bin

通信协议选择 Xmodem，单击"发送"按钮，开始发送文件，如图 17-35、图 17-36 所示。

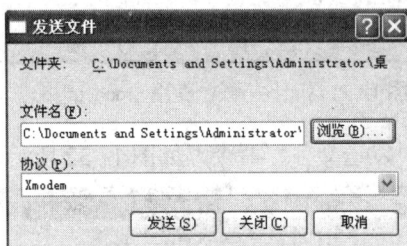

图 17-35　选择 Xmodem 协议并发送

发送结束，VIVI 又回到发送状态，此时利用 Boot 命令启动 VIVI，VIVI 会将应用程序从 Flash 复制到 SDRAM 中，并在 SDRAM 中运行。Boot 运行如图 17-37 所示。程序在 LCD 屏上显示效果如图 17-29 所示。

虽然程序运行结果是一样的，但在调试时应用程序是 Axd 使用命令 Load Image 将二进制文件 Lcd.axf 直接装到 SDRAM 中运行的；而在 BOOT 状态下 VIVI 先将已烧写到 Flash 中的二进制应用程序 Test.bin 复制到 SDRAM 中，并在 SDRAM 中运行。Lcd.axf 格式文件是

ARM 调试文件，可以调试，也可以运行；Test.bin 文件没有调试信息，只可以运行。

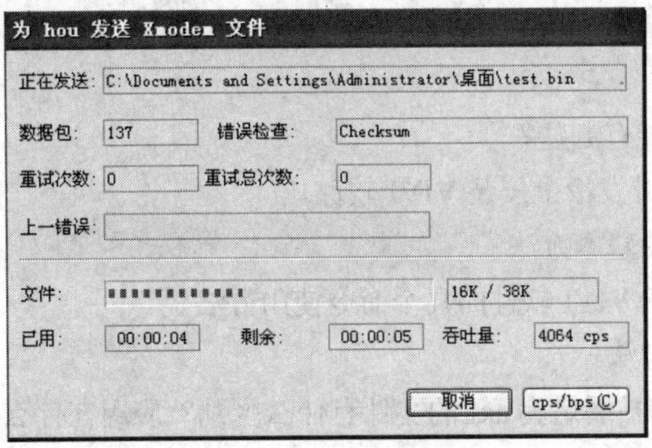

图 17-36　正在发送

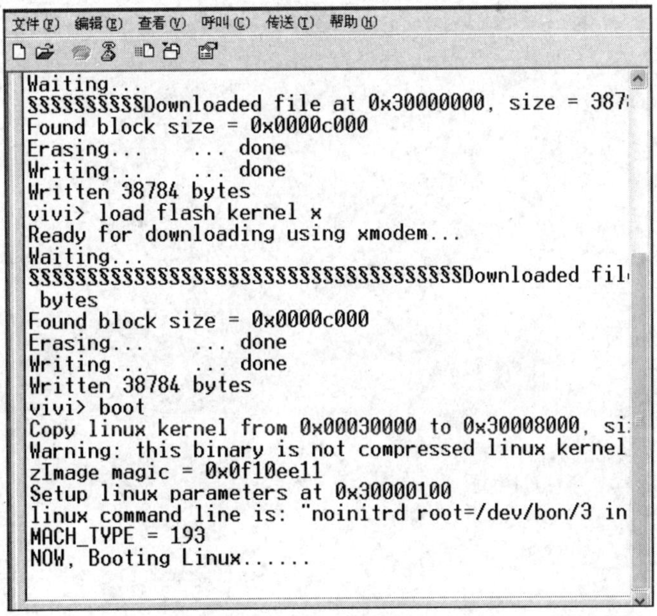

图 17-37　发送结束用 Boot 命令启动应用程序

程序调试时要下载 axf 格式文件，烧写时要下载二进制(bin)格式文件。

如果在 Flash 中保留某个应用程序，还可以在 SDRAM 中调试另一个应用程序，两者在存储器上不冲突，但如果再在 Flash 中烧写新程序，新程序就会将原来的程序覆盖。

在本系统中，Flash 使用 K9F5608U 芯片，32MB 字节，地址空间是 0x00000000~0x01ffffff，使用 nGCS0 片选，占用 BANK0 地址空间；而 SDRAM 使用两片 HY57V561620，容量是 32M×2，使用 nGCS6 片选，即占用 BANK6 地址空间，即 0x30000000~0x31ffffff 和 0x32000000~0x33ffffff。

由于 Nand Flash 的结构，程序不能在其上运行，所以运行应用程序要由 VIVI 将其复制到 SDRAM 中运行。

另外，应用程序在 SDRAM 中运行速度也要比在 Flash 中快。

所以，大多数开发系统采用自举程序 VIVI 来启动 S3C2410 系统。

17.5　习　　题

1. VIVI 软件的功能有哪些?

2. 学会在 ARM9 开发板上安装 VIVI 软件。

3. 学会程序调试的基本方法。

4. 了解本章介绍的 VIVI 软件的几个命令使用方法。

5. 学会程序下载方法。

6. 扩展名为.bin 和扩展名为.axf 的文件有什么区别? 应用在什么场合?

第18章 项目开发实例

本章通过一个具体项目的构建、调试和烧写来对前面学习的内容进行复习。

这是一个界面设计项目，具有很广泛的使用场合。

实例中使用的方法在嵌入式系统开发中具有普遍指导意义，开发者应熟练掌握。

为了对学习重点内容反复练习，项目实例内容和前面一章会有些重复。

18.1 实例目的和软硬件准备

18.1.1 实例目的

实例目的是在 LCD 上显示如图 16-9 所示的界面。

嵌入式系统开发中界面设计主要是要解决在 LCD 上显示汉字的问题，因此本项目具有普遍指导意义。

18.1.2 软硬件准备

作者手头有一台北京精仪达盛科技公司(http://www.techshine.com)的 EL-ARM-830 教学实验系统，此项目就是在 EL-ARM-830 教学实验系统上显示如图 16-9 所示的界面。

EL-ARM-830 教学实验系统 LCD 的点阵大小为 160×480，彩色指数为 16BPP，65536 高彩色，满足项目要求。

EL-ARM-830 教学实验系统带有一套实验软件，里面有一个 LCD 实验项目，项目中包含开发环境设置、初始化设置、LCD 寄存器初始化和屏幕打点程序，这些都是此项目所需要的。开发者只要在原项目上进行修改即可达到设计要求、事半功倍。

在项目开发时，在已经调试好的程序上进行修改可达到事半功倍效果，这也是作者极力推荐的方法。

18.2 字模提取、建小字库

18.2.1 汉字字模提取、建小汉字库

在图 16-9 中共有 4 种字体汉字，分别是 48×48 汉字"清华大学出版社"；24×24 汉字"祝第六届全国大学生嵌入式大赛圆满成功"；16×16 汉字"光电信息一队指导教师侯殿有教授"；

12×12 汉字"队员黄云峰张乐天姚鑫"。

先从清华大学出版社网站(http：//www.tupwk.com.cn/downpage)下载随书资料"通用字模提取程序 Fon1616Byte/MinFonBase1"，利用 MinFonBas1e 提取上述字模。

先提取 48×48 汉字"清华大学出版社"。

打开随书下载资料 4 执行 Fon1616Byte，出现如图 18-1 所示画面，按图中提示输入必要信息，密码是：194512125019，单击"转换"按钮，字模就提取好了，并以 XHZK48S.txt 名字存于 D 盘。

在 D 盘找到该文件，去掉最后一个逗号，将其另存于一个数组中，数组起一个容易记忆的名字，如 chn4848。

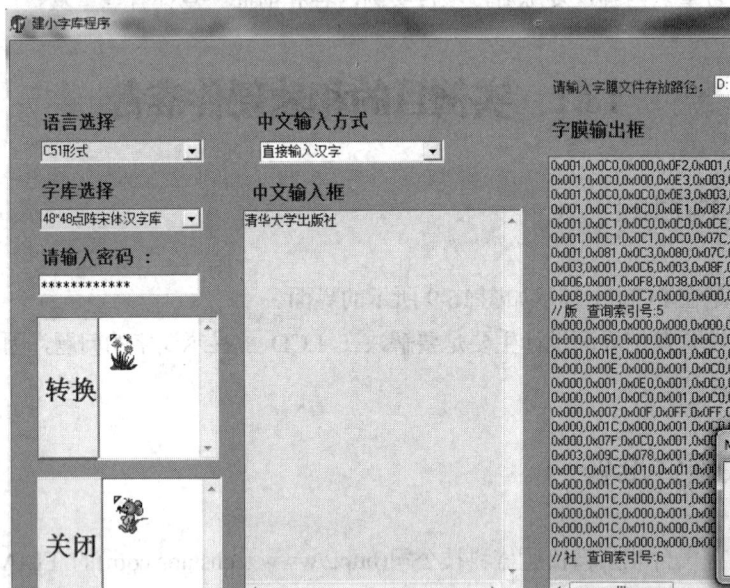

图 18-1 提 48×48 字模画面

按相似步骤，提取其他几种字体字模，分别考到各自数组中，起名为：2424chn、1616chn、1212chn。

把这 4 个数组放在一个文件夹中，文件夹起名为 newh，当开发者构建项目时将以一个文件夹形式把这 4 个数组加入到项目中。

通用字摸提取程序是作者编制，功能强大，使用简单，如在使用中出现问题，请检查信息输入是否完全。

18.2.2　西文和数学符号字模提取

在图 16-9 中还有 4 种西文字符，分别是日文片假名、俄罗斯文、希腊文和罗马文，此外还有一排数学符号，这些字符字模的提取和汉字相同。

执行 Fon1616Byte/MinFonBase1.exe，出现如图 18-1 画面，各项操作均同提取 48×48 汉字字模一样，但是在中文输入框输入上述字符时要使用搜狗拼音输入法。

打开搜狗拼音输入法画面，如图 18-2 所示，右击，选择软键盘，就会出现如图 18-3 画面，在上面找到所需字符即可输入。

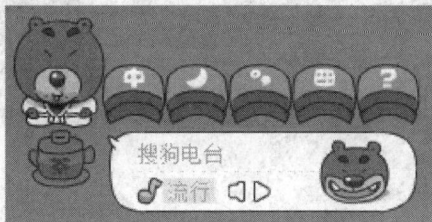

图 18-2　搜狗拼音输入法

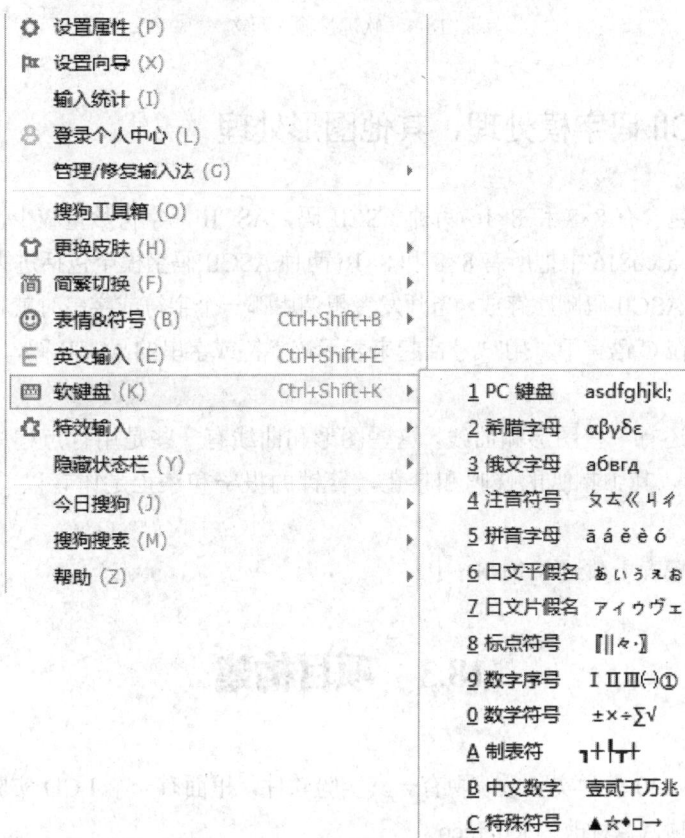

图 18-3　软键盘选择

具体实例如图 18-4 所示，这里要注意两点，字库选择 16×16 汉字，输入方式选直接输入汉字。

4 种字体和数学符号分别放在各自数组中，去掉数组中最后一个逗号，数组名字应该便于记忆，因为它们的显示和 16×16 汉字一样，可以给 5 个数组起名为 chn16161~chn16165，把它们和 chn1616 放在一个头文件 chn16 中，一并放在文件夹 newh。

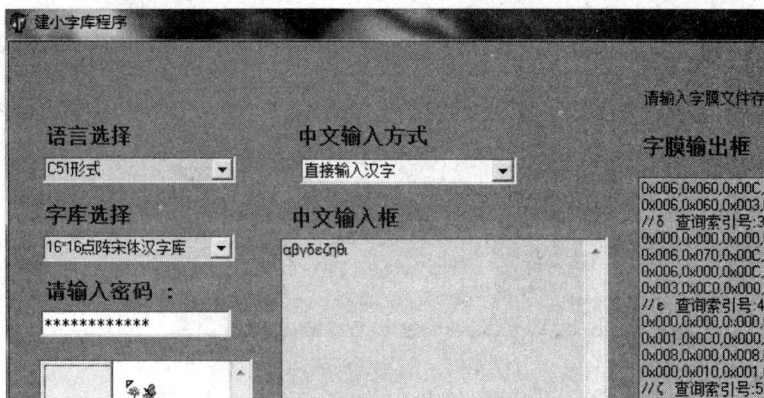

图 18-4　软键盘输入西文

18.2.3　ASCII 码字模处理、其他图形处理

图 16-10 中包含有 8×8 和 8×16 两种 ASCII 码，ASCII 码字符数量较少，不用提字模，在数组 ascii88 和 ascii816 中把所有 8×8 和 8×16 两种 ASCII 码字模全包括进去了。

这些字模按 ASCII 码顺序存放，当开发者想调用哪一个字符或字串时就将该字符或字串用" "号括起来，在 C 语言中，用" "号括起来表示该字符或字串的 ASCII 码，用' '号括起来表示是字符串。

图 16-10 中还有一些图形和曲线，这些图形和曲线有一些是用打点程序直接画的，有一些是人工造的。其中喇叭的蜂鸣和禁止，警钟的报警和禁止是作者以前画的，具体见参考文献[13]。

这些图形字模存于数组 Syb1616 中。

18.3　项目构建

在 EL-ARM-830 教学实验系统中有一套实验软件，里面有一个 LCD 实验项目，可以将其拷贝并修改，项目名称改为 lcd. mcp。

修改并调试好的项目在随书下载资料/界面设计样本文件夹中，读者今后设计类似项目可在其上修改。

18.3.1　项目结构

项目结构如图 18-5 所示，共包含 5 个文件夹，已将其展开。

其中 lcddrv 文件夹包含 LCD 驱动的一些程序；startup2410 文件夹包含有 2410 初始化程序和头文件；gui 文件夹包含 LCD 画图和显示寄存器设置程序。

这 3 个文件夹都是原项目带的，几乎不用修改，也不用非常熟悉。

只有 application 文件夹中 main.c 要修改，使其满足具体项目要求，同时加入 newh 文件夹，因为 newh 文件夹中有开发者建的小字库。

加入文件夹可在 ADS 界面 Project 菜单中实现。

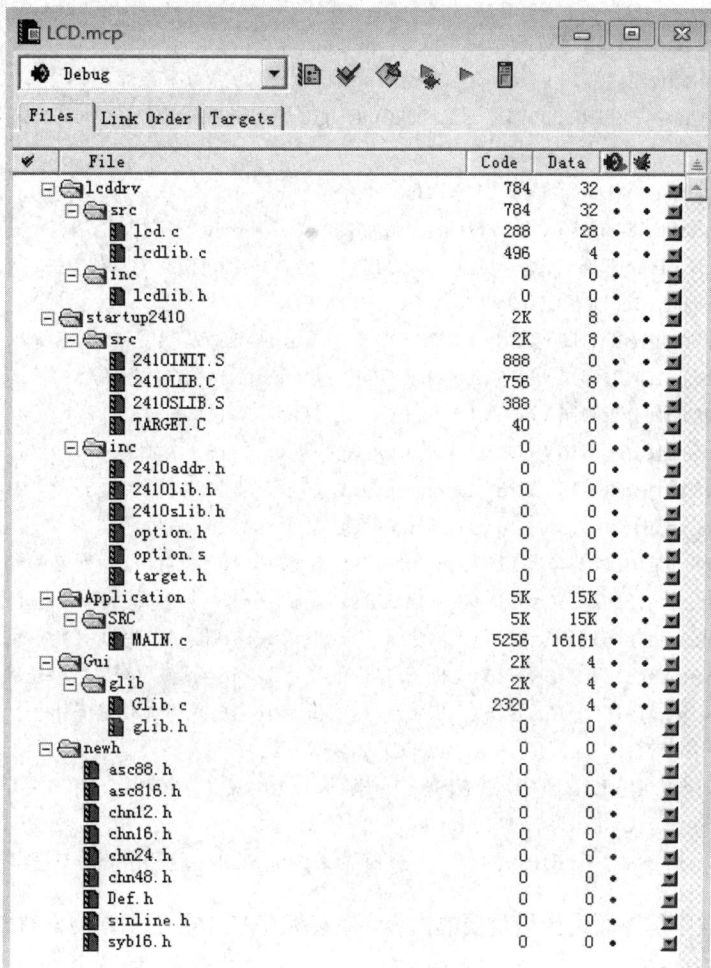

图 18-5　LCD 项目结构

18.3.2　main.c 程序简单介绍

项目功能主要是在 main.c 程序中实现的，程序详细内容见第 16.6.2 小节，这里只作简单介绍。

在 main.c 中，一开始是引入头文件。

初学者构建项目时往往不知道引用哪个头文件，这样拷贝成熟项目就很重要了，开发者只要把原项目引用的头文件保留就可以了。

下面是函数声明，在 C 语言中 main 函数可以放在任何位置，一般放在最后面或最前面。

如果 main 函数在整个程序的最后面，函数和变量声明可以不要，但如果 main 函数在整个程序的前面，则函数和变量声明必须要。

程序内容如下。

ShowSinWave(void); 是用打点方法显示正弦曲线，为了使正弦曲线满屏显示，程序坐标做了变换：(y=sin(a);b=(1-y)*240; PutPixel((U16)x,(U16)b，LCD_COLOR))。

```
DrawOneChn1212(U16 x,U16 y,U8 chnCODE);
DrawChnString1212(U16 x,U16 y,U8 *str,U8 s); 显示 12×12 汉字和汉字串 S 是串长
DrawOneChn2424(U16 x, U16 y, U8  chnCODE); DrawChnString2424(U16 x, U16 y, U8  *str,U8 s);
显示 24×24 汉字和汉字串，S 是串长
DrawOneChn4848(U16 x, U16 y, U8  chncode);
DrawChnString4848(U16 x, U16 y, U8  *str,U8 s); 显示 48×48 汉字和汉字串
DrawOneSyb1616(U16 x,U16 y,U8 chnCODE);  显示 16×16 图标(喇叭和警钟)
DrawOneChn1616( U16 x,U16 y,U8 chnCODE);
DrawChnString1616(U16 x,U16 y,U8 *str,U8 s);  显示 16×16 汉字和汉字串 S 是串长
DrawOneChn16161( U16 x,U16 y,U8 chnCODE); 显示一个 16×16 数学符号
DrawOneChn16162( U16 x,U16 y,U8 chnCODE); 显示一个 16×16 日文片假名
DrawOneChn16163( U16 x,U16 y,U8 chnCODE); 显示一个 16v16 俄文大写
DrawOneChn16164( U16 x,U16 y,U8 chnCODE); 显示一个 16×16 希腊文
DrawOneChn16165( U16 x,U16 y,U8 chnCODE); 显示一个 16×16 罗马文
DrawChnString16161(U16 x,U16 y,U8 *str,U8 s); 显示 16×16 数学符号串 S 是串长
DrawChnString16162(U16 x,U16 y,U8 *str,U8 s); 显示 16×16 日文片假名串 S 是串长
DrawChnString16163(U16 x,U16 y,U8 *str,U8 s); 显示 16×16 俄文大写串 S 是串长
DrawChnString16164(U16 x,U16 y,U8 *str,U8 s); 显示 16×16 希腊文串 S 是串长
DrawChnString16165(U16 x,U16 y,U8 *str,U8 s); 显示 16×16 罗马文串 S 是串长
DrawOneAsc816(U16 x,U16 y,U8 charCODE);
DrawAscString816(U16 x,U16 y,U8 *str,U8 s);显示 8×16ASCII 字符和字符串 S 是串长
DrawOneAsc88(U16 x,U16 y,U8 charCODE);
DrawAscString88(U16 x,U16 y,U8 *str,U8 s); 显示 8×8ASCII 字符和字符串 S 是串长
```

上面这些程序是界面设计最重要的内容，各函数体在 16.6.2 中，应熟练掌握。

数组 stringp[]={0，1，2，3，4，5，6，7，8，9，10，11，12，13，14，15，16，17，18};是要显示的汉字在小字库中距字首的偏移量，如果从字首开始显示，stringp[]就从 0 开始。

数组 ascstring816[]="12345abcdABCD";是要显示的 8×16 字符串 ASCII 码。

数组 ascstring88[]="12345abcdABCD";是要显示的 8×8 字符串 ASCII 码。

字符串和汉字在屏上位置先大致设定一个，在调试中最后确定。

18.4　项目调试

可以知道，嵌入式控制系统是个软硬件结合的工程，程序大部分调试工作在"宿主"机上完成，但运行是在"目标"机上实现的。

在项目调试阶段必须配备硬件实验系统，实验系统应配备 LCD 显示器和 VIVI 等自举程序。

在 PC 上打开 XP 自带的超级终端，选 COM1 口，通信速率选 115200、8 位数据位、

1 位停止位、无校验、无硬件流控制，用串口线连接目标机 UART1 和 PC 的 COM1 口，用 J-LINK 把 JTAG 和 PC 的 USB 口连好，安装 J-LINK 驱动程序。

J-LINK 驱动程序和安装说明硬件实验系统会配备，安装非常简单。

同时按住目标板的复位键和 PC 机的空格键，然后松开目标板的复位键，即可进入 VIVI 下载状态，如图 18-6 所示。

图 18-6　VIVI 下载状态

VIVI 有两种工作状态，一种是下载状态，用户可以在此状态下调试应用程序；另一种是自动运行状态，先调试程序，应进入图 18-6 所示的下载状态。

18.4.1　开发环境设置

虽然被拷贝项目开发环境已设置好了，但项目的名字、运行启动地址、错误文件修改等，有必要重新设置一下。

出现图 18-6 后，回到宿主机(上位机)，双击桌面上 ADS 快捷键图标，打开 ADS，如图 18-7 所示。

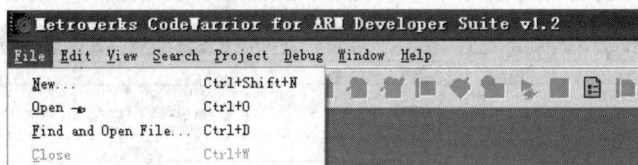

图 18-7　打开 ADS

然后单击 File | Open 选项，打开"打开"对话框，在"查找范围"中找到要调试的项目。例如，将随书下载的"界面设计样板"里文件夹 qinghua-LCD 拷贝到 D 盘，找到 D 盘的项目文件 qinghua-LCD，是显示清华大学出版社的界面显示程序，如图 18-8 所示。

单击项目图标 LCD，打开该项目，如图 18-9 所示。

在图 18-9 中，显示项目由 5 个文件夹组成，如果打开某个文件夹，里面又含有若干文件，如图 18-5 所示，在此界面上开发者可以对其中任何一个文件进行修改。

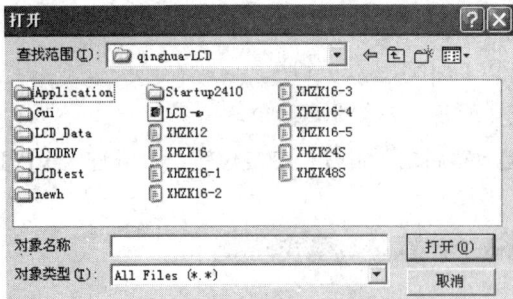

图 18-8 找到要调试的项目

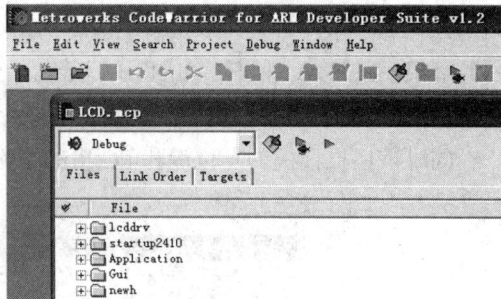

图 18-9 打开 LCD.mcp 项目

假如文件已修改好，就要进行编译。编译之前要对项目的开发环境进行设置。单击 Debug Settings 图标，如图 18-10 所示。

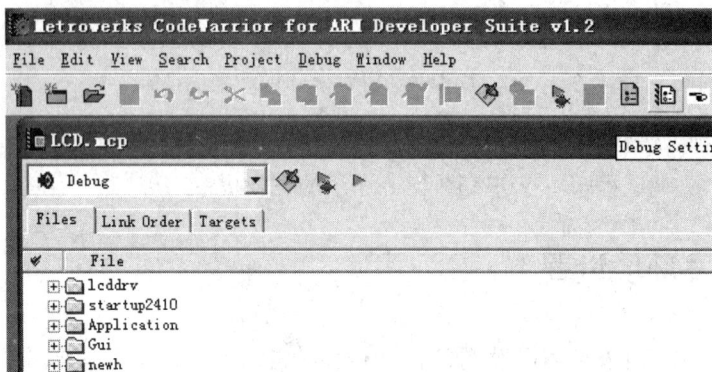

图 18-10 单击 Debug Settings 图标

出现 Debug Settings 对话框，如图 18-11 所示。在图 18-11 中，选中 ARM C Compiler 选项，在 Architecture or Processor 选项中选中 ARM920T，在 Byte Order 选项组中选择 Little Endi。

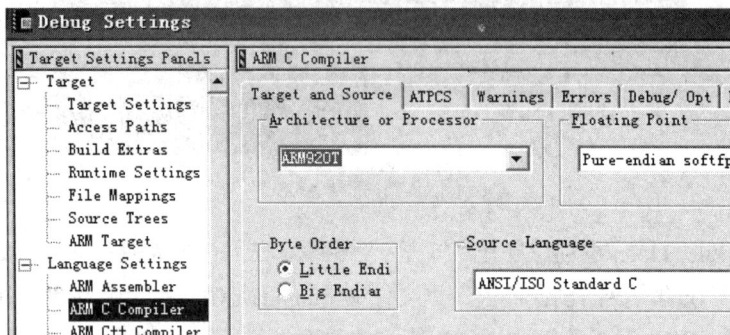

图 18-11 ARM C Compiler 设置

在图 18-12 中，选中 ARM Linker 选项，在 Output 选项卡中，Linktype 选项组选择 Simple，表示要生成简单的 ELF 格式文件；在 RO Base 中填写 0x30008000，RO Base 是只读的程序代码存放的首地址，0x30008000 是系统 SDRAM 中 BANK 6 的地址。可以知道，应用程序代码是固化在 Flash 中的。在 EL-ARM-830 实验系统中，Flash 使用 32M K9F5608 芯片，地址是 0x00000000~0x01ffffff，占用 BANK0 地址空间。当系统上电或复位，VIVI 会将自身和应用程序复制到 SDRAM 中并在 SDRAM 中运行，而应用程序从 0x00030000 复制到 SDRAM 中的一个 VIVI 默认地址 0x30008000。

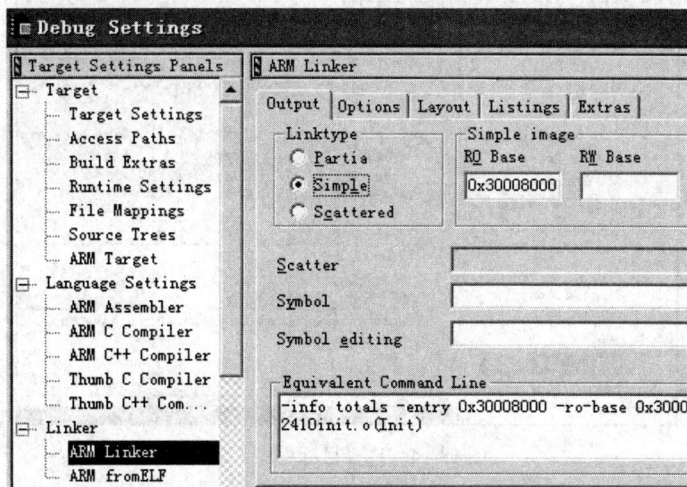

图 18-12　Output 设置

VIVI 有一个显示分区命令，可以用这个命令看一下实验系统 Flash 分区。并用 BOOT 命令看程序从 Flash 复制到 SDRAM 中的地址情况，具体如图 18-13 所示。

BOOT 将 0x00030000 Kernel 程序复制到 0x30008000。所以在这里开发者可以将 RO 设置为 0x30008000，RW 是数据段首地址，不用设置，由系统自动设置。

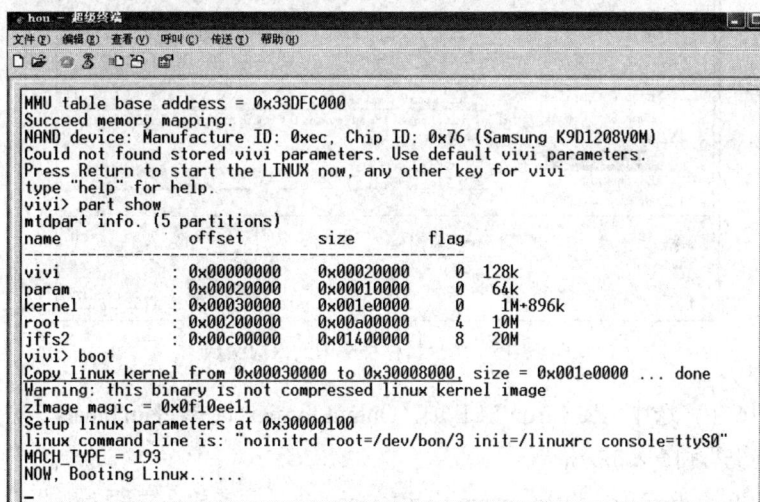

图 18-13　VIVI 分区和 BOOT 命令执行情况

在图 18-14 Options 选项卡中，可以选中目标程序入口 Image entry point 为 0x30008000。在 Layout 选项卡中选目标程序中的入口函数 Object/Symbol 为 2410init.o，如图 18-15 所示。

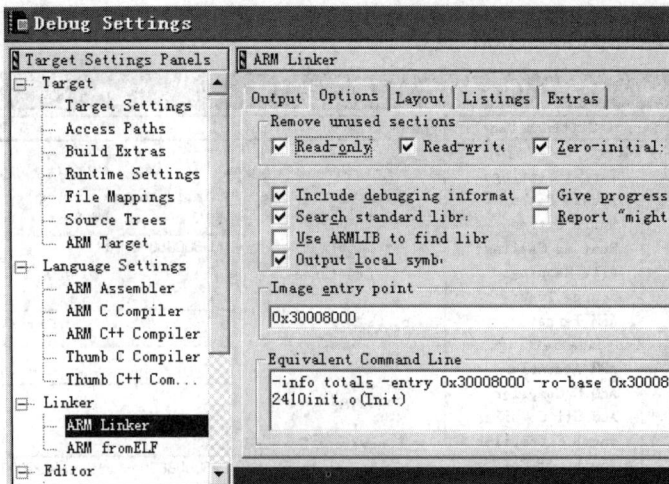

图 18-14　选择目标程序入口

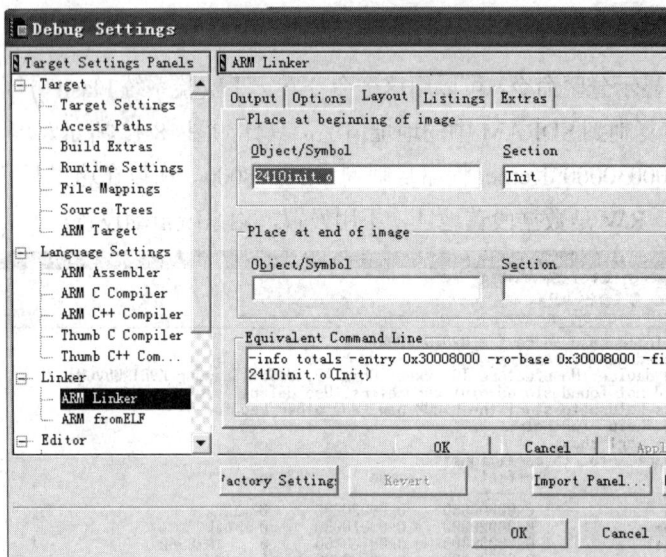

图 18-15　选择目标程序中的入口函数

在图 18-16 中，选中 ARM fromELF 项，Output format 选择 Plain binary 项，二进制格式也是目标文件烧写到 Flash 的格式。

在 Output file name 项，将 file name 设定为 test.bin，并存放在桌面上。

注意，这里 Output file 是指要烧写到 Flash 中的二进制格式文件，因其不带调试信息，只能执行，不能调试。调试结束，开发者要将其烧写到 Flash 中。

在程序调试时，还要在自动建立的文件夹 Lcd_Data/Debug 生成带调试信息的可执行文件lcd.axf。

调试阶段，只能打开 lcd.axf 进行调试。

至此，Debug 版本参数设置基本完成，以上各项设置都不能缺少。

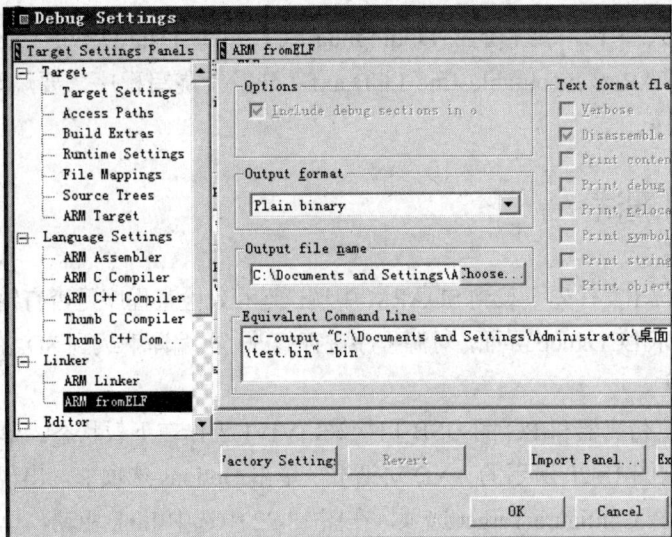

图 18-16　选择输出文件名字和存放地址

18.4.2　项目编译

接着开发者就可以对项目进行编译了。

选中各文件夹，单击 Make 按钮，如图 18-17，就会出现如图 18-18 所示项目编译结果界面，从图 18-18 看出，项目编译没有错误，警告提示不影响程序运行。在桌面上确实生成了 test.bin 文件，这就是开发者要下载到 Flash 中的目标码文件。

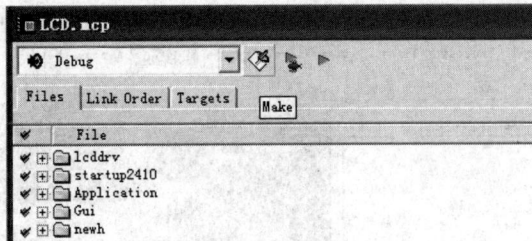

图 18-17　项目进行编译

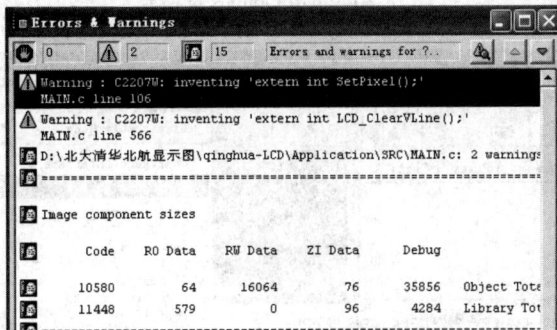

图 18-18　项目编译结果界面

再强调一遍，虽然 test.bin 文件是可以直接执行的二进制文件，但是它没有任何调试信息。为了能调试程序，系统还在 D:\qinghua-LCD\LCD-Data\Debug 文件夹下生成了带调试信息的 LCD ARM executable fine LCD.axf，开发者烧写程序，要烧写 test.bin，调试程序要下载 LCD.axf。

18.4.3　项目调试

下面将 LCD.axf 文件先下载到 SDARM 中调试运行，检查程序是否有错误，如有错误就要回到图 18-5 所示 LCD.mcp 界面，对源程序进行修改，再编译下载到 SDARM 中调试运行，直到没有错误为止。

目标板上电，仿真器和 PC 的 USB 口接好，VIVI 工作在下载状态。单击图 18-19 中的 Debug 按钮，出现图 18-20 所示的 AXD 对话框。单击 Options 选项卡，出现图 18-21 所示的 Options 选项。选择 Configure Target 选项，在图 18-22 中选中 Jlink 驱动，单击 OK 按钮，就会出现图 18-23 所示界面，表示系统通过仿真器已经与目标板相连接。

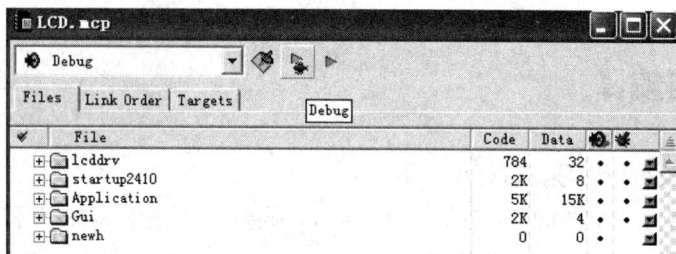

图 18-19　单击 Debug 按钮

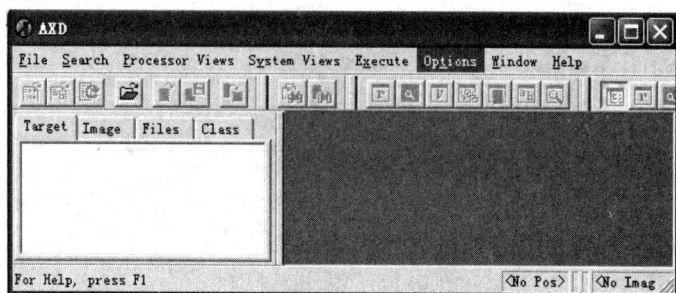

图 18-20　单击 Options 选项卡

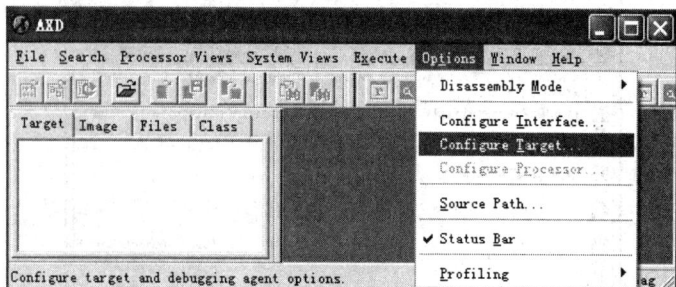

图 18-21　选择 Configure Target 选项

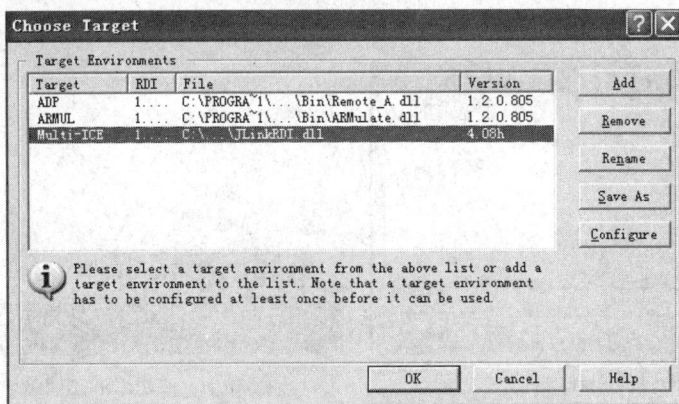

图 18-22　选中 Jlink 驱动

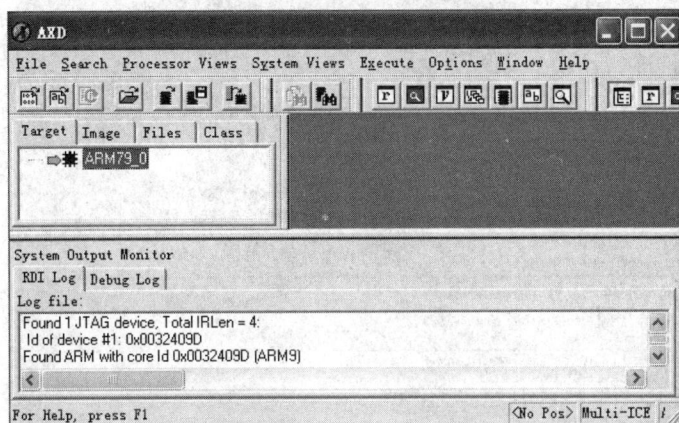

图 18-23　已连接目标板

在图 18-24 中选择 Files | Load Image 选项，在图 18-25 中找到 D:qinghua-LCD\LCD-Data\ Debug\ LCd.axf 文件并打开。

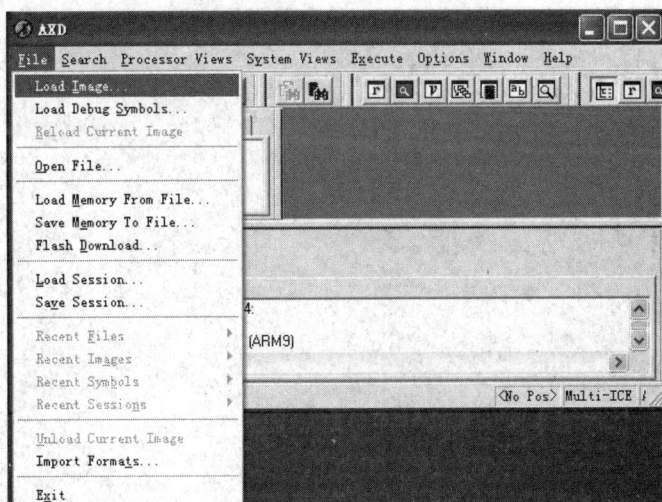

图 18-24　选择 Load Image 选项

程序下载后，可利用调试工具进行调试，一般开发者会利用 Go 功能先全速运行一次，这时系统会在 main 语句前加一断点，取消断点后单击 Go 按钮，如图 18-26 所示。

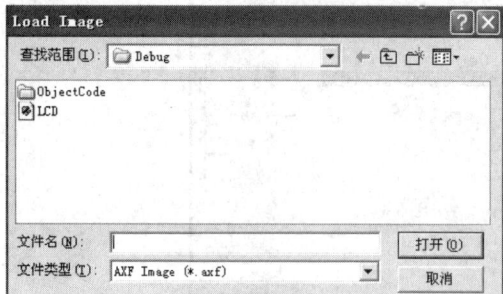

图 18-25　找到 axf 文件

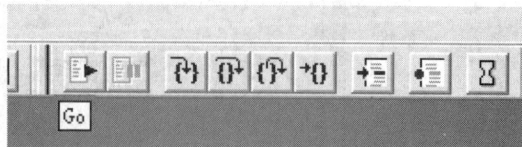

图 18-26　利用 Go 功能全速运行程序

程序开始全速运行，如图 18-27 所示，宿主机上显示 Running Image。

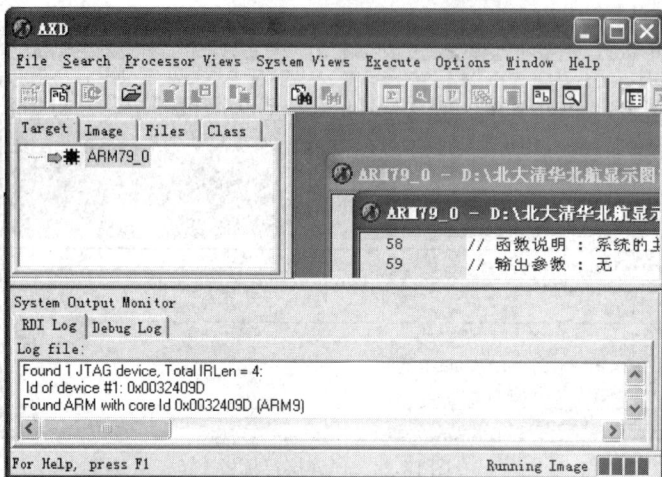

图 18-27　运行程序

目标板上显示运行结果，如图 18-28 所示。

图 18-28　程序运行结果

18.5 项目烧写(固化)

程序调试结束,现在要把它烧写到 Flash 中长期保存。

将 VIVI 调到下载状态后输入 Load 命令,如图 18-29 所示。

输入 Load 命令后,系统出现提示:准备下载,使用 xmodem 格式。§是等待输入进一步命令提示符,如图 18-30 所示。

图 18-29 Load 烧写命令

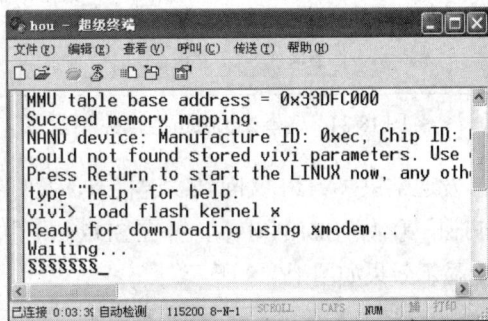

图 18-30 准备下载,使用 xmodem 格式

在"传送"菜单中选择"发送文件"命令,如图 18-31 所示。

出现图 18-32 所示的对话框。

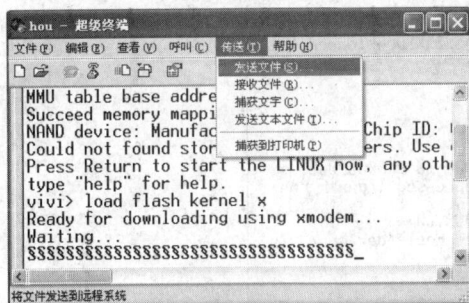

图 18-31 选择"发送文件"命令

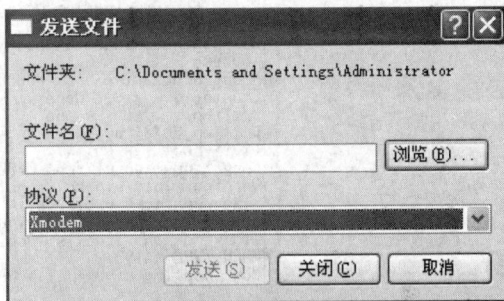

图 18-32 通过浏览找到要传送的文件

在图 18-32 浏览器对话框上,在桌面找到要传送的文件 test.bin,文件是系统自动生成的,没有后缀,如图 18-33 所示,单击"打开"按钮。

图 18-33 找到要传送的文件 test.bin

通信协议选择 Xmodem，单击"发送"按钮，开始发送文件，如图 18-34、图 18-35 所示。

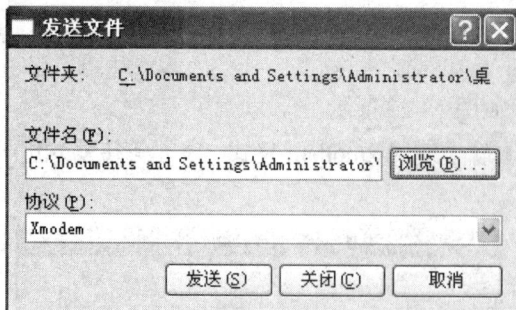

图 18-34　选择 Xmodem 协议并发送

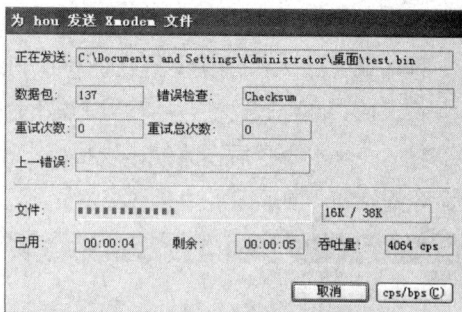

图 18-35　正在发送

发送结束，VIVI 又回到发送状态，此时利用 Boot 命令启动 VIVI，VIVI 会将应用程序从 Flash 复制到 SDRAM 中，并在 SDRAM 中运行。Boot 运行如图 18-36 所示。程序在 LCD 屏上显示效果如图 18-28 所示。

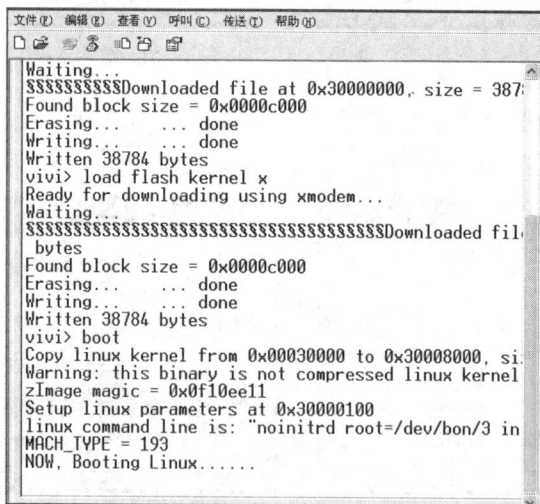

图 18-36　发送结束用 Boot 命令启动应用程序

虽然程序运行结果是一样的，但在调试时应用程序是 Axd，使用命令 Load Image 将二进制文件 Lcd.axf 直接装到 SDRAM 中运行的；而在 BOOT 状态下 VIVI 先将已烧写到 Flash 中的二进制应用程序 test.bin 复制到 SDRAM 中，并在 SDRAM 中运行。Lcd.axf 格式文件是 ARM 调试文件，可以调试，也可以运行；Test.bin 文件没有调试信息，只可以运行。

如果在 Flash 中保留某个应用程序，还可以在 SDRAM 中调试另一个应用程序，两者在存储器上不冲突，但如果再在 Flash 中烧写新程序，新程序就会将原来的程序覆盖。

在本系统中，Flash 使用 K9F5608U 芯片，32MB 字节，地址空间是 0x00000000~0x01ffffff，使用 nGCS0 片选，占用 BANK0 地址空间；而 SDRAM 使用两片 HY57V561620，容量是 32M×2，使用 nGCS6 片选，即占用 BANK6 地址空间，即 0x30000000~0x31ffffff 和 0x32000000~0x33ffffff。

由于 Nand Flash 的结构，程序不能在其上运行，所以运行应用程序要由 VIVI 将其复制到 SDRAM 中运行。

另外，应用程序在 SDRAM 中运行速度也要比在 Flash 中快。

所以，大多数开发系统采用自举程序 VIVI 来启动 Flash 中的 S3C2410 应用系统。

程序运行结果，目标机上显示图 18-28，其他画面显示在宿主机超级终端上。

参 考 文 献

[1] Samsung Electronics. S3C2410 32-Bit RISC Microprocessor USER'S MANUAL. 2003.

[2] 田泽. ARM9 嵌入式开发实验与实践[M]. 北京：航空航天大学出版社，2006.

[3] 田泽. ARM9 嵌入式 Linux 开发实验与实践[M]. 北京：航空航天大学出版社，2006.

[4] 杜春雷. ARM 体系结构与编程[M]. 北京：清华大学出版社，2003.

[5] 王士元. C 高级实用程序设计[M]. 北京：清华大学出版社，1996.

[6] 侯殿有，才华. ARM 嵌入式 C 编程标准教程[M]. 北京：人民邮电出版社，2010.

[7] 孙俊喜. LCD 驱动电路、驱动程序设计及典型应用[M]. 北京：人民邮电出版社，2009.

[8] 北京博创兴业科技有限公司. UP-NETARM2410 嵌入式开发平台使用手册[M].2005.

[9] 深圳英蓓特科技有限公司. Embest EDUKIT-III 实验教学系统使用手册[M].2005.

[10] 北京精仪达盛科技有限公司. EL-ARM-830 型教学实验系统实验指导书[M].2005.

[11] DATA SHEET UDA1341TS. Philips[M].1998.

[12] HD66421. Hitachl semiconductor.99.02.10.

[13] 侯殿有，葛海淼. 嵌入式系统开发基础——基于 8 位单片机的 C 语言程序设计[M].
北京：清华大学出版社，2014.8.